博文视点AI系列

深度学习
一起玩转TensorLayer

董豪　郭毅可　杨光　等编著

电子工业出版社
Publishing House of Electronics Industry
北京·BEIJING

内 容 简 介

本书由 TensorLayer 创始人领衔，TensorLayer 主要开发团队倾力打造而成。内容不仅覆盖了人工神经网络的基本知识，如多层感知器、卷积网络、递归网络及强化学习等，还着重讲解了深度学习的一些新的技术，如生成对抗网络、学习方法和实践经验，配有许多应用及产品的实例。读者将从零开始学习目前最新的深度学习技术，以及使用 TensorLayer 实现的各种应用。

本书以通俗易懂的方式讲解深度学习技术，同时配有实现方法教学，面向深度学习初学者、进阶者，以及希望长期从事深度学习研究和产品开发的大学生和工程师。

未经许可，不得以任何方式复制或抄袭本书之部分或全部内容。
版权所有，侵权必究。

图书在版编目（CIP）数据

深度学习：一起玩转 TensorLayer / 董豪等编著. – 北京：电子工业出版社，2018.1
（博文视点 AI 系列）
ISBN 978-7-121-32622-6

I. ①深… II. ①董… III. ①机器学习 IV. ①TP181

中国版本图书馆 CIP 数据核字（2017）第 215628 号

策划编辑：孙学瑛
责任编辑：安　娜
印　　刷：中国电影出版社印刷厂
装　　订：中国电影出版社印刷厂
出版发行：电子工业出版社
　　　　　北京市海淀区万寿路 173 信箱　　邮编：100036
开　　本：720×1000　1/16　印张：21.25　字数：354 千字
版　　次：2018 年 1 月第 1 版
印　　次：2018 年 3 月第 2 次印刷
定　　价：99.00 元

凡所购买电子工业出版社图书有缺损问题，请向购买书店调换。若书店售缺，请与本社发行部联系，联系及邮购电话：（010）88254888，88258888。

质量投诉请发邮件至 zlts@phei.com.cn，盗版侵权举报请发邮件至 dbqq@phei.com.cn。
本书咨询联系方式：（010）51260888-819，faq@phei.com.cn。

前言

深度学习已经成为当今人工智能发展的主要助力，国务院印发的《新一代人工智能发展规划》中表示，2020年我国人工智能核心产业规模超过1500亿元，带动相关产业规模超过1万亿元；2030年人工智能核心产业规模超过1万亿元，带动相关产业规模超过10万亿元。而机器学习则是目前人工智能产业发展的核心技术。

为此产业界急需大量实用性人才，而机器学习是一门理论与工程相结合的科学，特别是近年来蓬勃发展的深度学习，其快速发展和工程性突出的特点，使得从实际出发的教材十分必要。本书将以通俗易懂的方式讲解深度学习技术，并辅以实践教学。本书同时面向深度学习初学者、进阶者及工程师，内容涵盖了全连接网络、自编码器、卷积神经网络、递归神经网络、深度强化学习、生成对抗网络，等等，并附有多个进阶实例教程。与传统深度学习书籍相比，本书有以下特点：

本书注重实践，科研人员和工程师都希望有一个深度学习开发工具可以同时满足学术界和产业界的需求，可以让最新的深度学习算法很快地从实验室投入到产品开发中。为此我们开发了深度学习框架——TensorLayer。读者可以从零基础开始学习掌握目前最新的深度学习技术。更多关于TensorLayer的设计思路请见第1章。

英国帝国理工数据科学院（Data Science Institute）是主要开发单位，郭毅可教授是TensorLayer的领导，他的学生董豪是TensorLayer的创始人。本书对深度学习的最新方法进行了很多的阐述，特别是生成对抗网络方面，该研究方向已在无监督学习方面取得重大突破，并已经开始在产业界产生非常大的影响。本书还介绍并使用了多种新的反卷积方法，如子像素卷积和缩放卷积。

研究深度学习需要做大量的实验，本书在讲解技术的同时传授了很多实验经验。除神经网络外，本书还讲解了数据预处理、数据后加工、训练、服务架设等任务，这些都是搭建整个学习系统和产品的基本工作流。

本书由TensorLayer开发应用团队的主要人员倾力撰写，由董豪和郭毅可统稿。本书代码除第3章和第14章实例五外都由董豪提供，本书第1章由杨光、莫元汉和郭毅可执笔；第2章教学部分由杨光执笔，实现讲解部分由董豪执笔；第3章由幺忠玮执笔；第4章由林一鸣执笔；第5章由王剑虹和张敬卿执笔；第6章由袁航执笔；第7章由于思淼执笔；第8章与第12章实例三由张敬卿执笔；第9章和第13章实例四由董豪执笔；第10章实例一由董豪和吴超执笔；第11章实例二讲解部分由杨光执笔，实现部分由董豪执笔；第14章实例五由陈竑执笔。本书图片整理由出版社、赵婧楠和种道涵完成，封面设计由出版社和王盼完成。

虽然本书的作者都是一线科研人员和技术人员，但是不妥和错误之处在所难免，真诚地希望有关专家和读者给予批评指正，以便再版时修改。最后，在计算机技术发展非常快的今天，书籍里的知识更新是必然的，建议读者多参与社区讨论交流。本书代码例子使用 TensorFlow1.2 和 TensorLayer1.5.3，Python3 在 Ubuntu 下测试。由于 TensorFlow 和 TensorLayer 在不断地更新，若出现兼容性问题，请到各章节给定的网址链接中获取最新的代码。

本书作者

2017 年 12 月

读者服务

轻松注册成为博文视点社区用户（www.broadview.com.cn），扫码直达本书页面。

- **提交勘误**：您对书中内容的修改意见可在 提交勘误 处提交，若被采纳，将获赠博文视点社区积分（在您购买电子书时，积分可用来抵扣相应金额）。
- **交流互动**：在页面下方 读者评论 处留下您的疑问或观点，与我们和其他读者一同学习交流。

页面入口：http://www.broadview.com.cn/32622

本书作者

董豪：目前就读于帝国理工学院，从事计算机视觉、医疗数据分析和深度学习理论研究，在 ICCV、TIFS、TMI、TNSRE、ACM MM 等顶级会议和期刊发表过论文，Neurocomputing、TIP 等会议和期刊的审稿人。有创业经验，擅长把深度学习算法与实际问题结合，获得多项国家发明专利和实用新型专利。致力于人工智能平民化，TensorLayer 创始人。

郭毅可：英国帝国理工学院计算系终身教授，帝国理工数据科学研究所（Data Science Institute）所长，上海大学计算机学院院长，中国计算机协会大数据专委会创始会员。郭教授主持多项中国、欧盟和英国大型数据科学项目，累计总金额达 10 亿人民币。郭教授的研究重点为机器学习、云计算、大数据和生物信息学。也是大数据顶级会议 KDD2018 的主席。他是上海、北京和江苏省政府特聘专家，中国科学院网络信息中心、中国科学院深圳先进技术研究院客座研究员。郭教授从 2015 年起，发起并领导了 TensorLayer 项目作为帝国理工数据科学研究所的重要机器学习工具。

杨光：帝国理工医学院高级研究员，皇家布朗普顿医院医学图像分析师，伦敦大学圣乔治医学院荣誉讲师，伦敦大学学院（UCL）硕士、博士，IEEE 会员、SPIE 会员、ISMRM 会员、BMVA 会员，专注于医疗大数据以及医学图像的成像和分析，在各类期刊会议上发表论文近 40 篇，国际专利两项，Medical Physics 杂志临时副主编，MIUA 会议委员会委员，长期为专业杂志会议义务审稿 50 余篇。其研究方向获得英国 EPSRC、CRUK、NIHR 和 British Heart Foundation（BHF）资助。近期致力于 Medical AI 方向的创新创业。

张敬卿：帝国理工博士在读，研究型硕士，主要研究兴趣包括深度学习、数据挖掘、时间序列与文本挖掘、多模态问题与生成模型。本科毕业于清华大学计算机科学与技术系，曾获得中国国家奖学金。

于思淼：帝国理工博士在读，浙江大学本科毕业，主要研究方向为深度学习、生成模型及其在计算机视觉方面的应用。

陈竑：北京大学光华管理学院在读，哈尔滨工业大学电子与信息工程学院毕业，深度学习爱好者。

林一鸣：帝国理工博士在读，主要研究深度学习在人脸分析方向的应用。

莫元汉：帝国理工博士在读，北京航空航天大学本科毕业，主要研究方向为深度学习、动力学及其在医疗图像分析方面的应用。

袁航：瑞士洛桑联邦理工（EPFL）硕士在读，本科就读于德国雅各布大学（Jacobs）计算机系，并在美国卡内基梅隆大学（CMU）计算机科学学院交换学习，主要从事计算神经科学与电脑人机接口研究。之前分别在帝国理工及马克斯普朗克智能系统研究院（Max Planck Institute for Intelligent Systems）进行研习，现在主要在 EPFL G-lab 研究脊髓修复对运动功能康复及血压控制等课题。

幺忠玮：帝国理工硕士毕业，本科毕业于北京邮电大学，主要研究方向为计算机视觉，对生成模型和目标识别领域感兴趣。目前致力于将目标检测算法植入嵌入式系统实现即时检测。

吴超：帝国理工数字科学研究所研究员，主要从事医疗和城市领域数据分析和建模的研究工作，研究工作获得 EPSRC、Royal Society 等多项研究基金资助。

王剑虹：帝国理工硕士及利物浦大学本科毕业，硕士期间主要研究语音识别分类问题。对博弈论、强化学习以及数值优化有浓厚的兴趣。

本书章节具体作者情况如下表所示。

本书作者

章节	作者
前言	董豪
致谢	董豪
中英对照表	共同填写
如何阅读本书	董豪
第 1 章	杨光，莫元汉，郭毅可
第 2 章	杨光，董豪
第 3 章	幺忠玮
第 4 章	林一鸣
第 5 章	张敬卿、王剑虹
第 6 章	袁航
第 7 章	于思淼
第 8 章	张敬卿
第 9 章	董豪
第 10 章	董豪、吴超
第 11 章	杨光，董豪
第 12 章	张敬卿
第 13 章	董豪
第 14 章	陈竑
制图	赵婧楠、种道涵

致谢

首先感谢 TensorLayer 中文社区，特别是帝国理工学院数据科学研究所所有同学的支持，感谢 Google 公司开源 TensorFlow。

其次要感谢电子工业出版社给我们有这样一个机会来分享知识，发展中文社区。感谢编辑对细节的执着。

最后也是最重要的是感谢家人对我们工作的支持和强大的祖国对人工智能产业的重视。

目录

1 深度学习简介 1
  1.1 人工智能、机器学习和深度学习 1
    1.1.1 引言 1
    1.1.2 人工智能、机器学习和深度学习三者的关系 2
  1.2 神经网络 3
    1.2.1 McCulloch-Pitts 神经元模型 3
    1.2.2 人工神经网络到底能干什么？到底在干什么 5
    1.2.3 什么是激活函数？什么是偏值 7
  1.3 感知器 8
    1.3.1 什么是线性分类器 8
    1.3.2 线性分类器有什么优缺点 10
    1.3.3 感知器实例和异或问题（XOR 问题）. 11
  1.4 多层感知器 14
    1.4.1 损失函数 16
    1.4.2 梯度下降法和随机梯度下降法 17
    1.4.3 反向传播算法简述 20
  1.5 过拟合 21
    1.5.1 什么是过拟合 21
    1.5.2 Dropout 22
    1.5.3 批规范化 23
    1.5.4 L1、L2 和其他正则化方法 23
    1.5.5 L1 和 L2 正则化的区别 23
    1.5.6 Lp 正则化的图形化解释 24
    1.5.7 其他神经网络 25

2 TensorLayer 简介 — 27

2.1 TensorLayer 问与答 — 27
- 2.1.1 为什么我们需要 TensorLayer — 27
- 2.1.2 为什么我们选择 TensorLayer — 28

2.2 TensorLayer 的学习方法建议 — 28
- 2.2.1 网络资源 — 28
- 2.2.2 TensorFlow 官方深度学习教程 — 29
- 2.2.3 深度学习框架概况 — 30
- 2.2.4 TensorLayer 框架概况 — 31
- 2.2.5 TensorLayer 实验环境配置 — 32
- 2.2.6 TensorLayer 开源社区 — 33

2.3 实现手写数字分类 — 33

2.4 再实现手写数字分类 — 41
- 2.4.1 数据迭代器 — 41
- 2.4.2 通过 all_drop 启动与关闭 Dropout — 42
- 2.4.3 通过参数共享实现训练测试切换 — 45

3 自编码器 — 49

3.1 稀疏性 — 49
3.2 稀疏自编码器 — 51
3.3 实现手写数字特征提取 — 54
3.4 降噪自编码器 — 60
3.5 再实现手写数字特征提取 — 63
3.6 堆栈式自编码器及其实现 — 67

4 卷积神经网络 — 75

4.1 卷积原理 — 75
- 4.1.1 卷积操作 — 76
- 4.1.2 张量 — 79
- 4.1.3 卷积层 — 81

>   4.1.4 池化层 83
>   4.1.5 全连接层 85
>   4.2 经典任务 86
>   4.2.1 图像分类 86
>   4.2.2 目标检测 86
>   4.2.3 语义分割 90
>   4.2.4 实例分割 90
>   4.3 经典卷积网络 91
>   4.3.1 LeNet 92
>   4.3.2 AlexNet 92
>   4.3.3 VGGNet 93
>   4.3.4 GoogLeNet 95
>   4.3.5 ResNet 96
>   4.4 实现手写数字分类 96
>   4.5 数据增强与规范化 100
>   4.5.1 数据增强 101
>   4.5.2 批规范化 102
>   4.5.3 局部响应归一化 104
>   4.6 实现 CIFAR10 分类 104
>   4.6.1 方法 1：tl.prepro 做数据增强 104
>   4.6.2 方法 2：TFRecord 做数据增强 110
>   4.7 反卷积神经网络 116
>
> 5 词的向量表达   117
>   5.1 词汇表征 117
>   5.2 语言模型 119
>   5.3 Word2Vec 119
>   5.3.1 简介 119
>   5.3.2 Continuous Bag-Of-Words（CBOW）模型 120
>   5.3.3 Skip-Gram（SG）模型 122

		5.3.4	Hierarchical Softmax	124

- 5.3.4 Hierarchical Softmax 124
- 5.3.5 Negative Sampling 126
- 5.4 实现 Word2Vec 127
  - 5.4.1 简介 127
  - 5.4.2 实现 128
- 5.5 重载预训练矩阵 136

6 递归神经网络   139

- 6.1 为什么需要它 139
- 6.2 不同的 RNNs 142
  - 6.2.1 简单递归网络 142
  - 6.2.2 回音网络 143
- 6.3 长短期记忆 144
  - 6.3.1 LSTM 概括 144
  - 6.3.2 LSTM 详解 147
  - 6.3.3 LSTM 变种 150
- 6.4 实现生成句子 151
  - 6.4.1 模型简介 152
  - 6.4.2 数据迭代 154
  - 6.4.3 损失函数和更新公式 156
  - 6.4.4 生成句子及 Top K 采样 158
  - 6.4.5 接下来还可以做什么 161

7 深度增强学习   162

- 7.1 强化学习 163
  - 7.1.1 概述 163
  - 7.1.2 基于价值的强化学习 165
  - 7.1.3 基于策略的强化学习 168
  - 7.1.4 基于模型的强化学习 169
- 7.2 深度强化学习 171

		7.2.1 深度 Q 学习	171
		7.2.2 深度策略网络	173
	7.3	更多参考资料	179
		7.3.1 书籍	179
		7.3.2 在线课程	179
8	**生成对抗网络**		**180**
	8.1	何为生成对抗网络	181
	8.2	深度卷积对抗生成网络	182
	8.3	实现人脸生成	183
	8.4	还能做什么	190
9	**高级实现技巧**		**195**
	9.1	与其他框架对接	195
		9.1.1 无参数层	196
		9.1.2 有参数层	196
	9.2	自定义层	197
		9.2.1 无参数层	197
		9.2.2 有参数层	199
	9.3	建立词汇表	200
	9.4	补零与序列长度	202
	9.5	动态递归神经网络	203
	9.6	实用小技巧	204
		9.6.1 屏蔽显示	205
		9.6.2 参数名字前缀	205
		9.6.3 获取特定参数	206
		9.6.4 获取特定层输出	207
10	**实例一：使用预训练卷积网络**		**208**
	10.1	高维特征表达	208
	10.2	VGG 网络	209
	10.3	连接 TF-Slim	215

11 实例二：图像语义分割及其医学图像应用 **219**
11.1 图像语义分割概述 219
11.1.1 传统图像分割算法简介 221
11.1.2 损失函数与评估指标 223
11.2 医学图像分割概述 224
11.3 全卷积神经网络和 U-Net 网络结构 226
11.4 医学图像应用：实现脑部肿瘤分割 228
11.4.1 数据与数据增强 229
11.4.2 U-Net 网络 232
11.4.3 损失函数 233
11.4.4 开始训练 235

12 实例三：由文本生成图像 **238**
12.1 条件生成对抗网络之 GAN-CLS 239
12.2 实现句子生成花朵图片 240

13 实例四：超高分辨率复原 **254**
13.1 什么是超高分辨率复原 254
13.2 网络结构 255
13.3 联合损失函数 258
13.4 训练网络 263
13.5 使用测试 271

14 实例五：文本反垃圾 **274**
14.1 任务场景 274
14.2 网络结构 275
14.3 词的向量表示 276
14.4 Dynamic RNN 分类器 277
14.5 训练网络 278
14.5.1 训练词向量 278
14.5.2 文本的表示 284

14.5.3 训练分类器 285

14.5.4 模型导出 290

14.6 TensorFlow Serving 部署 293

14.7 客户端调用 295

14.8 其他常用方法 300

中英对照表及其缩写   **303**

参考文献   **310**

1

深度学习简介

1.1 人工智能、机器学习和深度学习

1.1.1 引言

"人工智能"(Artificial Intelligence,AI),这个术语起源于 1956 年的达特矛斯夏季人工智能研究计划(Dartmouth Summer Research Project on Artificial Intelligence)。会议上先驱们希望借助当时计算机的运算能力来创造一个具有人类智能的复杂机器。这样的机器并不是用来处理一些特定的计算任务,比如财会的账务软件,流体力学的模拟程序等,而是应该具有通用性和学习功能,它可以处理更加复杂的任务,比如理解语言,对人类语言中的概念进行自我学习,并具有一定的推理能力,就像我们在电影中看到的那些机器人一样。这就是所谓的"通用人工智能"或"强人工智能"(General AI)。

虽然无数的科学家都在不遗余力地朝着通用人工智能的方向努力,但遗憾的是,我们现在还不能创造出一台具有类似人类智能的机器。我们现在可以做的只是在某些特定任务上达到或者超过人类的水平,比如说人脸识别、自动翻译、垃圾邮件的分类等。我们认为这样的系统具有一定的智能,但并不是之前所说的通用人工智能,而是面向特定问题的人工智能,也常称为"弱人工智能"(Narrow AI)。这个方向是今天人工智能研究发展的主流。

1.1.2 人工智能、机器学习和深度学习三者的关系

人工智能的实现得益于当下机器学习的蓬勃发展，机器学习作为一种数据驱动（Data-Driven）的学习理论，需要大量的数据和强大的计算资源来让机器更好、更快地"理解"数据中的特征和模式，以达到理解和预测的目的。但是我们也应该知道，机器学习只是实现人工智能的众多途径中的一种。近十年来，随着移动互联网和高性能计算硬件（如 GPU）的发展，使得机器学习的这两个先决条件（数据资源和计算资源）得到了满足，机器学习这个领域也再度活跃起来。深度学习（多层神经网络）作为机器学习的一个子学科更是一个以数据为核心的方法。早期由于数据量和计算资源的限制，人们发现多层（深度）神经网络的训练难以收敛，或者只能得到一个非优化结果，这样训练出来的网络的性能还不如浅层神经网络，而浅层神经网络又常会造成无法拟合，这个严重的问题直接导致了神经网络方法的上一次衰败。然而近十年随着数据以爆炸式的规模积累以及计算能力的突飞猛进，人们发现在大量数据训练下的深度神经网络可以表现得很好，而且计算能力的进步也让训练时间可以接受。从而，深度学习作为一项技术得以新生。总的来说，深度学习、机器学习和人工智能可以用一个蕴含关系来表达，即人工智能包含机器学习，机器学习包含深度学习，如图 1.1所示。

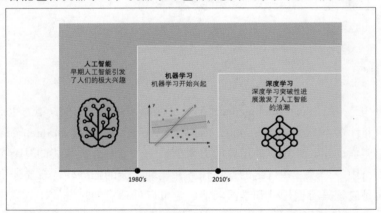

图 1.1　人工智能包含机器学习，包含深度学习

计算机视觉可能是当前机器学习最成功的应用领域之一，过去的方法需要大量的人工来提取特征。比如，人们需要手工编写分类器、边缘检测器，以便让程序能识别物体从哪里开始，到哪里结束。通过用这些人工提取的特征对算法进行训练，机器学习的算法终于可以用来识别图像是不是一只猫，而且效果还不错。但是，这样训练出来的模型对含有噪声的数据并不能很好地处理，比如动物的某一部位块被遮挡了，或者照片是在不同的光照环境下采集的。这些都会大大影响算法性能，导致识别的准确率下降。

这也是为什么在之前几年,机器学习算法虽然有着显著的进步但是还不足以接近人的能力。因为,人工提取的特征太僵化,许多环境的因素没有考虑。但是,随着深度学习的崛起,这样瓶颈已经不复存在了。

深度学习的一个重要功能是把特征提取和学习统一在一个深层神经网络中,尤其是它可以在学习中自动地进行特征提取。一般我们会通过三个方面来描述一个机器学习过程,它们是"模型"、"策略"和"算法"[①]。模型是机器学习的结果,模型由其结构和参数表示,有了结构和策略,我们需要考虑的问题是我们以什么标准来寻找模型的最优参数。最后是算法,机器学习(深度学习)的模型是基于数据进行学习的,有了学习的模型和策略后,就需要考虑通过怎样的数值方法来求解最优模型。在下一节中我们会从这三个方面来介绍深度学习的基础。

1.2 神经网络

人工神经网络(Artificial Neural Networks)方面的研究很早就已开始,其发展大致经历了三次高潮:20世纪40年代到60年代的控制论,20世纪80年代到90年代中期的联结主义,以及2006年以来的深度学习。今天,人工神经网络已是一个庞大的而且是多学科交叉的研究领域。那么人工神经网络的定义究竟是什么呢?对于人工神经网络的定义,各学科之间有很大差异,我们引用了目前最常见的一种,即"人工神经网络是由具有适应性的简单单元组成的广泛并行互连的网络,它的组织能够模拟生物神经系统,并对真实世界物体做出交互反应(这是 T. Kohonen 在 1988 年 *Neural Networks* 杂志创刊号上给出的定义)"[②]。总而言之,神经网络的研究大体分为了对大脑中生物过程的研究,以及把神经网络应用于人工智能的研究(人工神经网络),本书所谈及的是"人工神经网络",不同于生物学意义上的神经网络,而是根据神经网络的工作原理而设计的一种非线性回归模型的表达形式。

1.2.1 McCulloch-Pitts 神经元模型

早在1943年,神经科学家和控制论专家 Warren McCulloch 与逻辑学家 Walter Pitts 就基于数学和阈值逻辑算法创造了一种神经网络计算模型。其中最基本的组成成分是神经元(Neuron)模型,即上述定义中的"简单单元"(Neuron 也可以被称为 Unit)。在生物学所定义的神经网络中(如图 1.2所示),每个神经元与其他神经元相连,并且当

[①] 李航.《统计学习方法》清华大学出版社.北京,2012.
[②] Kohonen, T., 1988. An introduction to neural computing. Neural Networks, 1(1), pp. 3-16.

某个神经元处于兴奋状态时，它就会向其他相连的神经元传输化学物质，这些化学物质会改变与之相连的神经元的电位，当某个神经元的电位超过一个阈值后，此神经元即被激活并开始向其他神经元发送化学物质。Warren McCulloch 和 Walter Pitts 将上述生物学中所描述的神经网络抽象为一个简单的线性模型（如图 1.3所示），这就是一直沿用至今的"McCulloch-Pitts 神经元模型"，或简称为"MP 模型"。

在 MP 模型中，某个神经元接收到来自 n 个其他神经元传递过来的输入信号（好比生物学中定义的神经元传输的化学物质），这些输入信号通过带权重的连接进行传递，某个神经元接收到的总输入值将与它的阈值进行比较，然后通过"激活函数"（亦称响应函数）处理以产生此神经元的输出。如果把许多个这样的神经元按照一定的层次结构连接起来，就可以得到相对复杂的多层人工神经网络。

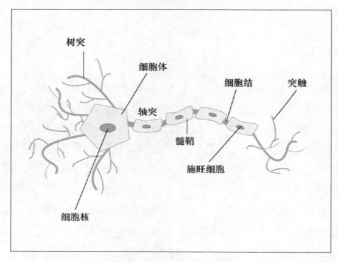

图 1.2 生物学所定义的神经网络

事实上，从数学建模和计算机科学的角度来看，人工神经网络是认知科学家对生物神经网络所做的一个类比阐释，并不是真正地模拟了生物神经网络。人工神经网络可以被视为一个包含了许多参数的数学模型，而这个数学模型是由若干个函数相互嵌套而得到的。

图1.3中的神经元可以表示为 $y_i = f(\Sigma_i w_i x_i + b)$，其中 x_i 是来自第 i 个神经元的输入，y 是输出；w 是加权参数（连接权重），b 为偏值（Bias）（某些文献中偏值也被称为阈值，为了与 Threshold（阈值）区分，本书统一使用偏值）；f 表示激活函数（Activation function）。有效的人工神经网络学习的架构和算法大多有相应的数学证明作为支撑。

注意，神经元的运算可以用矩阵乘法来实现，x 是维度为 [1,n] 的一个横向量，W

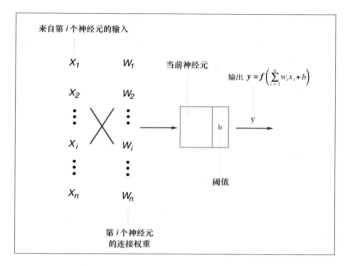

图 1.3 McCulloch-Pitts 神经元模型

是维度为 [n,1] 的竖向量，b 为一个实数，矩阵运算为 $y = f(x * W + b)$。这个神经元的运算是以矩阵乘法实现的。我们拓展一下，若输出 5 个神经元且输入的 x 有 100 个值，则输出 y 有 5 个值，W 的维度为 [100,5]，而 b 的维度为 [5, 1]。

1.2.2 人工神经网络到底能干什么？到底在干什么

经典人工神经网络本质上是解决监督学习中的两大类问题：1）分类（Classification）；2）回归（Regression）。当然现在还有图像分割、数据生成等问题，但经典机器学习中已经讨论过，把图像分割归为分类问题，把数据生成归为回归问题。分类是给不同的数据划定分界，如人脸识别，输入 x 是人脸照片，输出 y 是人的 ID 号，这个值是一个整数。回归问题要解决的是数据和函数的拟合，如人脸年龄预测，输入 x 同样是人脸照片，但输出 y 是人的年龄，这个值是一个实数。

需要注意的是，广义上来说，数据可以是有标签（Labeled）或者无标签的（Unlabeled），这对应了经典机器学习中的有监督学习（Supervised Learning）和无监督学习（Unsupervised Learning）。在机器学习中，对于无标签的数据进行分类往往被称作聚类（Clustering）。在实际应用中，垃圾电子邮件自动标注是一个非常经典的分类问题实例，股票涨跌的预期则可看作一个回归问题。在实际应用中，有标签的数据往往比较难以获得（或者是会花比较高的代价才能获取，如人工标记），但是对有标签的数据进行有监督学习相对容易。总而言之，无监督学习相对较难，但是无标签的数据相对容易获取。

在"大数据"支持和电脑硬件（如图形处理器 GPU）的计算能力不断提高下，人工神经网络和深度学习在分类和回归问题上都取得了空前的成效。可是我们讨论了众多概念，比如网络、单元、连接、权重、偏值、激活函数，知道了人工神经网络可以解决分类（聚类）和回归问题，但是具体怎么使用人工神经网络呢？

让我们回到这个方程：$y = f(x * W + b)$，以一个最简单的分类问题为例子（聚类和回归问题可以举一反三，请读者自己思考）：如果有 1 万封已经标记好的电子邮件，每一封邮件只可能被标记为垃圾邮件（SPAM）或者非垃圾邮件（HAM），即输出 $y = 0$ 或者 $y = 1$，换句话说，这是一个二元分类问题。我们的输入 x_i 和经典机器学习中定义的并无差别，可以是从具体每封电子邮件中提取的关键字，或者是提取的其他特征量。我们往往通过对数据的特征提取和预处理（例如归一化与标准化）构建统一格式的特征向量作为输入。值得注意的是，在现有的很多深度学习算法中，特征提取往往被直接融合到了模型训练过程中，并不会单独实现（但是数据的归一化与标准化往往不可或缺，甚至会最终决定深度学习模型的成败）。在给定预设好的激活函数（Activation function）和偏值（Bias）的情况下，我们有了一个训练集 $\{(x_1, y_1), ..., (x_i, y_i), ..., (x_n, y_n)\}$，比如第 158 号邮件有"on sale"、"省钱"等字眼并且被标记为垃圾邮件，我们通过前向传播和初始化的加权参数由 x_i 得到 y'_i，并且和真实的 y_i 进行比较，然后通过反向传播对加权参数进行更新。我们实际上最终需要学习到的是一组最优的"加权参数"的模型。当一封新的邮件，比如第 1 万零 1 封邮件被输入的时候，通过已经获取的最优的"加权参数"，就可以自动判别其属于垃圾邮件或非垃圾邮件。当我们有一个很复杂结构的深层网络的时候，同样的原理也可以适用，只不过每一层的网络的输出被当作了下一层网络的输入。

另外，值得深思的是，真实人类的大脑（生物学上的神经网络）是这么工作的吗？我们注意到人工神经网络的工作往往需要大量的训练数据，而且往往需要大量相对平衡的数据，比如我们需要人工神经网络去识别"猫"和"狗"的图片，我们需要大量的有标记的数据，而且最好是同时分别有大量的"猫"和"狗"的图片，而不是其中一样占绝大多数。这和人类的认知和识别过程是具有天壤之别的，当一个幼儿识别"猫"和"狗"的图片时，往往只需要很少的训练图片，幼儿就可以完成准确率比较高的识别。另外给幼儿看相对较多的"猫"的图片后，往往其对仅有的"狗"的特征也会有很深刻的理解，进而准确识别。这将是未来人工神经网络或深度学习研究人员应该深入去理解的方向，即如何使用有限的少量数据和大量无标记的数据得到准确、有效、稳定的分类和回归预测。

1.2.3 什么是激活函数？什么是偏值

通过上述学习，我们理解了基本的人工神经网络架构，但是还有两个概念需要进一步说明：激活函数（Activation function）和偏值（Bias）。

显然，阶跃函数（如图 1.4 左所示）是理想的激活函数。阶跃函数将输入值映射为输出"0"或者"1"，其中"0"对应于神经元抑制，"1"对应于神经元兴奋。然而，在实际应用中，阶跃函数是不连续且不光滑的。因此，实际常用逻辑函数（Sigmoid 函数）作为激活函数。典型的 Sigmoid 函数如图 1.4 右所示，它把可能在较大范围内变化的输入值挤压到（0,1）的输出值范围内，因此有时也称为"挤压函数"（可以把此激活函数的作用想象为：将线性的输入"挤压"入一个拥有良好特性的非线性方程）。

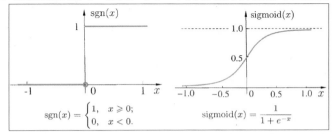

图 1.4　左图：阶跃函数；右图：Sigmoid 函数

为什么要非线性？简而言之，激活函数给神经元引入了非线性因素，使得神经网络成为一个可微分的复合函数可以任意逼近任何函数，这样人工神经网络就可以应用到众多的非线性模型中，使得其表达能力更加丰富。

那什么是偏值呢？具体来说，偏值控制了激活函数的"左向平移"和"右向平移"。比如对于标准的 Sigmoid 函数（如图 1.4 右所示），仅在输入 $x \geq 0$ 的情况下才输出 $1 > y \geq 0.5$，在输入 $x < 0$ 的情况下才输出 $0.5 > y > 0$。而若我们想要实现在输入 $x \geq 1$ 的情况下输出 $1 > y \geq 0.5$，在输入 $x < 1$ 的情况下输出 $0.5 > y > 0$，这时无论怎样去改变加权参数，都只能改变 Sigmoid 函数的形状（或者说是陡峭程度），拐点始终在 $x = 0$，无法满足训练集的要求。但是当加上偏值后，整个 Sigmoid 函数就可以被左右平移，问题就迎刃而解了。

注意，现在主流的激活函数是 ReLU 而不是 Sigmoid，假设函数为 $y = f(x)$，则当 $x <= 0$ 时 y 为 0；当 $x > 0$ 时 $y = x$。Sigmoid 函数的缺点是在反向传播（Backpropagation）训练网络时，由于在输出接近 0 或 1 时斜率极小，所以当网络很深时，在反向传播过程中输出层的损失误差很难向输入层方向传递，导致接近输入层的参数很难被更新，大大影响效果，我们称之为梯度弥散（Gradient Vanish）问题。而 ReLU 函数解决了这个问题，首先当 $x > 0$，y 是线性的，所以斜率恒为 1，不会因为网络深度而出现梯度弥散问题。另外，实践中发现，当 $x <= 0$ 时 y 为 0，可以让神经元具有"选择"特征的能力，这有点像步进函数（Step function）。

此外常用的函数还有 Tanh、Leaky ReLU 等。Tanh 函数和 Sigmoid 函数类似，不过输出范围变成了 (-1, 1)；Leaky ReLU 是为了解决 ReLU 不能输出负数而设计的，可以让训练更加稳定。关于它们的具体细节可以在之后讲解的过程中学到。

1.3 感知器

MP 模型和感知器没什么本质上的区别，只是感知器给出了更明确的数学定义和参数更新方法，而且可以扩展到多层模型中。MP 模型只是最初提出神经网络计算模型的概念。

1.1 节介绍了人工神经网络的基本模型（即 MP 模型）和它的其数学表达，以及具体我们在优化一个人工神经网络的时候需要考虑的因素，本节我们将介绍感知器[1]。若读者已经对多层感知器有一定的了解，则可直接从 1.4 节开始阅读本章。

感知器是 Frank Rosenblatt 在 1957 年就职于 Cornell 航空实验室（Cornell Aeronautical Laboratory）时所发明的一种人工神经网络。最初 Frank Rosenblatt 提出了这种可以模拟人类感知能力的机器，并将之命名为"感知器"。1957 年，在 Cornell 航空实验室中，他成功在 IBM 704 机上完成了感知器的仿真。两年后，他又成功实现了能够识别一些英文字母、基于感知器的神经网络计算机——Mark1，并于 1960 年 6 月 23 日展示于众。感知器可以被视为一种最简单形式的前馈神经网络，同时是一种最简单也很有效的二元线性分类器。

1.3.1 什么是线性分类器

在了解究竟什么是感知器前，我们首先需要搞清楚什么是线性分类器，简单来说，线性分类器是没有激活函数的神经元。假设 C1 和 C2 是我们需要区分的两个类别，在二维平面中它们的样本如图 1.5 所示。中间的直线就是一个分类函数，它可以将两类样本完全分开。一般的，如果一个线性函数能够将样本完全正确地分开，就称这些数据是线性可分的，否则称为非线性可分的。

什么是线性函数呢？简单而言，在一维空间里的表征就是一个点，在二维空间里的表征就是一条直线，而在三维空间里的表征就是一个平面，依此类推，在 N 维空间里，

---

[1] Marvin Minsky and Papert Seymour. Perceptrons. 1969.

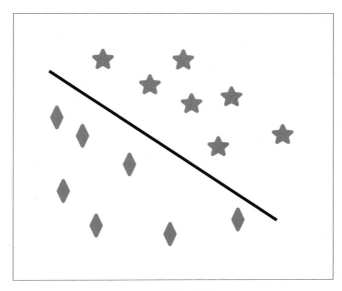

图 1.5 线性分类器

这种线性函数被统一称作：超平面（Hyper-Plane），而且在分类问题中，此超平面往往又被称作判定边界（Decision Boundary）。

另外需要注意的是，一个线性函数是一个实值连续函数（即函数的值是连续的实数），而我们的分类问题（例如这里的二元分类问题）是需要解答一个样本"属于"还是"不属于"某一个类别的问题。这就需要离散的输出值而非连续的输出值，例如用 1 表示某个样本属于 C1 类别，用 0 表示不属于 C1 类别（即属于 C2 类别），这时候只需要简单地在这个实值连续函数的基础上附加一个判断即可，通过分类函数执行时得到的值大于还是小于给定的阀值来判别样本的归属。比如说我们有一个线性函数，用数学方程表达为 $y = g(\boldsymbol{x}) = \boldsymbol{x} * \boldsymbol{W} + b$，没有激活函数。我们可以取阀值为 0，这样当有一个样本 x_i 需要判别的时候，我们就看 y 的值。若 $y > 0$，就判别为类别 C1；若 $y < 0$，则判别为类别 C2。这样一来，我们所要求的判别函数实际上是等价于给函数 $g(\boldsymbol{x})$ 附加一个符号函数 $sgn(\cdot)$，即 $f(\boldsymbol{x}) = sgn[g(\boldsymbol{x})]$ 才是我们真正的判别函数。注意，若 $y = 0$，我们是无法判断的，因为此样本正好处在线性分类器的判定边界上。

实际上很容易看出来，我们的判定边界并不是唯一的，把它稍微旋转或者平移一下，只要保证不把两类数据进行错误分类，仍然可以达到分类所要求的效果。此时就牵涉到一个问题：对同一个问题存在多个判定边界的时候，哪一个线性函数更好呢？显然必须要先找一个量化标准来觉得"好"的程度，通常我们可以使用被称作"分类间隔"的指标。

分类间隔可以用 $(\boldsymbol{w}, b)$ 和某个特定训练样本集 $\{(\boldsymbol{x}_i, y_i)\}_{i=1}^n$ 进行定义：

$$\gamma_i = y_i(\boldsymbol{w}\boldsymbol{x}_i + b)$$

其中参数 $(\boldsymbol{w}, b)$ 定义了一个分类器（比如一个判定边界或者超平面）。如果 $y_i > 0$（类别 C1），为了获得较大的分类间隔，我们需要 $\boldsymbol{w}\boldsymbol{x}_i + b >> 0$。同理，如果 $y_i < 0$（类别 C2），我们需要令 $wx_i + b << 0$。显然当 $y_i(wx_i + b) > 0$ 时，意味着分类结果正确。于是相应的可以推导出它的几何间隔为：

$$\gamma_i = y_i\left(\frac{\boldsymbol{w}}{||\boldsymbol{w}||}\boldsymbol{x}_i + \frac{b}{||\boldsymbol{w}||}\right)$$

这个定义和函数间隔类似，不同的是对向量 $\boldsymbol{w}$ 进行了标准化。一个超平面和整个训练集的几何间隔定义为 $\gamma = \min \gamma_i (i = 1, \cdots, n)$，我们的判定边界的选取是希望此几何间隔也是越大越好，即：

$$\max \gamma$$
$$\text{s.t.} \quad y_i(\boldsymbol{w}\boldsymbol{x}_i + b) = \gamma_i \geq \gamma, i = 1, \ldots, n$$
$$||\boldsymbol{w}|| = 1$$

所选取的最大几何间隔必须保证每个样本的几何间隔至少为 γ。换句话说，我们需要找到一个超平面，在将正负样本分开的同时，使超平面到正负样本间的距离尽可能大，因此定义了一个最优间隔分类器。如果熟悉传统机器学习的读者，就会发现这里定义的最优间隔分类器就是支持向量机（Support Vector Machine，SVM）的基本思路。

1.3.2 线性分类器有什么优缺点

线性分类器的优点显而易见：模型简单、参数少，可以快速地训练和测试。当然，由于线性分类器非常简单，因此其更大的优势是"可解释性"。也就是说，如果一个线性分类器可以成功应用，我们就可以很容易解读它为什么可以成功。对于复杂的非线性分类器或者基于深度学习的分类器，我们往往只能把它们视作一个黑盒，对其为什么工作往往无法清晰直观地解释。另一方面，线性分类器的缺点也是由于其模型简单，因此对于复杂的数据往往显得其模型不够丰富。对于一些复杂的问题（如计算机视觉或语音识别），线性分类器无法成功训练，一个小的误差就会使线性分类器将永远无法收敛。但是线性分类器依然广泛地应用在机器学习模型中，这是因为：

（1）我们可以把多个线性分类器进行组合，得到一个组合的判定边界，这样对于每个线性分类器，学习成本是很低的。特别是现在基于多线程的 CPU 和能够并行处理的 GPU，线性分类器的训练往往可以并行训练，相对直接训练一个庞大复杂的非线性分类器，成本更低而效率更高。

（2）线性分类器的组合往往能够减小过拟合（Overfitting）对于模型在对测试数据进行判别时的影响。

1.3.3 感知器实例和异或问题（XOR 问题）

图 1.6是一个典型的感知器示意图，其本质和图 1.3 没有区别。可以看到，一个感知器有以下几部分组成。

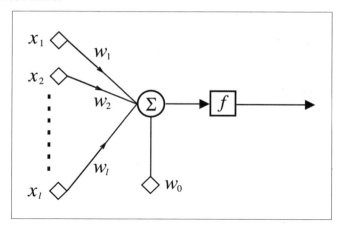

图 1.6　感知器示意图

- **输入**：一个感知器可以接收多个输入或者是以一个向量表示的输入 $x = (x_0, x_1, x_2, \cdots, x_n)$。

- **权值**：每个输入上都有对应一个权值 $W = (w_0, w_1, w_2, \cdots, w_n)$，注意，此处偏值（Bias）又被称作偏值项，被标记为 $w_0 \equiv b$，其对应的是 $x_0 = 1$（这样的好处是整个公式可以用向量方式来表示）。

- **激活函数**：感知器的激活函数同样可以有很多选择，比如可以选择下面这个阶跃（Step）函数来作为激活函数：

$$f(z) = \begin{cases} 1 & z > 0 \\ 0 & \text{otherwise} \end{cases}$$

- **输出：** 感知器的输出由下面这个公式来计算：

$$y = f(\boldsymbol{x} * \boldsymbol{W})$$

注意，这里的 $\boldsymbol{W}$ 和 $\boldsymbol{x}$ 都是向量表示。

例子 1.1：用感知器实现布尔 AND 运算

我们设计一个感知器，让它来解决 AND 运算。本质上 AND 是一个二元函数（有两个参数），为了计算方便，我们用 1 表示 True（分类 A），用 0 表示 False（分类 B），它的真值表如表 1.1 所示。

表 1.1　AND 运算真值表

x_1	x_2	AND	L1 分类
0	0	0	B
0	1	0	B
1	0	0	B
1	1	1	A

假设通过优化运算得到 $w_1 = 0.5$，$w_2 = 0.5$，$b = -0.6$，而激活函数就是前面写出来的阶跃函数，这时，感知器就相当于 AND 运算。我们可以通过验算来测试一下，比如输入真值表的第一行 $x_1 = 0$，$x_2 = 0$，根据公式：

$$\begin{aligned} y &= f(\boldsymbol{x} * \boldsymbol{W} + b) \\ &= f(w_1 x_1 + w_2 x_2 + b) \\ &= f(0.5 \times 0 + 0.5 \times 0 + (-0.6)) \\ &= f(-0.6) \\ &= 0 \end{aligned}$$

也就是当 $x_1=0$，$x_2=0$ 的时候，$y=0$，这就是真值表的第一行。读者可以自行验证上述真值表的第二、三、四行。

例子 1.2：用感知器实现布尔 OR 运算

同样我们可以设计一个感知器，让它来解决 OR 运算。表 1.2 是 OR 运算的真值表。

表 1.2 OR 运算真值表

x_1	x_2	OR	分类
0	0	0	B
0	1	1	A
1	0	1	A
1	1	1	A

假设通过优化运算我们得到 $w_1=0.5$，$w_2=0.5$，$b=-0.2$，同样使用阶跃函数作为激活函数。这时，感知器就相当于实现了 OR 运算。这次我们验算一下真值表的第二行 $x_1=0$，$x_2=1$，根据公式：

$$\begin{aligned}
y &= f(\boldsymbol{x}*\boldsymbol{W}+b) \\
&= f(w_1 x_1 + w_2 x_2 + b) \\
&= f(0.5 \times 1 + 0.5 \times 0 + (-0.2)) \\
&= f(0.3) \\
&= 0
\end{aligned}$$

也就是当 $x_1=0$，$x_2=1$ 的时候，$y=1$，即 OR 真值表的第二行。读者可以自行验证上述真值表的第一、三、四行。

事实上，感知器不仅能实现简单的布尔运算，它还可以实现任何的线性函数。换句话说，任何线性分类或线性回归问题都可以用感知器来解决。前面的布尔运算可以看作是二元线性分类，即给定一个输入，输出 1（属于分类 A）或 0（属于分类 B），如图 1.7 所示。

例子 1.3：单个感知器不能实现布尔 XOR 运算

然而，我们现在所讨论的感知器是无法解决异或问题（XOR 问题）的。XOR 运算的真值表如表 1.3 所示。

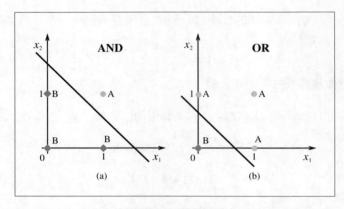

图 1.7　布尔运算 AND 和 OR 的二元线性分类表示

表 1.3　XOR 运算真值表

x_1	x_2	XOR	分类
0	0	0	B
0	1	1	A
1	0	1	A
1	1	0	B

可以用图 1.8 表示。

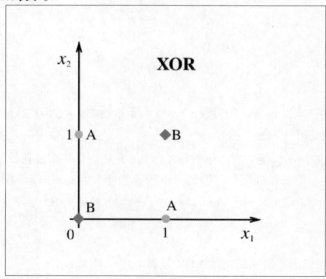

图 1.8　布尔运算 XOR 的二元线性分类表示

显而易见的是，我们无法划定一个线性的分类间隔来直接区分开 A 类和 B 类，那么怎么解决这个问题呢？下一小节我们将利用多层感知器（Multilayer Perceptron，MLP）来解决 XOR 所表示的分类问题。

1 深度学习简介

图 1.9 两层人工神经网络

显而易见的是,每多加一层网络,权重参数的数量就会增多,与单层人工神经网络不同。理论证明,多层人工神经网络可以无限逼近任意复杂的函数。

这是什么意思呢?也就是说,面对较复杂的非线性分类任务,多层感知器可以胜任。可以直观地感受一下两层人工神经网络的效力。如图 1.10[①]所示,现在想把上下曲线(绿色曲线和红色曲线)所代表的数据(曲线上所有的数据点)进行分类(左图)。由于它们的分布是非线性的,无论如何调节单层人工神经网络的权重参数,都无法完美地将它们进行分类(图 1.10 右),这是因为单层人工神经网络只能输出线性的判定边界(有图中浅蓝色和粉红色区块的交界线即为单层人工神经网络输出的线性判定边界)。

当使用两层人工神经网络的时候,我们可以得到如图 1.11(左图)所示的光滑的判定边界(图中浅蓝色和粉红色区块区块的分界线),于是(绿色曲线和红色曲线)所代表的数据(曲线上所有的数据点)被成功分类。这是为什么呢?我们画出经过隐藏层"处理"之后的数据。如图 1.11(右图)所示,数据经过隐藏层(即经过第一层神经网络转化后的数据),其空间被"扭曲",于是下一层分类器只需一个线性的判定边界就可以把数据完美分类。换句话说,隐藏层的作用是把原始输入数据所在的空间进行了转化,使其变得线性可分。这种对数据空间进行变换的方法不仅仅是多层感知器的专利,

---
[①] http://colah.github.io/posts/2014-03-NN-Manifolds-Topology/

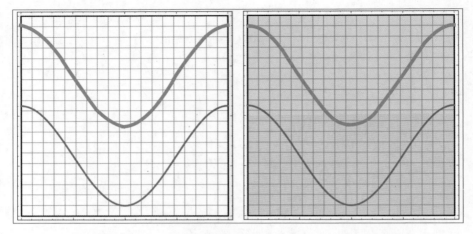

图 1.10　单层人工神经网络无法解决非线性二元分类问题

熟悉支持向量机算法的读者应该知道其核函数的功能正是把数据空间进行从低维到高维的转换，使其变得线性可分。

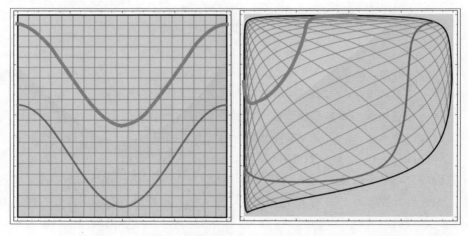

图 1.11　两层人工神经网络可以解决非线性二元分类问题

1.4.1　损失函数

当我们有了一个神经网络结构以及带标记的数据后，就需要使用这些数据来训练我们的网络了，让网络的参数可以对新的数据进行正确的预测。但是要根据一个什么样的标准来调整参数呢？这里要引入损失函数（Loss Function）这个概念。损失函数是用来衡量网络输出和数据标记（Label）之间的差距的。

最开始，在神经网络的参数还没有进行训练时，神经网络对每个在训练数据中的样本的输出是随机的，所以网络的输出和数据的标记之间会有很大的误差，也就是说，损失函数的值会很大。但是通过优化模型参数的算法，损失函数的值会逐渐减小，使得神经网络对训练数据预测的错误率不断减小，这样训练出来的神经网络在遇到与训练数据类似的新的数据时能得到正确的结果。现在假设有一个训练集 $T = \{(\boldsymbol{x}_1, y_1), (\boldsymbol{x}_2, y_2), ..., (\boldsymbol{x}_n, y_n)\}$，这里 $\boldsymbol{x}_i$ 代表第 i 个输入的向量，y_i 是第 i 个数据的标记。现在假设神经网络的输出是 a，并给出损失函数：

$$C(W,b) = \frac{1}{n} \sum_{x_i} ||y_i - a||^2 \tag{1.1}$$

这里 W 和 b 代表模型的参数，n 是训练集合中样本的数目。显然模型的输出 y 是由 W、b 和 x 决定的。这种类型的损失函数实际上描述的是神经网络的预测和样本标注之前的最小平方差（均方误差，Mean Squared Error）。注意，这个函数是非负的，我们可以通过最小化这个均方误差让预测模型去拟合训练数据，在遇到新的数据时得到正确的输出。如果预测模型是一个线性模型，就可以通过简单的梯度下降法来得到模型的参数。但是一个神经网络模型一般由多层神经元组成，如何将预测与标注之间的错误传播到每一个神经元，是一个复杂的问题，我们将在后面一节介绍"反向传播算法"，在此之前，先看看如何用梯度下降法（Gradient Descent）和随机梯度下降法（Stochastic Gradient Descent，SGD）来求得一个函数的局部最小值。

1.4.2 梯度下降法和随机梯度下降法

假设现在有一个函数 $C(v_1, v_2)$，这个函数的图像如图 1.12 所示。

这个函数十分简单，是一个典型的凸函数，肉眼就可以看出它的全局最小值在哪里。此外，通过对这个凸函数求偏导数，并找到偏导数的零点，也可以得到这个函数最小值的解。但是这种求法只有在函数是凸函数的时候才直截了当，但是对于高纬非凸函数，求偏导数的方法可能就不再适用了，尤其是像神经网络这样有成千上万个变量的复杂函数。这时候我们就需要用梯度下降法来求得函数的局部最小值。简单来说，梯度下降法就好像模拟了一个小球被放在如图 1.12 所示的函数 $C(v_1, v_2)$ 代表的曲面上任意一个位置，然后重力使得小球向位置较低的地方移动，直到停在了整个曲面位置最低的地方。

现在先随意将小球随意放在曲面上的一个位置，然后让它沿着 v_1 的方向移动 Δv_1，沿着 v_2 的方向移动 Δv_2，根据多元复合函数求导法则，可以得出这样一个位移导致函

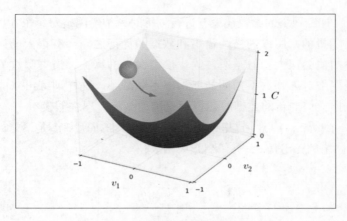

图 1.12　$C(v_1, v_2)$ 函数与梯度下降

数 $C(v_1, v_2)$ 的值 ΔC 的变化：

$$\Delta C \approx \frac{\partial C}{\partial v_1} \Delta v_1 + \frac{\partial C}{\partial v_2} \Delta v_2 \tag{1.2}$$

如果能找到这样一个位移 $(\Delta v_1, \Delta v_2)$ 使得 ΔC 是负数，那么很显然通过有限次数的迭代（小球移动到新的位置，计算新的 Δv_1 和 Δv_2，然后继续根据新的位移移动）就可以使得这个小球移动到这个函数最小值的位置。为了方便，我们设位移 $\Delta \mathbf{v} := (\Delta v_1, \Delta v_2)$，并定义函数 C 的梯度 $\nabla C = (\frac{\partial C}{\partial v_1}, \frac{\partial C}{\partial v_2})$，这样公式（1.2）就可以写成位移和函数 C 梯度的内积形式。即：

$$\Delta C = \Delta \mathbf{v} \cdot \nabla C \tag{1.3}$$

我们的目的是通过选择合适的 $\Delta \mathbf{v}$，来让公式（1.3）的 ΔC 一直是负的。假设 $\Delta \mathbf{v} = -\eta \nabla C$（这里 η 是一个很小的正数），并代入可以得到：

$$\Delta C = -\eta \nabla C \cdot \nabla C \tag{1.4}$$

然后可以得到 $\Delta C = -\eta ||\nabla C||^2$，因为 $||\nabla C||^2$ 恒大于 0，而 $-\eta$ 又是小于 0 的，所以保证了 ΔC 一直小于 0，这样就有了更新的 $\Delta \mathbf{v}$ 的公式，即：

$$\hat{v} = \mathbf{v} - \eta \nabla C \tag{1.5}$$

在这个公式中，$\hat{v}$ 代表根据更新后的位置，$\mathbf{v}$ 代表更新前的位置，$-\eta$ 代表步长（stepsize），∇C 代表位移的向量。

通过上面的介绍，我们已经知道如何使用梯度下降法来找到一个只有两个变量的函数的最小值。事实上，当目标函数有很多变量时，梯度下降法依然能够找到函数的局部最小值。对于一个神经网络，我们也可以通过这个方法来找到可以让损失函数最小化的网络中的参数 W 和 b，它们的更新规则如下所示：

$$\hat{w} = W - \eta \frac{\partial C}{\partial w} \tag{1.6}$$

$$\hat{b} = b - \eta \frac{\partial C}{\partial b} \tag{1.7}$$

对于神经网络来说，梯度下降虽然有可能找到全局最小值，但是它的计算成本太大，我们回忆一下均方差这个损失函数，它是定义在所有训练样本上的，也就是说，要得出 $\nabla C(w,b)$，就需要计算每一个训练集中样本的预测与标记的方差，然后再求出它们的平均值。在一般的机器学习任务中，训练集的样本数量一般都是巨大的，这有可能导致训练模型的时间非常长。随机梯度下降法有效地解决了这个问题，随机梯度下降法的核心思想是损失函数不再去估计所有样本，而是每次更新过程中，随机地从整个训练集中选取一个大小为 m 的子集（mini-batch），来估计整个训练集的均方差的梯度，即：

$$\sum_{j=1}^{m} \frac{1}{m} \nabla C_{\mathbf{x_j}} \approx \sum_{X} \frac{1}{n} \nabla C_{\mathbf{x}} = \nabla C \tag{1.8}$$

对于一个神经网络模型，用随机梯度下降法更新参数的公式可以变成：

$$\begin{aligned}\hat{w} &= w - \frac{\eta}{m} \sum_{j} \frac{\partial C_{X_j}}{\partial w} \\ \hat{b} &= b - \frac{\eta}{m} \sum_{j} \frac{\partial C_{X_j}}{\partial b}\end{aligned} \tag{1.9}$$

随机梯度下降法的更新过程是这样的：

（1）将训练集根据随机分割成几个长度为 m 的子集。

（2）根据上面两个公式，用每个随机生成的子集更新网络的参数。

（3）重复第（1）步和第（2）步，直到损失函数收敛。

在实际的神经网络训练中，随机梯度下降是最常用的训练方法。读者需要掌握其中的核心思想，因为本书后面的实例都是使用这个算法来对网络的权重进行更新的。

1.4.3 反向传播算法简述

在 1.4.2 节中，我们已经了解到随机梯度下降法可以用来更新网络的权重，但是神经网络一般是由数层神经元构成的，每个神经元都有自己的参数，对每一个神经元的求偏导数是一个十分复杂的过程。在这里只给出反向传播算法（Backpropagation）的简述，并直接给出反向传播算法最重要的四个公式，对其中的数学推导证明不做过多讲解。对于工程人员来说，现代机器学习框架已经对这些过程进行封装，即使不了解这个算法，也不影响你使用这些框架。

我们知道，从训练集中给定一个输入，一个没有经过训练的网络的输出和数据的标注之间会产生一个差值，这个差值可以定义为：

$$\delta^L = \nabla_a C \odot \sigma'(z^L) \tag{1.10}$$

这个公式中的 δ^L 代表最后输出层 L 的差值，$\nabla_a C = \frac{\partial C}{\partial a_j^L}$ 代表损失函数对于最后一层激活函数的偏导数，$\odot$ 代表 Hadamard 乘积[①]，z^L 代表最后一层网络每个神经元没有加激活函数的值。通过这个公式可以得到一个网络最后一层输出与数据标注之间的差值。下面给出第二个公式，把这个差值从最后一层传播到之前的神经网络层：

$$\delta^l = ((w^{l+1})^T \delta^{l+1}) \odot \sigma'(z^l) \tag{1.11}$$

这个公式代表 l 层的差值可以通过之前层的差值、之前层的权重和本层的输出 z^l 得到。这样我们就可以把差值一层一层地朝着输入层的方向进行传播，然后得到每个神经元所对应的差值。有了每个神经元的差值后，就可以计算如下两个偏导数：

$$\frac{\partial C}{\partial b_l^j} = \delta_j^l \tag{1.12}$$

$$\frac{\partial C}{\partial w_{jk}^l} = a_k^{l-1} \delta_j^l \tag{1.13}$$

得到了每个神经元的梯度，我们就可以使用随机梯度下降法来选择最优的模型参数。下面给出反向传播的伪代码：

（1）输入 x：将相应的特征值设为输入层的值 a^1。

[①] 给定两个 $m \times n$ 的矩阵 $\boldsymbol{A}$ 和 $\boldsymbol{B}$，这个操作符的输出 $(\boldsymbol{A} \odot \boldsymbol{B})$ 也是一个 $m \times n$ 的矩阵。其中每个元素等于 $a_{ij} * b_{ij}$，即 $(\boldsymbol{A} \odot \boldsymbol{B})_{ij} = a_{ij} * b_{ij}$

（2）前向传播：对于每一层 $l = 1, 2, ..., L$ 计算 $z^l = w^l a^l + b^l$ 和 $a^l = \sigma(z^l)$。

（3）用公式（1.10）计算最后一层的差值。

（4）用公式（1.11）将差值从最后一层朝着输入层的方向进行反向转播。

（5）有了每层的差值，就用公式（1.12）和公式（1.13）计算每个神经元关于权重与偏执的偏导数，并用梯度下降进行更新。

以上就是关于如何训练一个神经网络的全部内容，我们首先通过神经网络中最小的组成单元开始认识了多层感知器是如何构建起来的，然后引入了损失函数，通过损失函数可以有效地衡量神经网络模型和目标分布之间的差距。之后通过随机梯度下降法和反向传播算法，神经网络的参数可以逐步被调整，直到损失函数收敛。不过请读者注意，由于神经网络的训练是一个高维非凸问题，所以大多数时候并不能保证上述算法可以使得损失函数收敛到全局最优解。而且，由于网络在训练之前，其参数的初始化是随机的，所以对于同样的训练集和同样的训练参数，是有可能训练出参数不同的模型的。

1.5 过拟合

1.5.1 什么是过拟合

过拟合（Overfitting）就是所谓的模型对可见数据的过度自信，非常完美地拟合上了这些数据。当一个模型对于数据达到了过拟合，那么这个描述模型的方程对于数据来说将是一个比较复杂的方程。我们以如下方程作为一个简单的例子来阐述我们的观点：$y = a + bx + cx^2 + dx^3$。如图1.13所示，曲线描述的是一个非常复杂的模型，对于数据点形成了过拟合，对现有数据点无误差；直线则表示的是一个简单的模型，虽然对于每一个现有的数据点都有误差，但有一个合理的整体描述。换句话说，我们往往需要得到的是合理的整数描述，而不是一个过拟合的模型，因为曲线所描述的模型对于新数据没有任何预测的能力。所以过拟合的结果就是模型在训练集上效果很好，但在测试集上效果很差，也就是说，模型缺乏泛化性。这也是我们要分开训练集、验证集和测试集的原因。

先看过拟合的情况，曲线描述的模型能够穿过每一个数据点，正是因为这里的 x^2 和 x^3 高阶项，整个模型在特别努力地去学习作用在 x^2 和 x^3 上的参数 c 和 d。但是我们期望模型要学到的却是直线。因为它能更有效地概括数据（即只需要一个简单的线性模型 $y = a + bx$ 就能表达出数据的规律），或者从另一个角度来看，直线所表述的模

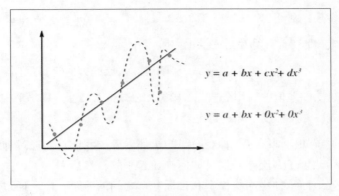

图 1.13　过拟合示例

型在初始的时候也同样有 c 和 d 两个参数。然而，通过迭代学习后，参数 c 和 d 都被赋值为 0。

机器学习的一个核心问题是设计不仅在训练数据上表现好，并且能在新输入上泛化好的算法，许多策略显式地被设计来减少测试误差（可能会以增大训练误差为代价），这些策略被统称为正则化（Regularization）。哪怕使用固定的网络和固定的训练数据，我们也有方法避免过拟合。正则化在深度学习出现前已经被使用了数十年。线性模型，如线性回归和逻辑回归可以使用简单、直接、有效的正则化策略，我们会在接下来的一节，介绍几种最常用的正则化方法。

1.5.2　Dropout

上一节我们介绍了过拟合的概念，本节我们将介绍如何避免过拟合。目前非常常用的是 Hinton 提出的 Dropout 方法，它不仅可以防止过拟合，在实际中往往还能提高准确度。Dropout 是指在模型训练时随机让一定比例的隐层输出设为 0（注意这是暂时的，训练完毕后正常使用模型时并不会把隐层输出设为 0）。对于随机梯度下降训练来说，这相当于在训练时把整个网络拆分为无数个子网络来训练，最后使用时再把子网络"合并"起来，训练完毕后整个网络的输出结果为无数个子网络的"平均"，其效果类似于集成学习（Ensemble Learning），用多个网络输出作为"投票"的行为，有助于提高准确度。

1.5.3 批规范化

批规范化（Batch Normalization）出自 2015 年 Google 非常值得学习的一篇文献：*Batch Normalization :Accelerating Deep Network Training by Reducing Internal Covariate Shift*。其大意是在每次随机梯度下降的时候，通过对相应的网络层输出做规范化，使得该层输出的均值接近 0，方差接近 1。听完这个介绍，感觉批规范化好像很简单的样子，不就是在每层输入前加一个归一化吗？其实不然，实际处理起来没这么简单，如果只是简单应用某个归一化公式对某一层输出进行归一化则可能会影响到这一层输出的特征的分布。文中巧妙地使用了变换重构来保证我们可以恢复出前一层的原始特征分布。批规范化目前最常用的地方是卷积神经网络，更多细节请见第 4 章。

1.5.4 L1、L2 和其他正则化方法

第一，为了避免过拟合，我们可以增加训练数据数量。比如 $y = a + bx + cx^2 + dx^3$ 的例子中，假设我们用大量的点来填补平面中缺少的部分，复杂的方程也不会有上下大幅度变化的情况。然而在现实应用中，增加训练数据数量往往代价很高或者有时根本不可能。

第二，我们可以减小网络的规模。在 $y = a + bx + cx^2 + dx^3$ 的例子中，我们可以把方程复杂度降低。然而大型网络比小型网络有更丰富的表现能力，所以实际应用中若没有计算资源的限制，一般不采取减小网络规模的方法。

L1 和 L2 是模型表达优化中最常用的方法，其中心思想是增强模型的稀疏性（即建设参数量）。简单来说，L1 正则化是把模型参数的绝对值之和作为损失函数的一部分，而 L2 正则化是把模型参数的平方和作为损失函数的一部分。因为模型参数通常是小于 1 的值，所以 L1 相比 L2 来说更加希望参数越小越好（即越稀疏越好）。

1.5.5 L1 和 L2 正则化的区别

L1 正则化和 L2 正则化的区别是什么呢？显而易见的是，使用 L1 正则化，我们很可能得到的结果是只有 a，b 和 c 的参数被保留，另外一个为 0。所以 L1 正则化也多被用来强制挑选对结果贡献最大的参数（强调了模型的稀疏性），但是 L1 正则化的解没有 L2 正则化稳定。

总而言之，L1 相对于 L2 能够产生更加稀疏的模型，即当 L1 正则化在参数比较小的情况下，能够直接缩减至 0。因此可以起到特征选择的作用，该技术也称之为 LASSO。

如果从概率角度进行分析，很多范数约束相当于对参数添加先验分布，其中 L2 范数相当于要求参数服从高斯先验分布；L1 范数相当于要求参数服从拉普拉斯分布。

表 1.4 概括了 L1 和 L2 正则化的优劣势[①]。

表 1.4　L1 和 L2 正则化的优劣势

L1 正则化	L2 正则化
在非稀疏的情况下，计算效率不高	计算效率高，因为有解析解
稀疏输出	非稀疏输出
可用来做特征选择	不可用来做特征选择

1.5.6　Lp 正则化的图形化解释

我们可以将 L1、L2 正则化方法扩展 Lp 正则化，即表示为：

$$\sum \theta_i^p$$

虽然在实际中基本只使用 L1、L2 正则化和 Dropout，但为了帮助大家加深理解，我们在这一小节使用图形化的方法来更加直观地感受 Lp 正则化方法。

假设我们现在的误差方程 J_θ 只有两个参数 θ_1 和 θ_2。如图 1.14 所示，椭圆的圆心是 J_θ 误差最小的地方，而每条椭圆的误差都是一样的（类似于等高线的概念）。L2 正则化的附加项用正圆表示为产生的额外误差，L 正则化的附加项用菱形表示为产生的额外误差。这样一来，椭圆和正圆/菱形的交点可以使得两个误差的和最小。这便是 θ_1 和 θ_2 正则化后的解。

对于 Lp 正则化，如图 1.15 所示（用平面表示可能的误差方程值 J_θ，用三维形状表示 Lp 正则化项的等高面），我们可以有如下扩展结论：

当 $p >= 1$ 时，等高面和平面的交点有多个。这是一个凸优化问题，可以用拉格朗日乘子来解决这个问题。

- 当 $0 < p < 1$ 时，等高面和平面的可行解十分稀疏，是一个非凸优化问题，解决这类问题很难，但是却有很好的稀疏性。

- 当 $p = 0$ 时，等高面上的点除了坐标轴，其他部分无限收缩，与平面的交点在某一个坐标轴上，非零系数只有一个。

[①] http://xudongyang.coding.me/regularization-in-deep-learning/

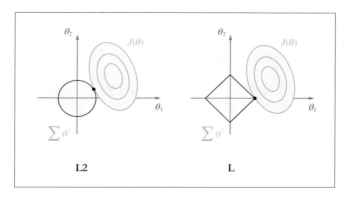

图 1.14　L1 和 L2 正则化的图形化解释

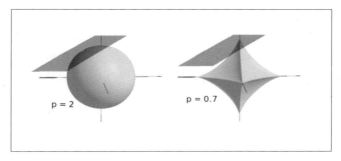

图 1.15　Lp 正则化的图形化解释

　　我们在深度学习中，所使用的误差方程往往结合了几种不同的正则化方法，比如同时使用 Dropout 和 L2 正则化。具体使用哪种方法或者哪些方法的结合，往往需要通过具体的实验结合前人研究的经验来做出决定。实践中，对于 Dropout 的比例和正则化的强度参数，我们往往采取从粗到细的分阶段调参。例如，一般先进行初步范围搜索，然后根据好结果出现的地方，再缩小范围进行更精细的搜索。

1.5.7　其他神经网络

　　为了便于读者理解，上文所介绍的神经网络模型、损失函数和训练算法都只是人工神经网络这个领域中最基础、最简单的方法。事实上，我们可以根据不同的任务来选择不同的模型或者损失函数。比如对于计算机视觉方面的任务，卷积神经网络（Convolution Neural Network，CNN）会有更大的优势。简单来说，卷积神经网络是为了图像模式识别应运而生的，它用卷积操作来代替感知器那种全连接结构。图像边缘提取其实就是一种卷积操作，大家可以先简单地把卷积神经网络理解为多层的边缘提取算法，即第一层卷积层对原图使用多个卷积核进行卷积得到多个边缘提取图像，第二层卷积层则从第一层卷积层得到的边缘提取图像上再次进行更高级的边缘提取，最后根据任务来选择输出层和损失函数，具体请阅读第 4 章。

对于时间序列数据，递归神经网络（Recurrent Neural Network，RNN）可能更加适合。多层感知器和卷积神经网络都只是输入一个 x，输出一个 y，而递归神经网络在输出 y 时会考虑过去出现过的 x 的序列。简单来说，它比其他网络多了一个状态输出，即每次输入 x 后，都有一个状态输出，而这个状态输出则会作为下一步的状态输入，从而具备记忆能力。

损失函数除了均方差，也有交叉熵（Cross Entropy）等可以进行选择。训练算法上也有创新，比如基于动量更新的学习步长的算法等。

对于深度学习入门，除了上文的多层感知器，卷积神经网络和递归神经网络也是必须要掌握的。不同的神经网络有其特有的功能，有时候为了实现一些功能，需要把两种甚至两种以上的网络种类一起使用，这和玩乐高积木非常类似。比如基于视频的时间序列应用，就会把图像输入卷积神经网络中，然后把卷积神经网络的输出输入到递归神经网络中。总之，深度学习为广大工程师提供了一个巨大的工具箱，工程师们应该根据不同的任务来选择自己的工具并将它们组合起来，以得到最佳的结果。

2

TensorLayer 简介

2.1 TensorLayer 问与答

2.1.1 为什么我们需要 TensorLayer

关于 TensorLayer 的一个最常见的问题就是："为什么我们需要 TensorLayer？"TensorLayer 是一个以 TensorFlow 为后端所开发的高级平台。众所周知，TensorFlow 是一个提供大量运算操作的可微分编程框架，可是 TensorFlow 并不直接提供具体神经网络的实现，直接使用 TensorFlow 进行开发相对耗时耗力，并且可能导致相同或类似模块的重复开发。

为了加快开发速度，避免开发人员的重复劳作，TensorLayer 应运而生。简而言之，TensorLayer 适用于不同水平的用户或开发人员进行使用，其优势不仅在于提供了大量神经网络的实现，更重要的是，TensorLayer 同时也提供了从算法研究到产品部署的整个工作流。

对于初学者，TensorLayer 提供了大量简洁、容易上手的 API 和海量的实例教程；对于中级用户，TensorLayer 的灵活性和透明性等优势能大大提高开发效率；对于高级用户和产品开发人员，运行速度和跨平台优势会极大提高产品集成和部署的效率。并且由于 TensorLayer 的持续开发和社区的活跃度，用户和开发人员可以以最快的速度获得最新架构的实现，而无须在不同的学习阶段去了解不同库的开发。

2.1.2 为什么我们选择 TensorLayer

关于 TensorLayer 的另一个常见问题是："为什么我们选择 TensorLayer？"其他以 TensorFlow 为后端所开发的高级库，比较知名的还有 Keras 和 Tflearn。相比于这些库，TensorLayer 的最大特点是其轻量与高效，首先，TensorLayer 和其他库一样提供大量的层实现，但由于 TensorLayer 社区有大量博士生，我们往往会最快地有最新论文的层实现；其次，其代码的可读性高，TensorLayer 属于浅包装库，源码非常简单易读，这让用户可以非常方便地自定义和开发适用于自己应用的神经网络层和架构；再次，其不仅仅是方便定义模型和损失函数，而是提供了整个复杂深度学习系统开发到部署的工作流。这极大地加快了非计算机专业人员的开发速度。例如，TensorLayer 已经被广泛使用在各类医学图像分析、生理信号识别、统筹优化和金融信息挖掘等项目中。在当下创新创业的浪潮中，TensorLayer 将为不同领域的专家、学者和业内人士提供一个更好更快的协同工作平台。更多关于 TensorLayer 的高级使用方法请见第 9 章的内容。

2.2 TensorLayer 的学习方法建议

授之以鱼不如授之以渔，学会学习方法甚至比阅读本书更加重要，这里总结了一些学习方法和建议，希望对你有用。

2.2.1 网络资源

这里总结一些 TensorLayer 学习中的网络资源。Karpathy 目前是特斯拉的人工智能负责人，斯坦福大学博士毕业，李飞飞的学生之一，他在读博之余写了很多博客，经过他的授权，TensorLayer 的深度增强学习例子 Pong Game 就是用 TensorLayer 重新实现了他的 numpy 版本。此外还推荐另外两个博客 Colah's 和 Wildml，网址链接如下：

- Karpathy's Blog：http://karpathy.github.io
- Colah's Blog：http://colah.github.io
- Wildml：http://www.wildml.com

在论文方面，康奈尔大学（Cornell University）建立的 arXiv 网站有大量免费的论文可供阅读。由于计算机发展速度非常快，有时候论文还没发表出来技术就已经过时了，所以现在很多顶级的计算机文章都会先发布到 arXiv 上，以供同行阅读促进技术交流，这样做的好处是大家可以第一时间知道最新的人工智能研究。为此，Karpathy 还做了一个 arXiv-sanity 网站来自动整理 arXiv 上的大量论文,方便大家搜索。这对从事深度学习研究的读者来说非常重要。此外,我们往往会忽略 Google Scholar 查找文章被引用信息的功能,很多非常好的论文会被该领域大量引用,因此当您想深入研究某个子领域时,您可以找出该领域比较出名的论文,查询哪些论文引用了它,通过引用时间排序,您就可以掌握当前该领域最新的进展了。

- arXiv:http://arxiv.org

- arXiv-sanity:http://www.arxiv-sanity.com/

- Google Scholar:https://scholar.google.co.uk

GitHub 上不仅可以找到很多例子代码,我们还可以关注一些经验总结,比如 wagamamaz 总结了 TensorLayer 使用的技巧,soumith 总结了 GAN 的训练技巧。这些经验总结对于深度学习研究,有时候比找代码的意义更大。

- TensorLayer Tricks:https://github.com/wagamamaz/tensorlayer-tricks

- GAN Hacks:https://github.com/soumith/ganhacks

2.2.2 TensorFlow 官方深度学习教程

基于 TensorFlow 的库(Wrapper)会在不同程度上把运算操作隐藏起来,以简化程序,若想真正学好深度学习,就需要理解每一个运算操作,至少要明白一些基本操作,这时就有必要了解一些 TensorFlow 的基础知识。在这里,我们建议在阅读本书之余,看看 TensorFlow 官方的深度学习教程,极客学院有对应的中文翻译版本。该教程涵盖全连接网络、图像识别、词的向量表达、语言建模、机器翻译等经典问题,而 TensorLayer 官方的深度学习教程包含了这些教程的实现,方便读者对照 TensorFlow 版本学习,本书中一些例子也是通过重复实现 TensorFlow 深度学习教程来讲解的。

- TensorFlow 官方深度学习教程:https://www.tensorflow.org/tutorials/

- 极客学院中文翻译版本:http://wiki.jikexueyuan.com/project/tensorflow-zh

- TensorLayer 深度学习教程:http://tensorlayer.readthedocs.io/en/latest/user/tutorial.html

- TensorLayer 深度学习教程(中文):http://tensorlayercn.readthedocs.io/zh/latest/user/tutorial.html

2.2.3 深度学习框架概况

当读者开始实现一个深度学习项目时，最好使用一个支持你所会语言的框架。目前研究人员正在使用的深度学习框架不尽相同，很多大的 AI 企业也会有自己的框架，目前学术界和工业界的开源框架有 TensorFlow、Torch、Caffe、Theano、Deeplearning4j 等，科研人员在计算机视觉、语音识别、自然语言处理与生物信息学等领域使用这些框架并获取了极好的效果。

下面来一起了解其中的一些框架。

1. TensorFlow

TensorFlow 作为一款面向深度学习的应用开发平台，使用数据流图（Data Flow Graph）来定义计算流程。在图中，每个节点代表数据的输入输出或者数学运算符号，其中输入输出可以是一个数，或者一个张量（tensor），连接节点间的线条代表张量之间的处理关系。用 TensorFlow 实现项目可以轻松地部署在一个或者多个 CPU、GPU 上，甚至可以部署在移动设备上。TensorFlow 现在已经开源，并由 Google 开发和维护。在开源之前，TensorFlow 是由 Google Brain 的研究人员开发作为内部使用，开源之后可以在几乎各种领域适用。

2. Caffe

Caffe 是由加州大学伯克利的博士贾扬清用 C++ 开发的，它的全称为 Convolutional Architecture for Fast Feature Embedding。Caffe 是一个清晰而高效的开源深度学习框架，目前由伯克利视觉学习中心（Berkeley Vision and Learning Center，BVLC）进行维护。

3. Theano

Theano 是一个支持深度学习结构的 Python 库，它的核心是一个数学表达式的编译器，它知道如何获取你的结构，并使之成为一个使用 numpy、高效本地库的高效代码，并把它们部署在 CPU 和 GPU 上高效运行。Theano 于 2008 年诞生于蒙特利尔理工学院，是专门为深度学习中处理大型神经网络模型所设计的。它是这类深度学习库的首创之一，被认为是深度学习研究和开发的行业标准。

4. PyTorch

PyTorch 是一个基于 Python 的深度学习框架，它的前身是 Torch，主要语言接口是 Lua，由于现在 GitHub 上大部分深度学习框架的语言接口都是 Python，因此 PyTorch 就用 Python 重写了整个框架，再次重新回到了研究人员的视线。

简单来说，Google 用 TensorFlow 来做科研和产品，Facebook 用 PyTorch 做科研，而产品化用 Caffe2。

斯坦福 CS231N 课程中有更加详细的框架对比，感兴趣的读者可以进一步阅读：http://cs231n.stanford.edu/slides/2017/cs231n_2017_lecture8.pdf。

2.2.4　TensorLayer 框架概况

简单来说，TensorLayer 除了和其他库一样都提供大量层（layer）的高级抽象外，还提供了大量搭建整个学习系统和产品的必备功能，包括数据预处理、数据后处理、数据管理、模型管理、文件夹管理、分布式计算等，使得开发者只需要 TensorLayer 一个平台就能完成全部从研发到产品的工作，我们称之为 end-to-end workflow。TensorLayer 的设计理念是尽可能地满足不同阶段的开发者，使得开发者在初学阶段和高级阶段都能使用同一个库，这是由下面几点设计思路实现的：

- TensorLayer 对 TensorFlow 的高级抽象不会导致模型速度变慢。
- TensorLayer 有类似 scikit-learn 的简化版训练 API，也有针对高级用户使用的迭代器（iterator），有简化版和专业版的 layer（如 Conv2dLayer 和 Conv2d 的关系），以同时适合不同阶段的用户使用。
- TensorLayer 对 TensorFlow 非常透明，灵活性强，这一点非常像 Theano 时代的 Lasagne。
- TensorLayer 使用 layer in layer out 的设计方式，而其他 TensorFlow 库使用 tensor in tensor out 的设计方式，它们都可以通过 LambdaLayer 变成 TensorLayer 的一部分。

更多 TensorFlow 库的比较请参考：http://blog.mdda.net/ai/2016/12/10/layers-on-top-of-tensorflow-review。

在开发文档方面，我们推荐英文好的读者优先阅读英文文档，因为表达会更清晰，而且英文文档往往会优先更新。不过英文一般的读者也不用担心，中文文档目前由几位中国作者管理，更新基本是同步的。TensorLayer 的 Github 和文档中除了深度学习的教程外，还有大量常用例子，方便读者根据自身需求学习。

- GitHub：https://github.com/zsdonghao/tensorlayer
- 英文文档：http://tensorlayer.readthedocs.io 或者 http://tensorlayer.org
- 中文文档：http://tensorlayercn.readthedocs.io

最后，TensorLayer 使用 Apache 2.0 License，简单来说，大家可以完全免费使用 TensorLayer，甚至开发商业产品。

2.2.5 TensorLayer 实验环境配置

TensorFlow 目前支持 Ubuntu、Windows 以及 Mac 系统，不过目前最主流的深度学习开发操作系统是 Ubuntu。在硬件方面，虽然 TensorFlow 提供 CPU 版本，但本书例子需要训练神经网络，强烈建议读者准备一台配有 NVIDIA GPU 的电脑，并根据 TensorFlow 官网安装好 CUDA、CuDNN 和 GPU 版本的 TensorFlow。

最后安装 TensorLayer，目前 TensorLayer 代码在 GitHub 上管理，若想把整个项目下载下来，则需要执行：

```
git clone https://github.com/zsdonghao/tensorlayer.git
```

把整个项目下载下来的好处是添加修改源码方便，若之后想成为 TensorLayer 贡献者，这个方法最好不过。

此外，TensorLayer 也可以直接通过 pip 安装稳定版本：

```
pip3 install tensorlayer
```

这个版本相对 GitHub 的版本往往会有数周的延时，新的功能并不能马上用到。若您与开源社区保持着联系，我们推荐从 GitHub 上安装最新的版本，这样的好处是可以用到最新的功能，万一遇到问题也可以讨论解决。安装最新版本请执行：

```
pip3 install git+https://github.com/zsdonghao/tensorlayer.git
```

最后需要注意的一个常见问题是，有的用户把 TensorLayer 安装在无显示屏的远程服务器上时，`import tensorlayer as tl` 会在 `visualize.py` 中报错，比如：

```
_tkinter.TclError: no display name and no $DISPLAY environment variable
```

这是由 `matplotlib` 导致的。

解决方法有两种：

- 第一种是在代码开始处设置 `matplotlib` 使用 `Agg` 模式，如下所示。若已经把 TensorLayer 源码包 Git 复制下来了，则可以在 `visualize.py` 开始处或在 `import tensorlayer` 之前设置。

```
1  import matplotlib
2  matplotlib.use('Agg')
3  import tensorlayer as tl
```

- 第二种是安装 tkinter，若在 Ubuntu 下使用 Python 3 环境，则执行 sudo apt-get install python3-tk。

2.2.6 TensorLayer 开源社区

多与活跃的开源社区保持沟通可以加快学习速度，认识更多的合作伙伴。中文开源社区的微信、QQ 和 Slack 联系方式可以在 GitHub 上找到，申请加入微信群和 QQ 群时，需要注明真实姓名、单位/学校，以及从事的研究方向（否则管理员可能会忽略），入群交流时需要遵守管理员的要求。

- Github：https://github.com/zsdonghao/tensorlayer

在微信群和 QQ 群问问题之前，如果是代码方面的问题请先查看 Github Issues 有没有您想要问的问题，常识性问题会引起他人的反感，影响社区氛围。熟练使用 TensorLayer 之后，可多在 GitHub 上贡献自己的代码并分享到群里，这看起来只是帮助他人，对自己并没有什么好处，然而事实恰恰相反，贡献代码可以使自己的代码更加精炼。这些技能是和他人进行技术合作时所必需的。我们希望读者能在学习本书的过程中也加入到 TensorLayer 开源社区中来，在收获学习成果的同时分享自己的学习心得和贡献自己的代码。

2.3 实现手写数字分类

在第 1 章，我们讲解了神经网络如何通过矩阵乘法实现，这一小节我们将通过一个手写数字分类的实例来快速入门。在开始正式介绍手写字分类之前，先来了解一下在 TensorFlow 中是如何实现矩阵乘法的。

在 TensorFlow 中，一切数据都是以张量（Tensor）的形态存在的，可以把 Tensor 想象成一个 N 维的数组或列表。当 Tensor 的维数为 2 的时候，通常称为矩阵，如 m = [[1, 2, 3], [4, 5, 6], [7, 8, 9]]，相应的，维数为 1 的时候为向量，如 m = [2.1, 0.4, 1.3]。

TensorFlow 的语法和 numpy 语法几乎一模一样，比如我们可以像下面这样定义一个 2 行 3 列的矩阵，每个元素值为 1。

```
1  x = tf.ones([2, 3])
```

类似地，如果想用一个 list 或者 numpy 中的 ndarray 来初始化一个 TensorFlow 中的矩阵，可以这么做：

```
1  x = tf.constant([1, 2, 3, 4], shape=[2, 2])
2  sess = tf.Session()
3  sess.run(x)
4  ... x = [[1 2]
5  ...      [3 4]]
```

在 TensorFlow 中，所有的 Tensor 都有大量内置的函数，若要获取维度信息可以这样：

```
1  x.get_shape()
2  ... TensorShape([Dimension(2), Dimension(2)])
3  x.get_shape().as_list()
4  ... [2, 2]
```

当定义好两个矩阵后，矩阵的乘法可以直接使用 TensorFlow 的 `tf.matmul` 来实现。

```
1  sess = tf.InteractiveSession()
2  x = tf.constant([1,2,3,4],shape=[2,2])
3  y = tf.constant([5,6,7,8],shape=[2,2])
4  print(sess.run(tf.matmul(x,y)))
5  ... [[19 22]
6  ...  [43 50]]
```

这里注意对比 `tf.multiply` 和 `tf.matmul` 的异同，`tf.multiply` 是矩阵点乘，即矩阵各个对应元素相乘，这个时候要求两个矩阵必须同样大小。

```
1  print(sess.run(tf.multiply(x,y)))
2  ... [[ 5 12]
3  ...  [21 32]]
4  print(sess.run(x * y)) # 等价于上式
5  ... [[ 5 12]
6  ...  [21 32]]
```

在 TensorFlow 中，除了像上面的例子那样定义 Tensor 数据，数据还可以通过 `placeholder` 来输入，它相当于预先定义了一个没有初始化的变量，在定义计算图阶段起到了占位的作用。在执行阶段，一定要记得给定义为 `placeholder` 的变量进行赋值，这一操作可以通过 `feed_dict` 来实现。具体例子如下：

```
1  import tensorflow as tf
2  sess = tf.InteractiveSession()
```

```
3   # 定义行数任意，列数为3的输入
4   x = tf.placeholder(tf.float32, shape=[None, 3], name='x')
5   # 定义矩阵
6   W = tf.Variable([[1.0, 2.0, 3.0]])
7   # 定义操作函数
8   y = tf.matmul(x, tf.transpose(W))
9   # 参数被使用前需要初始化
10  W.initializer.run()
```

我们把 x 的第一个维度设为 None，意思是行数是任意的，但至少有一行，下面的代码实现了当输入一个 x 输出一个 y 的结果。其实这里实现了一个无偏值三个输入一个输出的线性感知器，$y = x * \boldsymbol{W}$。

```
1   out = sess.run(y, feed_dict={x: [[1.0, 2.0, 3.0]]})
2   ... [[ 14.]]
```

若想一次输入更多的 x，求出更多的 y，则如下面代码所示，这是标准的矩阵乘法运算，而 x 的每一行则代表一个数据。假设 x 输入维度定为 $[100, 784]$，W 维度为 $[784, 800]$，则输出 y 维度为 $[100, 800]$。值得注意的是 `tf.Variable` 和 `tf.constant` 虽然都是定义模型参数，但 `tf.Variable` 定义的参数是可以被梯度下降更新的，而 `tf.constant` 的值不能被改变。

```
1   out = sess.run(y, feed_dict={x: [[1.0, 2.0, 3.0], [0.0, 3.0, 0.0]]})
2   ... [[ 14.]]
3   ...  [  6.]]
```

只有完全掌握上面的 TensorFlow 矩阵乘法，才能明白多层神经网络是如何用 TensorFlow 实现的。MNIST 手写数字分类经常作为机器学习领域的入门数据集，就像学习编程时总是会遇到的 Hello World!。MNIST 由 Yann LeCun 和 Google Labs 的 Corinna Cortes 等人公开并提供下载，MNIST 属于 NIST 的子集，其中每个手写图片尺寸都统一了大小，并且经过降噪、裁剪、居中等处理。

如图2.1所示，MNIST 中的每个样本代表一个手写数字，标记（Label）范围是 0、1、2、3 至 9 的离散值，共 10 类。它有 60000 张训练集图片（Training Set），10000 张测试集图片（Testing Set）。每个手写样本用 28×28 的矩阵来表示，即一个手写数字图片有 784 个值，矩阵中的每个元素表示黑白强度，取值范围 $[0,1]$（0 为全黑，1 为全白）。

下面正式开始介绍如何用 TensorFlow 搭配 TensorLayer 来实验手写数字识别。

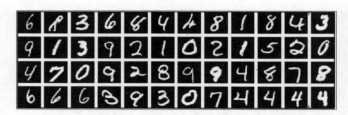

图 2.1　MNIST 手写数字数据集

- 本小节代码可参考：https://github.com/zsdonghao/tensorlayer/blob/master/example/tutorial_mnist_simple.py

首先 `import` 这两个最关键的模块。

```
1  import tensorflow as tf
2  import tensorlayer as tl
```

实际中我们往往会把数据集分为训练集（Training Set）、验证集（Validation Set）和测试集（Testing Set）。训练集用来训练模型，验证集用于模型的选择，而测试集用于最终对模型的评估。因此我们把 60000 张训练集图片取出 10000 张作为验证集，在 TensorLayer 中可以通过下面一行代码自动下载获得 MNIST，并把每个数字用一行向量 784 个值表示：

```
1  X_train, y_train, X_val, y_val, X_test, y_test = \
2              tl.files.load_mnist_dataset(shape=(-1,784))
3  print(X_train.shape, y_train.shape)
4  ... (50000, 784) (50000,)
5  print(X_val.shape, y_val.shape)
6  ... (10000, 784) (10000,)
7  print(X_test.shape, y_test.shape)
8  ... (10000, 784) (10000,)
```

定义一个运行计算所需要的 Session。Session 允许计算图或者图的一部分，为这次计算分配资源并且保存中间结果的值和变量。

```
1  sess = tf.InteractiveSession()
```

为了提供数据给下面即将定义的网络，我们定义两个 `placeholder` 如下所示。在这里 `None` 是指在编译之后，网络将接受任意行数的矩阵，相当于可以接收任意数量的训练数据，批规模（Batch Size）是任意的。x 是用来导入手写数据的，而 y 是用来导入标记数据的。如果想设定固定的 Batch Size，则用具体整数代替 `None` 即可。

```
1  # 定义 placeholder
2  x = tf.placeholder(tf.float32, shape=[None, 784], name='x')
3  y_ = tf.placeholder(tf.int64, shape=[None, ], name='y_')
```

假设我们想让第一层神经网络输出 800 个单元，则 x 输入 [batch size, 784]，输出 [batch size, 800]，这时我们需要定义一个 W 矩阵和 b 偏值向量，维度分别是 [784, 800] 和 [800]，运算过程为 $y =$ tf.matmul$(x,W) + b$，若加上 ReLU 激活函数，则为 $y =$ tf.nn.relu(tf.matmul$(x,W) + b)$。为了简化实现，TensorLayer 自动定义和生成参数，并使用堆叠的方式来定义任意结构的神经网络。关于 TensorLayer 的神经网络层如何实现，请看本书第 9 章。下面的代码显示了如何用 TensorLayer 创建一个多层感知器（Multi-Layer Perceptron）。它有两层隐层，每层 800 个单元。

最后输出到包含 10 个输出单元的全连接层，每个单元对应一个类别。在分类问题中，我们往往对最后的输出做 Softmax 操作，其目的是让所有输出单元的和为 1，这样 10 个输出分别代表的就是 10 个类的概率。概率最大的类可以作为一个输入的预测。

```
1  # 定义网络模型
2  network = tl.layers.InputLayer(x, name='input')
3  network = tl.layers.DenseLayer(network, 800, tf.nn.relu, name='relu1')
4  network = tl.layers.DenseLayer(network, 800, tf.nn.relu, name='relu2')
5  # 定义输出层
6  network = tl.layers.DenseLayer(network, 10, tf.identity, name='output')
```

在我们定义的两个隐层中，选用的激活函数是 ReLU，即 $f(x) = max(0, x)$。由于 ReLU 大大减少了梯度弥散（Gradient Vanish）问题，因此已经成为最常用的激活函数了。ReLU 的优点是收敛速度比 Sigmoid 和 Tanh 快，它只需要一个阈值就可以得到激活值，不用去进行复杂的运算。相比之下，Sigmoid 涉及指数运算，计算量大。而采用 ReLU 激活函数，整个过程的计算量节省很多。当然 ReLU 也有存在一些问题，学术界为了解决这些问题又提出了一批改进方案如 Leaky-ReLU、P-ReLU、R-ReLU，等等，这里不再细说。

这里有两个细节需要明确。

- **一位有效编码（One-Hot Encoding）**：在分类问题中，每个类别对应的标记（Label）可以用整数表示，如 0, 1, 2, 3, ..., 9。但也可以使用一位有效编码，又称独热编码（One-Hot Encoding）来生成一组向量来代表每个数字所代表的标记，比如 0：[1000000000]，2：[0010000000]，9：[0000000001]，依此类推。独热编码有广泛的应用，比如在处理文字的时候，每个单词或者是字符都可以用其做编码。

- **交叉熵（Cross Entropy）：** 分类问题对应的损失函数是交叉熵。假设 p 为目标输出，q 为网络的概率输出，则计算方法如下：

$$H(p,q) = -\sum_{x} p(x) \log q(x)$$

我们假设一个目标输出 p 向量为 [0,0,1]：
- 若网络输出 q 为 [0.8,0.1,0.1]，$H(p,q) = -log(0.1) = 2.30$，输出与目标不相似时，交叉熵很大；
- 若网络输出 q 为 [0.0,0.2,0.8]，$H(p,q) = -log(0.8) = 0.223$，输出与目标相似时，交叉熵变小；
- 若网络输出 q 为 [0.0,0.0,1.0]，$H(p,q) = -log(1) = 0$，当输出与目标一样时，交叉熵为最小值。

因此，使用交叉熵作为损失函数，最小化它即可训练分类器。

Softmax 实现细节

不过在实现的时候，为什么最后一层不是使用 `tf.nn.softmax` 来做 Softmax 操作，而是使用 `tf.identity` 呢？这是因为在 TensorFlow 和 TensorLayer 中为了优化训练速度，计算损失量时在 `tl.cost.cross_entropy` 内部实现了 Softmax。

在这里，`network.outputs` 是网络的 10 个单元输出；`y_op` 是代表类索引的整数输出，即把概率最大的类作为预测结果；`cost` 是目标和预测标签的交叉熵，是标准分类问题的损失函数；`correct_prediction` 是预估值跟标签值相等判断后输出的列表，最后的 `acc` 用来计算分类准确率。

```
1  # 定义损失函数
2  y = network.outputs
3  y_op = tf.argmax(tf.nn.softmax(y), 1)
4  cost = tl.cost.cross_entropy(y, y_, name='entropy')
5  correct_prediction = tf.equal(tf.argmax(y, 1), y_)
6  acc = tf.reduce_mean(tf.cast(correct_prediction, tf.float32))
```

有了网络结构（network）和损失函数之后，我们就可以创建用于训练网络的优化器，具体如下。这里使用的是 Adam 优化器，这是目前最常用的优化器之一，收敛速度很快。

```
1  # 定义优化器
```

```
2   train_params = network.all_params
3   train_op = tf.train.AdamOptimizer(learning_rate=0.0001
4                   ).minimize(cost, var_list=train_params)
```

在模型运行前随机初始化所有变量。

```
1   # 初始化模型参数
2   tl.layers.initialize_global_variables(sess)
```

这里我们介绍一下 TensorLayer 定义网络模型的基本概念，所有 TensorLayer 层（如 `tl.layers.DenseLayer`、`tl.layers.OneHotInputLayer` 等）都是 'tl.layers.Layer' 的子类，都有如下的内置属性：

- `layer.outputs`：一个 Tensor，当前层的输出；
- `layer.all_params`：一个 Tensor 列表，按顺序保存模型每一个参数；
- `layer.all_layers`：一个 Tensor 列表，按顺序保存模型每一层输出；
- `layer.all_drop`：一个字典，用 placeholder 保存 Dropout 层的概率，我们之后会详细讲解 Dropout。

此外，所有层都有如下的内置函数：

- `layer.print_params()`：打印该模型的参数信息。另外，也可以使用 `tl.layers.print_all_variables()` 来打印出环境中所有参数的信息；
- `layer.print_layers()`：打印该模型每一层输出的信息；
- `layer.count_params()`：打印该模型参数的数量。

可以通过 `network.print_params()` 按顺序打印出每一个参数的信息。所以 `network.all_params` 的参数顺序和 `network.print_params()` 打印出来的是一样的。参数 W 和 b 的名字前缀和我们定义网络时赋予 Layer 的名字是一样的，同时打印出来的信息还有各个参数的维度、浮点类型和数值的均值、中值与标准差。若想在没有初始化参数的时候打印参数信息，就不能显示各个参数的数值了，我们可以使用 `network.print_params(False)` 实现。

```
1   # 显示模型参数信息
2   network.print_params(False)
3   ... param 0: relu1/W:0    (784, 800)    float32
4   ... param 1: relu1/b:0    (800,)        float32
5   ... param 2: relu2/W:0    (800, 800)    float32
6   ... param 3: relu2/b:0    (800,)        float32
```

```
7  ... param 4: output/W:0      (800, 10)    float32
8  ... param 5: output/b:0      (10,)        float32
9  ... num of params: 1276810
```

此外还可以通过 `network.print_layers()` 按顺序打印出每一层的输出信息，它和 `network.all_layers` 的顺序是一样的。

```
1  # 显示模型层输出信息
2  network.print_layers()
3  ... layer  0: relu1/Relu:0           (?, 800)    float32
4  ... layer  1: relu2/Relu:0           (?, 800)    float32
5  ... layer  2: output/Identity:0      (?, 10)     float32
```

神经网络模型的初始化是通过输入层 `tl.layers.InputLayer` 实现的，它是 TensorFlow 到 TensorLayer 的转换，让 `placeholder` 变成 TensorLayer 层后，我们可以像上面代码那样把不同的层堆叠在一起，实现一个完整的神经网络，因此一个神经网络模型其实就是一个 `Layer` 类。关于 TensorLayer 层的实现，请见第九章。

可以通过列表索引（如，`network.all_params[2:3]`）来获取网络（模型）中部分参数，或者通过 `tl.layers.get_variables_with_name()` 函数用字符串通过层名字来搜索。获取网络参数在定义损失函数和训练方法时都需要，比如有的任务需要只更新某几层网络参数，并保持其他几层网络参数不变，更多关于参数选择的例子请见第 9 章的实用小技巧。

和 `all_params` 一样，`all_layers` 也是一个列表，它按顺序保存了指向神经网络每一层输出的指针。在上面的网络中：`all_layers=[relu1(?,800),relu2(?,800), identity(?,10)]` 因为我们定义 x 的 batch size 为 None，所以 ? 代表任意 batch size。和获取特定参数一样，可以通过列表索引（如 `network.all_layer[-1:]`）来获取部分层输出，或者通过 `tl.layers.get_layers_with_name()` 函数用层名字来搜索，更多关于参数选择的例子请见第 9 章的实用小技巧。由于上面的网络并没有使用 'DropoutLayer'，所以 `network.all_drop` 是一个空的字典，Dropout 将在接下来的两节中介绍。

这个例子中，我们使用 `tl.utils.fit` 这个极简 API 来训练网络，这种 scikit-learn 风格的 API 在机器学习库中经常使用，但在这里强烈推荐大家使用 `tl.iterate` 数据迭代工具箱来训练，因为这样才能真正明白数据迭代的过程，而且可以自定义很多训练的细节，具体使用方法将在 2.6 节介绍。在这里，我们把 `n_epoch` 设为 100，一个 epoch 是指把所有训练数据完整的过一遍，`batch_size` 为 500，即每次更新使用 500 个训练数据求损失值。训练过程中，我们每过 5 个 epoch 使用验证集进行一次验证，打印出准确度以供实时观察训练效果。

```
1  # 训练网络模型
2  tl.utils.fit(sess, network, train_op, cost, X_train, y_train, x, y_,
3               acc=acc, batch_size=500, n_epoch=100, print_freq=5,
4               X_val=X_val, y_val=y_val, eval_train=False)
```

训练完模型后，可以用如下测试集来测试网络最终效果，并保存最终模型。目前 TensorLayer 提供了多种保存模型参数的方法，有按名字以字典保存的方法，有保存为 TensorFlow ckpt 格式的方法，下面代码则把模型参数以列表形式按顺序保存为 npz 格式。

```
1  # 评估网络模型
2  tl.utils.test(sess, network, acc, X_test, y_test, x, y_, \
3                                          batch_size=None, cost=cost)
4
5  # 把模型参数保存为 .npz 文件
6  tl.files.save_npz(network.all_params, name='model.npz')
7  sess.close()
```

至此我们就完整演示了如何使用 TensorLayer 来实现一个简单但是效果已经不错的手写数字识别模型。

2.4 再实现手写数字分类

在 2.3 节中，虽然使用了 TensorLayer 提供的 `tl.utils.fit` 和 `tl.utils.test` 这样的简化 API 来训练和测试模型，但为了真正掌握并控制深度学习训练，我们强烈推荐使用 TensorLayer 中 `tl.iterate` 数据迭代器的方法，其最大的好处是让我们可以控制训练过程中的每一个细节。

2.4.1 数据迭代器

在梯度下降训练时，我们每次从训练集中选取 `batch_size` 个数据来计算损失值以更新模型。这里我们可以借助 TensorLayer 内置的 `tl.iterate.minibatches` 函数来帮我们实现对数据集的切分，从而更清晰地显示如何进行 mini-batch 训练。`batch_size` 指每次更新需要的数据个数，`shuffle` 用来定义是否对数据集进行打乱后输出，打乱可以使每个 epoch 的数据更加均匀，这在训练时很有用。下面的例子中，我们可以看到每个 batch 有两个数据且分别对应两个标记。对于 MNIST 的数据，若我们把 batch_size 设为 64，则 `tl.iterate.minibatches` 每次返回 [64, 784] 的输入和 [64, 1] 的目标输出。

```
1  # 定义数据集例子
2  X = np.asarray([['a','a'], ['b','b'], ['c','c'], \
3                  ['d','d'], ['e','e'], ['f','f']])
4  y = np.asarray([0, 1, 2, 3, 4, 5])
5  # 切分数据集
6  for xx, yy in tl.iterate.minibatches(inputs=X, targets=y, \
7                                       batch_size=2, shuffle=False):
8      print(xx, yy)
9  # 返回的第一个数据
10 ... [['a', 'a']
11 ...  ['b', 'b']] [0, 1]
12 # 返回的第二个数据
13 ... [['c', 'c']
14 ...  ['d', 'd']] [2, 3]
15 # 返回的第三个数据
16 ... [['e', 'e']
17 ...  ['f', 'f']] [4, 5]
18 # 退出for循环
```

注意，这个函数还提供了数据打乱功能，把 `shuffle` 设为 `True` 时，数据将会被随机选取，这可以增加训练的随机性，提高训练稳定性。

2.4.2 通过 all_drop 启动与关闭 Dropout

- 本小节完整代码可参考 tutorial_mlp_dropout1.py：

https://github.com/zsdonghao/tensorlayer/blob/master/example/tutorial_mlp_dropout1.py

相比 2.3 节中的模型，当使用 Dropout 时，我们加入如下 DropoutLayer。

```
1  from tensorlayer.layers import *
2  network = InputLayer(x, name='input')
3  network = DropoutLayer(network, keep=0.8, name='drop1')
4  network = DenseLayer(network, 800, tf.nn.relu, name='relu1')
5  network = DropoutLayer(network, keep=0.5, name='drop2')
```

```
6    network = DenseLayer(network, 800, tf.nn.relu, name='relu2')
7    network = DropoutLayer(network, keep=0.5, name='drop3')
8    network = DenseLayer(network, 10, tf.identity, name='output')
```

使用 Dropout 会遇到一个问题，那就是 Dropout 在训练和测试中的行为不一样，训练时 Dropout 是启用的，但测试时 Dropout 是关闭的，我们应该如何控制它呢？TensorLayer 提供两种方法，第一种是通过模型中的 `all_drop` 来设置 Dropout 的概率。

当训练时我们可以用定义 `DropoutLayer` 时的 `keep` 值作为 Dropout 的概率；而当测试时我们可以把所有 `keep` 都设为 1。`tl.utils.fit` 和 `tl.utils.test` 内部也是使用这个方法。

本小节讲解如何通过 `all_drop` 启动与关闭 Dropout 来实现训练和测试的切换，第二种方法将在 2.4.3 节中介绍。我们将建立两次模型：一个专供训练使用，另一个专供测试使用，它们的模型参数是一样的，只是训练模型上用了 Dropout，测试模型上没有使用 Dropout。

这个方法的损失函数和优化器定义全部和 2.3 节的实现一样，唯一不同的是，用下面代码代替 `tl.utils.fit` 和 `tl.utils.test`。

下面这段代码中，我们训练 `n_epoch` 个 Epoch，每隔 `print_freq` 个 Epoch 对训练集和验证集做一次测试，分别打印出平均损失量和准确度，以供调整网络参数和训练参数。

```
1    for epoch in range(n_epoch):
2        start_time = time.time()
3
4        ## 训练一个Epoch的循环
5        for X_train_a, y_train_a in tl.iterate.minibatches(
6                            X_train, y_train, batch_size, shuffle=True):
7            feed_dict = {x: X_train_a, y_: y_train_a}
8            # 启用Dropout，使用keep值作为DropoutLayer的概率
9            feed_dict.update( network.all_drop )
10           sess.run(train_op, feed_dict=feed_dict)
11
12       ## 每隔print_freq个Epoch，对训练集和验证集做一次测试
13       if epoch + 1 == 1 or (epoch + 1) % print_freq == 0:
14
15           # 打印每个Epoch所花的时间
16           print("Epoch %d of %d took %fs" %
```

```
17                    (epoch+1, n_epoch, time.time()-start_time))
18
19          # 用训练集做测试
20          train_loss, train_acc, n_batch = 0, 0, 0
21          for X_train_a, y_train_a in tl.iterate.minibatches(
22                          X_train, y_train, batch_size, shuffle=False):
23              # 关闭Dropout，把Dropout的keep设为1
24              dp_dict = tl.utils.dict_to_one( network.all_drop )
25              feed_dict = {x: X_train_a, y_: y_train_a}
26              feed_dict.update(dp_dict)
27              err, ac = sess.run([cost, acc], feed_dict=feed_dict)
28              train_loss += err; train_acc += ac; n_batch += 1
29          print("   train loss: %f" % (train_loss/ n_batch))
30          print("   train acc: %f" % (train_acc/ n_batch))
31
32          # 用验证集做测试
33          val_loss, val_acc, n_batch = 0, 0, 0
34          for X_val_a, y_val_a in tl.iterate.minibatches(
35                          X_val, y_val, batch_size, shuffle=False):
36              # 关闭Dropout，把Dropout keep设为1
37              dp_dict = tl.utils.dict_to_one( network.all_drop )
38              feed_dict = {x: X_val_a, y_: y_val_a}
39              feed_dict.update(dp_dict)
40              err, ac = sess.run([cost, acc], feed_dict=feed_dict)
41              val_loss += err; val_acc += ac; n_batch += 1
42          print("   val loss: %f" % (val_loss/ n_batch))
43          print("   val acc: %f" % (val_acc/ n_batch))
```

训练完模型后，通过如下代码用测试集做最终的测试。

```
1   test_loss, test_acc, n_batch = 0, 0, 0
2   for X_test_a, y_test_a in tl.iterate.minibatches(
3                   X_test, y_test, batch_size, shuffle=True):
4       # 关闭Dropout，把Dropout keep设为1
5       dp_dict = tl.utils.dict_to_one( network.all_drop )
6       feed_dict = {x: X_test_a, y_: y_test_a}
7       feed_dict.update(dp_dict)
8       err, ac = sess.run([cost, acc], feed_dict=feed_dict)
```

```
 9        test_loss += err; test_acc += ac; n_batch += 1
10  print("   test loss: %f" % (test_loss/n_batch))
11  print("   test acc: %f" % (test_acc/n_batch))
```

2.4.3 通过参数共享实现训练测试切换

• 本小节代码可参考：`tutorial_mlp_dropout2.py`：

https://github.com/zsdonghao/tensorlayer/blob/master/example/tutorial_mlp_dropout2.py

除了通过 `all_drop` 启动与关闭 Dropout 来实现训练与测试的切换，我们还可以通过网络参数共享（Parameter Sharing）建立两次模型来切换，但这里的模型其实是同一个模型，它们都使用相同的网络参数，只是测试的模型不使用 Dropout 而已。模型参数复用虽然需要建立两次模型，但除了用来启用和关闭 Dropout，这个方法还能实现很多上一个方法实现不了的功能。比如，我们可以对同一个模型输入不同的 x，实现同时对多个输入做处理，或者对同一个模型输入不同的 `batch_size`；在时间序列的网络中，我们可以设置不同的序列长度（Sequence Length）。

模型定义函数如下，这个例子中我们使用参数共享的目的是实现训练与测试之间的切换，所以该函数输入有 `is_train`，同时我们通过 `reuse` 来控制是否要复用该网络。DropoutLayer 中，`is_fix` 表示它的 `keep` 概率不保存在 `all_drop` 中，而是使用固定概率的 Dropout 层，而当 `is_train` 为 True 时，DropoutLayer 会被自动忽略。

```
 1  # 定义模型
 2  def mlp(x, is_train=True, reuse=False):
 3      with tf.variable_scope("MLP", reuse=reuse):
 4          tl.layers.set_name_reuse(reuse)
 5          network = tl.layers.InputLayer(x, name='input')
 6          network = tl.layers.DropoutLayer(network, keep=0.8,
 7                      is_fix=True, is_train=is_train, name='drop1')
 8          network = tl.layers.DenseLayer(network, n_units=800,
 9                      act = tf.nn.relu, name='relu1')
10          network = tl.layers.DropoutLayer(network, keep=0.5,
11                      is_fix=True, is_train=is_train, name='drop2')
12          network = tl.layers.DenseLayer(network, n_units=800,
13                      act = tf.nn.relu, name='relu2')
14          network = tl.layers.DropoutLayer(network, keep=0.5,
15                      is_fix=True, is_train=is_train, name='drop3')
```

```
16          network = tl.layers.DenseLayer(network, n_units=10,
17                          act = tf.identity, name='output')
18      return network
```

这里使用该函数建立模型两次,切记它们都是同一个模型,使用同样的模型参数,只是 `net_test` 没有使用 Dropout 而已:

```
1  # 定义训练与测试时的网络
2  net_train = mlp(x, is_train=True, reuse=False)
3  net_test = mlp(x, is_train=False, reuse=True)
```

定义损失函数时,使用训练模型的 `net_train` 输出来定义,因为这是训练的时候做梯度下降使用的:

```
1  # 定义损失函数时
2  y = net_train.outputs
3  cost = tl.cost.cross_entropy(y, y_, name='xentropy')
```

而定义测试损失量和准确度时,则使用测试的模型输出 `net_test` 来定义。

```
1  # 定义测试损失量和准确度
2  y2 = net_test.outputs
3  cost_test = tl.cost.cross_entropy(y2, y_, name='xentropy2')
4  correct_prediction = tf.equal(tf.argmax(y2, 1), y_)
5  acc = tf.reduce_mean(tf.cast(correct_prediction, tf.float32))
```

值得注意的是,和之前的例子中使用 `train_params = network.all_params` 来获取训练参数不一样,我们在下面的代码中使用 `tl.layers.get_variables_with_name` 来获取模型参数列表,这是因为在 `mlp()` 函数中 `with tf.variable_scope("MLP", reuse=reuse)`: 定义了整个模型的参数名字都以 `MLP` 作为前缀,所以这里获取的参数和使用 `network.all_params` 获取是一样的。使用名字来获取参数有很多优点,比如我们想获取第一层的参数,则使用 `tl.layers.get_variables_with_name('relu1', train_only=True, printable=False)`,更多细节请见第 9 章高级实现技巧。

```
1  # 定义优化器
2  train_params = tl.layers.get_variables_with_name('MLP',
3                              train_only=True, printable=False)
4  train_op = tf.train.AdamOptimizer(learning_rate=0.0001
5                  ).minimize(cost, var_list=train_params)
```

```
1  # 初始化模型参数
2  tl.layers.initialize_global_variables(sess)
```

这与上一节一样,使用训练集训练网络,每隔 `print_freq` 个 Epoch 用训练集和验证集来测试效果。但这里已经不需要像上一节那样启动和关闭 Dropout 了。

```
1   # 训练网络
2   import time
3   n_epoch = 500
4   batch_size = 500
5   print_freq = 5
6
7   for epoch in range(n_epoch):
8       start_time = time.time()
9
10      ## 训练一个Epoch的循环
11      for X_train_a, y_train_a in tl.iterate.minibatches(
12                  X_train, y_train, batch_size, shuffle=True):
13          sess.run(train_op, feed_dict={x: X_train_a, y_: y_train_a})
14
15      ## 每隔print_freq个Epoch,对训练集和验证集做一次测试
16      if epoch + 1 == 1 or (epoch + 1) % print_freq == 0:
17
18          # 打印时间
19          print("Epoch %d of %d took %fs" %
20                  (epoch + 1, n_epoch, time.time() - start_time))
21
22          # 用训练集做测试
23          train_loss, train_acc, n_batch = 0, 0, 0
24          for X_train_a, y_train_a in tl.iterate.minibatches(
25                  X_train, y_train, batch_size, shuffle=True):
26              err, ac = sess.run([cost_test, acc],
27                      feed_dict={x: X_train_a, y_: y_train_a})
28              train_loss += err; train_acc += ac; n_batch += 1
29          print("   train loss: %f" % (train_loss/ n_batch))
30          print("   train acc: %f" % (train_acc/ n_batch))
31
32          # 用验证集做测试
```

```
33      val_loss, val_acc, n_batch = 0, 0, 0
34      for X_val_a, y_val_a in tl.iterate.minibatches(
35              X_val, y_val, batch_size, shuffle=True):
36          err, ac = sess.run([cost_test, acc],
37                      feed_dict={x: X_val_a, y_: y_val_a})
38          val_loss += err; val_acc += ac; n_batch += 1
39      print("   val loss: %f" % (val_loss/ n_batch))
40      print("   val acc: %f" % (val_acc/ n_batch))
```

同样的，最后用测试集测试。

```
1  test_loss, test_acc, n_batch = 0, 0, 0
2  for X_test_a, y_test_a in tl.iterate.minibatches(
3              X_test, y_test, batch_size, shuffle=True):
4      err, ac = sess.run([cost_test, acc],
5                  feed_dict={x: X_test_a, y_: y_test_a})
6      test_loss += err; test_acc += ac; n_batch += 1
7  print("   test loss: %f" % (test_loss/n_batch))
8  print("   test acc: %f" % (test_acc/n_batch))
```

3 自编码器

在第 2 章中我们已经熟悉了多层感知器,并使用基本的 MLP 神经网络实现了 MNIST 手写数字识别的任务。在本章中,针对同样的任务,会给出基于自编码器的实现方案。在目标分类任务中,开发人员的目的是判断输入的数据属于哪一种类别,因此在训练过程中提供给神经网络的训练数据包括两部分,即输入数据和对应的标签。将这一类学习称为监督学习(Supervised Learning)。ImageNet 图片分类任务中,共有数百万张带人工标注的图片,一共有 1000 类标签。创建一个如此规模的有标记数据集(Labeled Data)需要很大一番功夫,可能要多人花费数年才能做到。试想如果数据集的标签种类增加到一万,甚至更多,那么这个标注工程的可行性会大大降低。所以说,标注数据在现实生活中是有限的,仅通过增加标注数据量来提升机器学习的成绩的可行性是很低的。无监督学习(Unsupervised Learning)的存在意义便在于此,接下来将详细介绍无监督学习的概念,以及一种最经典的无监督网络——自编码器(Autoencoder),它是实现无监督数据特征提取的一种方法。

- 本章代码可参考:https://github.com/zsdonghao/tensorlayer/blob/master/example/tutorial_mnist.py

3.1 稀疏性

首先,什么是无监督学习?读者不妨回忆一下儿时自身的学习认知过程。的确,在最初阶段,我们会从父母那里得到教导,学习他们对生活中接触到的事物的定义(又可称为标签),即监督学习(Supervised Learning)。然而,当父母告诉你这是一只猫以后，他们通常不会在日后每次观察到猫的时候都告诉你，这是猫。而是我们基于对猫的现有理解，主动地不断去强化对其特征的识别能力。也就是说，我们的大脑更多的时候是在少量标签的辅助下去学习、理解世界的。

所谓无监督学习，便是在没有标签的帮助下，去自主地发现数据中的特征模式（Pattern）进行学习。相比无监督学习，监督学习往往在固定数据集处理上取得更好的效果，这是因为监督学习可以更加深入地学习某个数据集内部的特征。但是，如果换成另一个数据集不加以训练直接进行测试，往往监督学习得到的模型的识别能力相比无监督学习会大打折扣。可见无监督学习对数据特征的理解更具普适性，也就是说，无监督模型的泛化能力更强。

现实问题中，到底是如何使用无监督学习的呢？无监督学习的主要目标是预训练出可以广泛应用的特征提取器，以便在分类等问题中（即使缺少标注数据）可以得到和监督学习一样好的效果。举个例子，对于图片分类问题，如果有一个共有 10 万标注好的图像数据集，那么可以按照 8:1:1 的比例划分为训练集，验证集和测试集，可以直接用一个 20 层的网络进行监督训练。

不过如果数据集还是 10 万张图片数据，但是其中只有 1 万张图片是有标签的呢？显然，如果只用 1 万张图作为训练集，由于训练样本太少而网络参数很多，所以训练出来的网络很大可能是过拟合的。针对这种难以直接用监督学习解决的问题，可以通过无监督学习配合监督学习，从而问题迎刃而解。首先，可以分割数据集中的 9 万张无标注图片用来无监督训练网络的特征提取层，然后用有标签的 0.8 万张样本监督训练分类器部分，剩下的 0.2 万张有标签数据一半作为验证集一半为测试集。此外，在监督学习之前，通常用无监督做模型预训练来对网络做权值初始化，即使用无监督学习到的特征表达作为编码应用于监督学习中，这样的处理会取得较随机初始化更好的训练效果。综上，在标注数据无比稀缺的实际问题中，无监督学习自然成了大家的不二选择。

在无监督学习中，希望模型可以提取数据内部的规律特征，其中一大特征便是稀疏性（Sparsity）。稀疏性作为机器学习领域最为重要的前沿知识之一，是众多学科问题的基本假设。举一个简单的例子，数字图像的存储形式是二维矩阵。假设图像的尺寸是 64×64 的，其中每个像素值在 0~255 之间，RGB 图像有 3 个通道。那么这个图像的可能性有多少呢？如果各个像素点之间相互独立，那么就有 $256^{64 \times 64 \times 3}$ 种可能。然而，生活经验告诉我们，实际的可能性要远远小于这个数字，因为自然图像的局部是具有相关性的。奥卡姆剃刀原则（Occam's Razor）也告诉我们，如非必要，勿增实体。既然模型具备稀疏表达，为何不用更少的参数变量来表示呢？稀疏性存在的最大意义是降维，换句话说，是根据数据特征的重要性做出的筛选，那么模型需要提取的特征数量就远比输入数据维度要小。模型简单了，所含有的训练参数少了，这为计算的存储空间和运行速度都提供了极大的帮助，也是模型泛化性的基础。

笔者认为这种稀疏性和主成分分析法 (Principal Component Analysis，PCA) 非常相似，人脸图片经过 PCA 分析后，可以只用少量的特征向量线性叠加来表达任意人脸图片。读者可以在阅读本章的时候多加思考。

3.2 稀疏自编码器

接下来介绍最基本的自编码器。自编码器最初由 Vincent et al.(2008) 提出。

如图 3.1 是最基本的自编码器网络结构[①]。输入层接受输入数据 x，经过某种"函数关系"$f(x)$ 映射到隐层所代表的压缩空间 h，再经过重构输出层函数 $g(h)$ 重构为 x'。这种"函数关系"在自编码器是用神经网络实现的。把 $f(x)$ 称为编码器（Encoder），$g(h)$ 称为解码器（Decoder）。

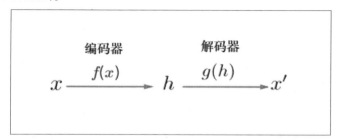

图 3.1　"输入—隐层—重构输出"三层网络

自编码器尝试通过加入目标 $x \approx x'$ 的约束，训练网络各层实现对输入数据的特征提取、特征重构等。其中，$x' = g(f(x))$。值得注意的是，我们的目的并不是学习一个恒等函数，因为无监督学习的目的是训练模型对数据特征的提取能力而不是不假思索地复制数据输入，而提取到的特征在所有机器学习任务中大有可为。

开发人员希望在训练过程中加入某些人为的限制，来挖掘数据中隐藏的有趣的结构。比如，如果想要通过无监督学习来识别猫，那么希望自编码器的隐层 h 可以学习到图片中猫的特征，可能是眼睛、胡子、尾巴、爪子等，这样如果输入一张猫的背影，通过对后爪和尾巴这些特征的契合，模型也可以判断出这是一只猫；反之，如果只是学习了恒等函数，那么对背影恐怕无能为力。回到 MNIST 手写数字识别的任务上，当输入层输入 MNIST 中的灰度图像，应该设置输入层神经元数量为 784（图像尺寸为 28×28），那么重构输出层神经元数量也同样为 784。至于隐层神经元数量，可以设置为远少于输入层的值，如 196。这意味着，编码器 $f(x)$ 被迫要学习到输入数据的压缩表达 $h \in R^{196}$，以便解码器 $g(h)$ 能够重构出 x'。

[①] Bengio, Yoshua. "Learning deep architectures for AI." Foundations and trends® in Machine Learning 2.1 (2009): 1-127.

这是不是和主成分分析法有点像？当训练完后，往往只保留编码器 $f(x)$ 作为特征提取器，解码器 $g(h)$ 会被抛弃，而 h 相当于 PCA 中的特征向量。

那么这 196 种提取到的特征是什么样的呢？在后文会阐述，这些特征是特定位置的笔画（各种一撇一捺），比如数字 8 的图片可以分解为上下两个类似"0"形状的图案，而 0 数字本身没有这种上下的空间结构，那么这一上一下的两个图案就可能会对应 196 个特征中的某两个位置特征。由于 MNIST 中的图像先天具备这种局部相关性，因此自编码器可以通过对这种局部相关性的理解来很好地实现重构。

第 2 章已经介绍过，可以对不同实际问题定义对应的损失函数来训练模型。对于自编码器来说，最直观的损失函数便是衡量输入与重构输出之间的均方误差（Mean Squared Error，MSE），即表达误差，通过最小化表达误差来保证重构输出和输入尽可能接近。在欧氏空间内，均方误差可以看作空间某两个点之间的欧拉距离的平方根。

$$L(x, g(f(x))) = E_{x \sim p_{data}} \| x - g(f(x)) \|^2$$

只有输入/输出的映射关系还是不够的，因为当自编码器学习恒等函数时均方误差很有可能会变得极小，显然这并不是我们所期待的。因此，可以考虑加入稀疏性 $\Omega(h)$ 来限制隐层神经元的活跃度。在这里，将介绍两种为模型引入稀疏性的方法。首先，不妨回忆，在第 2 章中笔者已经详细介绍了各种正则化方法，其中是不是刚好有一种正则化方法可以约束模型学习稀疏性特征呢？没错，要找的就是 L1 正则化，不过这次不是把 L1 加到参数上，而是加到编码器输出上：

$$\Omega(h) = \lambda \sum_i |h_i|$$

其中，h_i 是隐层第 i 个神经元的激励值。通过这个正则化项，约束了同一时刻隐层中只能有一部分神经元被激活，其余大部分神经元输出为很小的数。也就是说，隐层活动神经元数量小于输入数据的维度。接下来要介绍另外一种经常用来作为规范项的指标，叫作相对熵（KL Divergence，KLD）。首先需要定义隐层神经元 j 的平均活跃度 $\widehat{\rho}_j$：

$$\widehat{\rho}_j = \frac{1}{N} \sum_{i=1}^{N} h_j^{(i)}$$

注意，这里对 i 求和表示对训练集（共 N 个样本）中所有输入取均值，j 代表第几个隐层神经元，通常这里的激励值在 0 到 1 之间。对稀疏性进行的约束便是令神经元的平均活跃度接近稀疏性系数 ρ：$\widehat{\rho}_j \approx \rho$，这个稀疏性系数通常取接近 0 的值（比如 0.15），从而约束隐层神经元的活跃程度，所以这个 ρ 值相当于是某个神经元被激活的概率。

为了实现这个约束，需要在损失函数里增加一个惩罚项（Penalty Term）。

$$\sum_{j=1}^{M} KL(\rho||\widehat{\rho_j}) = \sum_{j=1}^{M}[\rho \cdot log\frac{\rho}{\widehat{\rho_j}} + (1-\rho) \cdot log\frac{1-\rho}{1-\widehat{\rho_j}}]$$

上式中 M 是隐层神经元的数量。该惩罚项主要由各神经元与稀疏性系数的相对熵构成。相对熵（又称为 KL 散度）是一种衡量两个分布之间差异的方法，在其表达式中 ρ 和 $\widehat{\rho_j}$ 分别表示期望和实际的隐层神经元的输出两点分布（两点分别代表饱和和睡眠）的均值和期望。其具体性质可以参考图3.2。

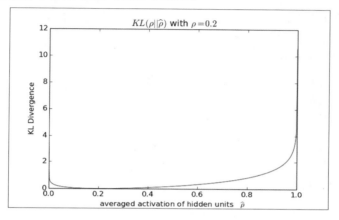

图 3.2　相对熵

从图 3.2 中可以得知，当 $\widehat{\rho_j} = \rho$ 时相对熵取最小值为 0，而且随着二者之间的差距变大而增加。当 $\widehat{\rho_j}$ 接近 0（该神经元对所有输入都不产生激励）或者接近 1（该神经元对所有输入激励都处于上界）时，该相对熵会剧增，从而遏制这两种情况的出现。综上，对稀疏自编码器的损失函数可以定义为：

L1 版本：

$$L(x, f, g, \lambda) = E_{x \sim p_{data}} \parallel x - g(f(x)) \parallel^2 + \lambda \sum_i |h_i|$$

或者相对熵 KLD 版本：

$$L(x, f, g, \beta) = E_{x \sim p_{data}} \parallel x - g(f(x)) \parallel^2 + \beta \sum_{j=1}^{M}[\rho \cdot log\frac{\rho}{\widehat{\rho_j}} + (1-\rho) \cdot log\frac{1-\rho}{1-\widehat{\rho_j}}]$$

那么，对于这两种稀疏自编码器的损失函数，该如何选择呢？其实，选择的根据是自编码器网络各层所使用的激活函数类型，如表 3.1 所示。

表 3.1 激活函数类型

隐层激活函数类型 $f(x)$	重构层激活函数类型 $g(h)$	均方误差	L1 正则化	相对熵
Sigmoid	Sigmoid	✓	✗	✓
ReLU	Softplus	✓	✓	✗

从表 3.1 中可以看到，无论是使用 Sigmoid 函数还是 ReLU 函数，损失函数中都包括了均方误差项来实现对输入数据的重构。至于稀疏性约束，相对熵和 Sigmoid 函数配合使用，而 L1 正则化和 ReLU 配合使用。当隐层使用 Sigmoid 时，隐层输出的数值在区间 (0,1) 之间，可以用来计算相对熵。而当模型隐层使用 ReLU 时，隐层输出的数值在区间 $[0, +\infty)$ 之间，不能使用相对熵计算，所以这时候选择 L1 正则化来约束模型稀疏性。

3.3 实现手写数字特征提取

接下来给出 MNIST 手写数字特征提取的实现。这一部分使用 `InputLayer` 作为输入层，与两个 `DenseLayer` 分别作为编码器 $f(x)$ 和解码器 $g(h)$ 来搭建一个稀疏自编码器。用 MNIST 中的训练数据对其进行无监督学习，用测试数据验证模型的表达能力，并对输入和输出的图像进行分析和评价。在这一小节中，将实现对自编码器的训练部分，以便读者更加清晰地理解自编码器的训练过程。读者在理解后，在实际应用中大可不必自行实现训练代码，因为 TensorLayer 已经封装好基于 `DenseLayer` 的 `ReconLayer`，所以读者可以直接用它来代替最后一层 `DenseLayer`，调用 `pretrain` 方法即可轻松实现对自编码器的训练。特别声明，本小节的调参结果对应的是使用 Sigmoid 函数的自编码器，读者如果想尝试 ReLU 函数的话，需要自行调整参数。

```
1  # 定义超参数
2  learning_rate = 0.0001
3  lambda_l2_w = 0.01
4  n_epochs = 200
5  batch_size = 128
6  print_interval = 200
7
8  # 模型结构参数
9  hidden_size = 196
10 input_size = 784
```

```
11   image_width = 28
12
13   # 模型类别：可选Sigmoid或ReLU
14   model = "sigmoid"
```

由于 MNIST 数据集中图像为 28×28 的格式，因此输入/输出层神经元数量都是 784。至于隐层神经元数量，一般远小于输入/输出层，其数量多少以及训练次数、激活函数的选择会直接影响模型的学习能力。在这里选取 196 个神经元就可以达到不错的学习效果。对于隐层激活函数的选择，相比 Sigmoid 函数，在隐层使用 ReLU 函数时，因为其开关性质对于输入小于等于 0 的部分无响应，也就是说，在隐层神经元中具备了稀疏性。此外，ReLU 函数还具备不容易产生梯度弥散（Diffusion of Gradients）的特点，因而是深度网络的通常选择。不过本小节中，使用的是 Sigmoid 函数来讲解。

以下是计算图模型的搭建：

```
1    ## 定义模型
2    x = tf.placeholder(tf.float32, shape=[None, 784], name='x')
3
4    print("Build Network")
5    if model == 'relu':
6        # 输入层 f(x)
7        network = tl.layers.InputLayer(x, name='input')
8        network = tl.layers.DenseLayer(network, hidden_size,
9                         tf.nn.relu, name='relu1')
10       # 隐层输出
11       encoded_img = network.outputs
12       # 重构层输出 g(h)
13       recon_layer1 = tl.layers.DenseLayer(network, input_size,
14                         tf.nn.softplus, name='recon_layer1')
15
16   elif model == 'sigmoid':
17       # 输入层 f(x)
18       network = tl.layers.InputLayer(x, name='input')
19       network = tl.layers.DenseLayer(network, hidden_size,
20                         tf.nn.sigmoid, name='sigmoid1')
21       # 隐层输出
22       encoded_img = network.outputs
23       # 重构层输出 g(h)
```

```
24        recon_layer1 = tl.layers.DenseLayer(network, input_size,
25                       tf.nn.sigmoid, name='recon_layer1')
```

接下来定义损失函数，除了均方误差和隐层输出稀疏所用到的 L1 或相对熵 KLD，还给参数 W 多加了 L2 正则化，以进一步限制参数的大小，提高特征提取的稀疏性。

```
1   ## 定义损失函数
2   y = recon_layer1.outputs
3   train_params = recon_layer1.all_params[-4:]
4
5   # 均方误差
6   mse = tf.reduce_sum(tf.squared_difference(y, x), 1)
7   mse = tf.reduce_mean(mse)
8
9   # 权值衰减
10  L2_w = tf.contrib.layers.l2_regularizer(lambda_l2_w)(train_params[0]) \
11         + tf.contrib.layers.l2_regularizer(lambda_l2_w)(train_params[2])
12
13  # 稀疏性约束
14  activation_out = recon_layer1.all_layers[-2]
15  L1_a = 0.001 * tf.reduce_mean(activation_out)
16
17  # 相对熵 KLD
18  beta = 5
19  rho = 0.15
20  p_hat = tf.reduce_mean(activation_out, 0)
21  KLD = beta * tf.reduce_sum( rho * tf.log(tf.divide(rho, p_hat)) + \
22        (1- rho) * tf.log((1- rho)/ (tf.subtract(float(1), p_hat))) )
23
24  # 联合损失函数
25  if model == 'sigmoid':
26      cost = mse + L2_w + KLD
27  if model == 'relu':
28      cost = mse + L2_w + L1_a
29
30  # 定义优化器
31  train_op = tf.train.AdamOptimizer(learning_rate).minimize(cost)
32  saver = tf.train.Saver()
```

以上分别实现了均方误差、用于权值衰减的 L2 正则化、用于稀疏性约束的 L1 范数等常用损失函数的惩罚项。以上内容都被封装在 TensorLayer 的 ReconLayer.pretrain() 方法中，用于快速实现自编码器深度神经网络的逐层贪婪预训练（Greedy Layer-Wise Training），详情见 3.6 节中堆栈式自编码神经网络的实现。假如读者不打算用常见的"均方误差 + 相对熵 +L2 权值衰减"方法，而是要自定义损失函数训练自编码器，则可以改写以上代码中的 cost。

```
 1  ## 模型训练
 2  # 一个Epoch的batch数量
 3  total_batch = X_train.shape[0] // batch_size
 4
 5  with tf.Session() as sess:
 6
 7      # 这里等价于 sess.run(tf.global_variables_initializer())
 8      tl.layers.initialize_global_variables(sess)
 9
10      # 开始训练
11      for epoch in range(n_epochs):
12          avg_cost = 0.
13
14          # 这里可以用 tl.iterate.minibatches 代替
15          for i in range(total_batch):
16              batch_x, batch_y = X_train[i*batch_size:(i+1)*batch_size],
17                                 y_train[i*batch_size:(i+1)*batch_size]
18              batch_x = np.array(batch_x).astype(np.float32)
19              batch_cost,_ = sess.run([cost,train_op],feed_dict={x: batch_x})
20              avg_cost += batch_cost
21
22              if not i % print_interval:
23                  print("Minibatch: %03d | Cost:    %.3f" %
24                        (i + 1, batch_cost))
25
26          # 打印一个Epoch的信息
27          print("Epoch:     %03d | AvgCost: %.3f" %
28                (epoch + 1, avg_cost / (i + 1)))
29
30      # 保存模型为TensorFlow的ckpt格式
```

```
31      saver.save(sess, save_path='./ae_tl/autoencoder.ckpt')
```

在训练过程中，每隔一定数目的 batch 就打印一次损失值，每个 Epoch 完成后显示损失函数的均值，最终将训练好的模型以 .ckpt 格式存到用户定义的 save_path 路径下。此外，随时保存模型对于长时的训练非常关键，如果训练过程被迫中断后，下一次运行时可以从上一次中断处继续训练而不是重头来过。

接下来，重新加载训练好的模型，并用测试数据集进行测试，最后通过可视化的手段比较输入图像和重构图像。值得注意的是，TensorLayer 的 tl.vis 可视化工具箱也提供了很多常用的可视化函数。

```
1   import matplotlib.pyplot as plt
2   n_images = 15
3   fig, axes = plt.subplots(nrows=2, ncols=n_images,
4                   sharex=True, sharey=True, figsize=(20, 2.5))
5
6   # 准备输入数据
7   test_images = X_test[:n_images]
8
9   with tf.Session() as sess:
10      # 加载训练好的模型
11      saver.restore(sess, save_path='./ae_tl/autoencoder.ckpt')
12
13      # 获取重构数据
14      decoded = sess.run(recon_layer1.outputs, feed_dict={x: test_images})
15
16      # 获取f(x)的W参数
17      if model == 'relu':
18          weights = sess.run(tl.layers.get_variables_with_name(
19                              'relu1/W:0',False,True))
20      elif model == 'sigmoid':
21          weights = sess.run(tl.layers.get_variables_with_name(
22                              'sigmoid1/W:0',False,True))
23
24      # 获取g(h)的参数
25      recon_weights = sess.run(tl.layers.get_variables_with_name(
26                              'recon_layer1/W:0',False,True))
27      recon_bias = sess.run(tl.layers.get_variables_with_name(
```

```
28                                'recon_layer1/b:0',False,True))
29
30 # 保存图片
31 for i in range(n_images):
32     for ax, img in zip(axes, [test_images, decoded]):
33         ax[i].imshow(img[i].reshape((image_width, image_width)), \
34                             cmap='binary')
35 plt.show()
```

这里由于加入了稀疏性限制，所以得到的重构图像相比不加入稀疏性模型所生成的要显得模糊一些，毕竟损失函数有一部分是为了稀疏性而不是为了重构，如图3.3和图3.4所示。

图 3.3　稀疏自编码器输出的重构图像（加了KLD）

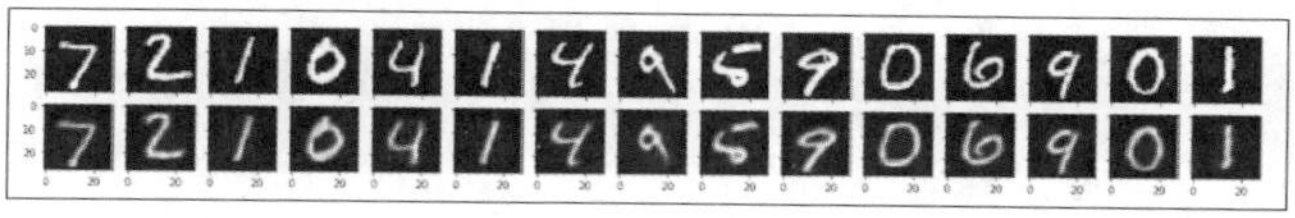

图 3.4　普通自编码器输出的重构图像（没加KLD）

在训练好自编码器后，往往会将其学习到的特征提取能力通过网络连接权值可视化的方式直观表达出来，进而更加清楚模型学到了什么。在自编码器中，每个隐层神经元 i 对输入数据 x 做如下计算：

$$h_i = f(\sum_{j=1}^{784} W_{i,j}^{(1)} \cdot x + b_i^{(1)})$$

想要可视化的就是输入数据的非线性特征 h。显然，激励越大的输入越是开发人员所期望通过自编码器提取的特征。那么如何输入可以得到最大的激励呢？这个优化问题的解可以通过如下公式得到：

$$x_j = \frac{W_{i,j}^{(1)}}{\sqrt{\sum_{j=1}^{784}(W_{i,j}^{(1)})^2}}$$

通过这个公式得到的每一个权值矩阵 x_j 都对应着一个可以使该隐层神经元 j 获得最大激励的特征。如图3.5所示，这个例子中稀疏自编码器学习到的是手写字的一撇一捺。

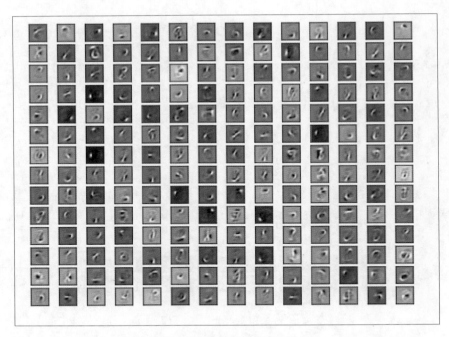

图 3.5　隐层权值可视化

3.4　降噪自编码器

相比稀疏自编码器，本小节将要介绍的方法多了"降噪"二字。之前提到过，自编码器的目的不在于完美地学习恒等函数，而是强制其学习对输入数据提取特征进而压缩表达的能力。在上一节中，通过加入稀疏性规范项来避免只学习恒等映射，这里提出一种新的方法——在输入数据中加入随机噪声，从而降低了学习到恒等函数的可能性。举个例子，如果试图重构一个人的头像图片，通过加入随机噪声，图片中的某些特征可能会被随机损坏，比如第一张的鼻子变得模糊了，第二张的眼睛模糊了等。对于这样的数据输入，由于各个特征之间的关联可能被破坏，而且部分特征也可能被破坏，这就要求自编码器能够提取残缺的特征来进行重构。这一改变极大地减小了自编码器学习恒等映射的可能，在训练的过程中，自编码器不仅无监督地学习了特征提取能力，还学习了对输入数据抗噪的能力，从而提高了模型的鲁棒性和泛化能力。我们称这种自编码器为降噪自编码器（Denoising Autoencoder，DAE），具体理论请参考 Vincent, Pascal, et al(2008)[①]。其结构如图3.6所示。

简单来说，降噪自编码器是在稀疏自编码器的基础上，在训练时随机破坏输入数

[①] Vincent, Pascal, et al. "Extracting and composing robust features with denoising autoencoders." Proceedings of the 25th international conference on Machine learning. ACM, 2008.

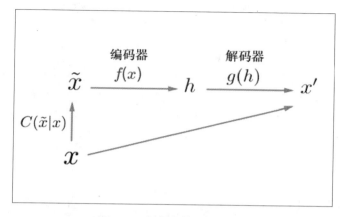

图 3.6 降噪自编码器结构

据（如随机把值设为 0），但仍然要求重构层能够输出与原输入数据一样的数据。其损失函数定义为：

$$L(x, g(f(\tilde{x}))) = -E_x E_{\tilde{x}} log[P_{decoder}(x|f(\tilde{x}))]$$

其中，$\tilde{x}$ 是输入数据 x 经过混杂噪声后（通过 $C(\tilde{x}|x)$ 处理原数据）的输入。降噪自编码器所学习的重构分布为 $P_{reconstruction}(x|\tilde{x})$，训练流程如下：

- 从训练数据中随机采样 x，$x \sim p_{data}$；
- 通过 $C(\tilde{x}|x)$ 处理获得 $\tilde{x}$，$\tilde{x} \sim C(\tilde{x}|x)$；
- 用（$x, \tilde{x}$）作为训练样本输入降噪自编码器，通过最小化定义的损失函数来拟合分布 $P_{reconstruction}(x|\tilde{x}) = P_{decoder}(x|f(\tilde{x}))$。

一般来说,混入噪声来破坏输入的手段有很多,这里采取最简单粗暴的方式,对输入神经元以一定概率随机置零。那么 $C(\tilde{x}|x)$ 过程可以通过一个 `tl.layers.DropoutLayer` 实现。如果想要尝试加入其他噪声，请查看 TensorLayer 中 Layers API 下的的 Noise Layer，在那里可以找到除 `tl.layers.DropoutLayer` 外其他常用的实现，如 `tl.layers.GaussianNoiseLayer` 等。在上一小节实现的图模型基础上，很容易将自编码器改造成降噪自编码器。只需要对网络结构加以修改：

```
1  network = tl.layers.InputLayer(x, name='input')
2  network = tl.layers.DropoutLayer(network, keep=0.5, name='denoising1')
3  network = tl.layers.DenseLayer(network, hidden_size,
4              tf.nn.sigmoid, name='sigmoid1')
5  encoded_img = network.outputs
```

```
6   recon_layer1 = tl.layers.DenseLayer(network, n_units=input_size,
7                       tf.nn.sigmoid, name='recon_layer1')
```

其中，keep 为所设置的噪声和原数据混合比例。在使用 `tl.layers.DropoutLayer` 的时候，值得注意的一点是，Dropout 只是在训练阶段使用，在测试过程中不需要 Dropout。因此对训练和测试部分的代码要做出细微的改动，具体细节如有疑惑请参考 TensorLayer 官方文档，里面有详细的说明。可以重复上一小节的方法，将隐层的权值画出来，如图 3.7 所示。

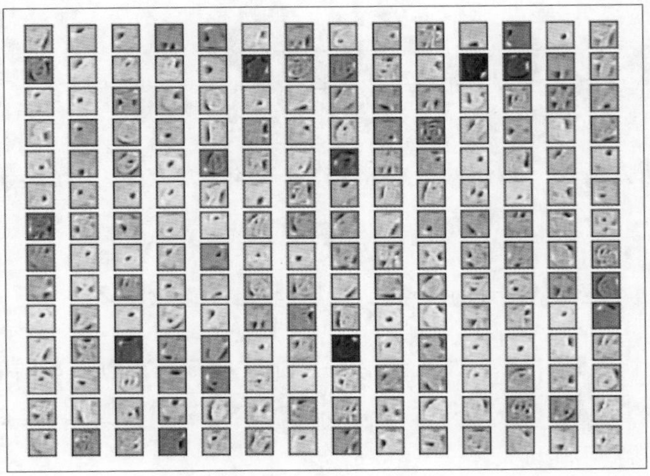

图 3.7　隐层权值可视化

通过对比可以发现，降噪自编码器所提取到的特征更像是自编码器所提取到特征随机混搭后的结果，这也说明同样的输入可能会激活自编码器的一个隐层神经元，但是在降噪自编码器中可能会激活多个神经元。换句话说，如果输入信息受到一定程度损坏，可能无法激活自编码器，但是却可能激活降噪自编码器。因此，降噪自编码器对输入的鲁棒性更强。如图 3.8 与图 3.9 所示，通过对降噪稀疏自编码器和稀疏自编码器重构图像的对比，可以看出降噪稀疏自编码器的输出更加贴近原本的输入（Ground Turth），说明通过降噪学习增强了模型的表达能力。

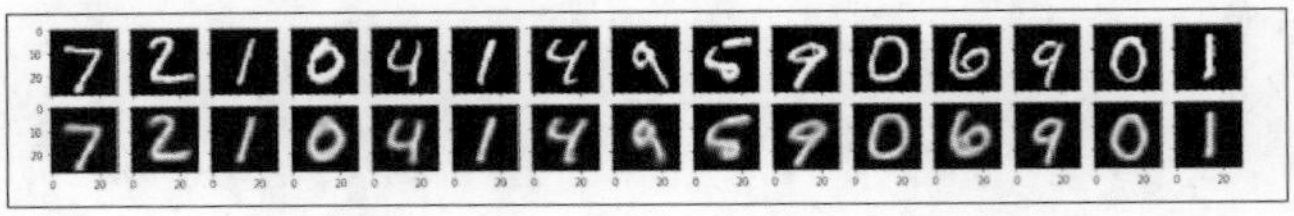

图 3.8　降噪稀疏自编码器输出的重构图像

图 3.9　稀疏自编码器输出的重构图像

3.5　再实现手写数字特征提取

除了之前提到的几个小改动，自编码器和降噪自编码器代码实现基本无二。在这里，要着重介绍 TensorLayer 专门封装的 `tl.layers.ReconLayer` 及 `pretrain()` 方法。有了这两个"大杀器"，实现各种各样的自编码器将变成一件灵活轻松的事。下面给出用 `tl.layers.ReconLayer` 替换掉最后一层 `tl.layers.DenseLayer` 的实现：

```
1  X_train, y_train, X_val, y_val, X_test, y_test = 
2              tl.files.load_mnist_dataset(shape=(-1,784))
3  
4  sess = tf.InteractiveSession()
5  
6  x = tf.placeholder(tf.float32, shape=[None, 784], name='x')
7  y_ = tf.placeholder(tf.int64, shape=[None, ], name='y_')
8  
9  ## 建立模型
10 if model == 'relu':
11     network = tl.layers.InputLayer(x, name='input')
12     # 加入Dropout层用于在输入数据中加入噪声
13     # keep=0.5表示一半的数据被噪声影响
14     network = tl.layers.DropoutLayer(network, keep=0.5, name='denoising1')
15     network = tl.layers.DenseLayer(network, 196,
16                 tf.nn.relu, name='relu1')
17     recon_layer1 = tl.layers.ReconLayer(network, x_recon=x, n_units=784,
18                 act=tf.nn.softplus, name='recon_layer1')
19 elif model == 'sigmoid':
20     network = tl.layers.InputLayer(x, name='input')
21     network = tl.layers.DropoutLayer(network, keep=0.5, name='denoising1')
22     network = tl.layers.DenseLayer(network, 196,
23                 tf.nn.sigmoid, name='sigmoid1')
24     recon_layer1 = tl.layers.ReconLayer(network, x_recon=x, n_units=784,
```

```
25                          act=tf.nn.sigmoid, name='recon_layer1')
26
27  tl.layers.initialize_global_variables(sess)
28
29  ## 开始训练
30  recon_layer1.pretrain(sess, x=x, X_train=X_train, X_val=X_val,
31                        denoise_name='denoising1', n_epoch=200,
32                        batch_size=128, print_freq=10, save=True,
33                        save_name='w1pre_')
34
35  ## 保存模型和参数，注意这与tl.files.save_ckpt功能一样
36  saver = tf.train.Saver()
37  save_path = saver.save(sess, "./model.ckpt")
38  sess.close()
```

下面解释一下为什么上面短短几十行代码却实现了在 3.4 节的基础上多加了"降噪"的功能。在搭建网络的过程中，值得注意的是，在输入层 InputLayer 和编码器 Dense Layer 之间加入了 DropoutLayer 用来加入噪声，破坏原始输入（随机从原始输入中选取 50% 的数据置零）。接着，将原来的重构层 DenseLayer 用 ReconLayer 进行了替换。在训练网络的过程中，代码极其精简，只是调用了 ReconLayer 的 pretrain 函数。pretrain 函数主要用于对自编码器进行预训练。自编码器的训练方式是逐层贪婪预训练（Greedy Layer-Wise Training），读者可能很疑惑是否有必要实现如此封装，到了下一节实现堆栈式自编码器，需要对多个自编码器分别进行预训练之后再对叠起来的堆栈式网络进行微调，这时候采用封装好的 pretrain 函数就十分方便了。

总的来说，ReconLayer 封装了预训练自编码器的参数设置（包括损失函数定义、正则项系数选择等）以及训练流程（包括预训练的循环次数以及批量样本数量等）。比如，对于降噪自编码器在训练过程中需要对数据加入噪声，而在验证和测试时候输入是没有噪声的。这些麻烦的细节都被封装在 pretrain 方法内部，因此不必事事躬亲地在训练阶段更新 feed_dict，在验证和测试阶段将 dropout 手动去掉（更新 Dropout 率 tl.utils.dict_to_one(self.all_drop)，然后再去更新 feed_dict）即可。而且通过 pretrain 函数的 denoise_name 参数可以很方便地区分各个自编码器，从而对每一个进行单独预训练。如果用户想修改默认的损失函数，则可以通过自定义 ReconLayer 对象的 self.cost 实现，具体的细节可以参考 TensorLayer 的神经网络层源代码，以及修改预训练行为。

不过笔者还是建议读者在做自己项目的时候，能够搭建自己的重构网络而不是使用现成的 ReconLayer，原因如下：

- ReconLayer 只是基于全连接层的重构层实现，而现在大量应用会使用第 4 章介绍的卷积神经网络（Convolutional Neural Networks，CNN）。
- ReconLayer 只是基于一层全连接层的重构层实现，实际应用中，还可以使用多层网络作为编码器。
- ReconLayer 限制了损失函数的使用，事实上还可以使用例如交叉熵（Cross Entropy）等其他损失函数。

在研究非监督学习模型时，经常会对模型所提取到的特征产生好奇，所以希望可以对自编码器所提取到的特征进行一定操作来探索它对重构结果的变化的影响。首先，挑选数字 2 和数字 9 的两张灰度图像输入训练好的自编码器网络中，得到各自的隐层的输出（也就是经过编码的特征矩阵），不妨记作 h_1，h_2。通过对这两个向量插值（Interpolation），可以得到从 h_1 到 h_2 之间渐变的中间状态，即：

$h = \tau \times h_1 + (1-\tau) \times h_2$，然后 τ 从 0 到 1 之间渐变，接着，将这些中间状态输入解码器，然后获得重构后的图像。在这里不妨大胆猜测一下，输出的图像应该是什么样子呢？既然隐层的输出表示的是自编码器对输入数据的压缩表达，那么从数字 2 到数字 9 的压缩表达所对应的原始信息应该是从数字 2 到数字 9 形态上的渐变。为了验证猜想，我们做了如下实验。

```
1  # 首先准备2和9两个图片
2  sample1_idx = 1
3  sample2_idx = 12
4  sample1 = test_images[sample1_idx].reshape([1,784])
5  sample2 = test_images[sample2_idx].reshape([1,784])
6
7  with tf.Session() as sess:
8      # 加载训练好的网络
9      saver.restore(sess, save_path='./dae_tl/autoencoder.ckpt')
10
11     # 关闭Dropout，求数字2编码后的向量h
12     dp_dict = tl.utils.dict_to_one( recon_layer1.all_drop )
13     feed_dict={x: sample1}
14     feed_dict.update(dp_dict)
15     encoded1 = sess.run(encoded_img, feed_dict=feed_dict)
16
17     # 关闭Dropout，求数字9编码后的向量h
18     feed_dict={x: sample2}
19     feed_dict.update(dp_dict)
```

```python
encoded2 = sess.run(encoded_img, feed_dict=feed_dict)

encoded = tf.placeholder(tf.float32, shape=[None,hidden_size],
                    name='encoded')
recon_weights,recon_bias = recon_weights[0],recon_bias[0]

# 构建图模型
test_network = tl.layers.InputLayer(encoded, name='test_input')
test_recon_layer1 = tl.layers.DenseLayer(test_network, input_size,
            tf.nn.sigmoid, name='test_recon_layer1')

# 通过对隐层提取到的隐特征向量插值（Interpolation）实现渐变
diff = encoded2 - encoded1
num_inter = 10
delta = diff/num_inter
encoded_all = encoded1
for i in range(1, num_inter+1):
    encoded_all = np.vstack((encoded_all,encoded1 + delta*i))

# 输入h到解码器中，求出重构数据
with tf.Session() as sess:
    decoded_all = sess.run(test_recon_layer1.outputs,
                    feed_dict={encoded: encoded_all})

# 显示图3.10
fig, axes = plt.subplots(nrows=1, ncols=num_inter+1, sharex=True,
                    sharey=True, figsize=(15, 1.5))
for i in range(num_inter+1):
    axes[i].imshow(decoded_all[i].reshape((image_width, image_width)),
                    cmap='binary')
plt.show()
```

结果如图3.10所示，与我们的猜测一致，数字在 2 和 9 之间渐变。

图 3.10 从数字 2 到数字 9 的渐变效果

3.6 堆栈式自编码器及其实现

在上文中先后介绍了自编码器、稀疏自编码器、降噪自编码器等，这些结构还只是停留在单个自编码器上，并不属于深度网络模型。在前几小节的实验环节都只是实现了手写数字特征的提取和压缩，并没有对提取到的特征进行后续处理，也就是说，只是进行了纯粹的无监督学习，并没有和监督学习结合起来实习一个端到端的学习任务。

在本小节中，将自编码器作为基本单元叠加起来，搭建深度神经网络，实现从数据输入、特征提取、特征分类的端到端的堆栈式自编码神经网络（Stacked Autoencoder，SAE）[1]。堆栈式自编码神经网络是一个由多个稀疏自编码器叠加而成的神经网络，每个前一层自编码器的输出将作为其后一层自编码器的输入。从图 3.11 所示的网络结构图可以看出，每层的隐层不仅可以看作是自编码器的隐层，还是深度神经网络用于提取特征的隐层。在上面的例子中，通过可视化隐层权值多对应最大激励输入的方法，可以直观地看到，从手写数字中提取到特征多为数字在不同空间位置的笔画。如果在第一层自编码器上再搭建一个自编码器，那么将会从这些笔画信息中继续压缩提取特征，也就是特征的特征。这一点和大脑视觉神经元的工作方式如出一辙，通过不断地压缩提取来获得更加高层、更加抽象的特征。

这样一个类似积木的网络，该要如何训练呢？不同于一般的深度神经网络，堆栈式自编码神经网络使用逐层贪婪训练法（Greedy Layer-Wise Training）来预训练网络，之后进行微调（Fine-Tuning）。顾名思义，逐层贪婪训练法即逐个训练自编码器，首先训练最底层自编码器，训练方法与之前小节中方法相同，通过最小化"均方误差+L2 正则项 + 相对熵"实现特征提取。当最底层自编码器训练好后，将其输出作为上层自编码器的输入，再训练上层自编码器重构其输入，即最底层自编码器的输出。依此类推，自底向上逐层训练，直到所有自编码器单元都完成了预训练。当预训练结束后，所有自编码器都可以看作是一层一层的特征提取器。堆栈式自编码神经网络最后由一个 `DropoutLayer` 和全连接层 `DenseLayer` 作为分类器，输出/输入样本所对应的类别。微调是通过监督学习的方式，通过最小化模型输出类别和样本标签的交叉熵对输入为高维特征的分类器进行训练。实验证明，经过预训练再微调得到的模型效果要远远好于纯粹用标注数据进行监督学习得到的结果。

堆栈式自编码神经网络结构如图 3.11 所示。

在堆栈式自编码神经网络中，每一层使用降噪自编码器进行特征提取，而多层叠加起来的自编码器相当于不断对压缩特征输入进一步压缩。图3.11所示输入数据经过三

---

[1] Vincent, Pascal, et al. "Stacked denoising autoencoders: Learning useful representations in a deep network with a local denoising criterion." Journal of Machine Learning Research 11.Dec (2010): 3371-3408.

个降噪自编码器的三次压缩,将提取到的特征直接连接到输出层,最终实现 softmax 分类判别。一般如果只对以分类为目的的微调感兴趣,那么惯用的做法是丢掉堆栈式自编码网络的解码层,直接将隐层的输出/输入到分类器中即可,这是较为常见的用法。

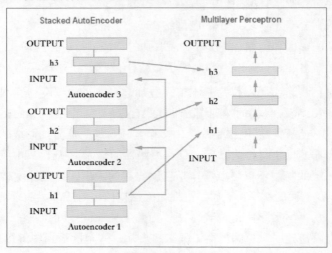

图 3.11 堆栈式自编码神经网络结构

```
1   ## 模型参数
2   model = 'sigmoid'    # 可选择Sigmoid或ReLU
3   n_epoch = 200
4   batch_size = 128
5   learning_rate = 0.0001
6   print_freq = 10
7
8   sess = tf.InteractiveSession()
9   if model == 'relu':
10      act = tf.nn.relu
11      act_recon = tf.nn.softplus
12  elif model == 'sigmoid':
13      act = tf.nn.sigmoid
14      act_recon = act
15
16  ## 定义模型
17  x = tf.placeholder(tf.float32, shape=[None, 784], name='x')
18  y_ = tf.placeholder(tf.int64, shape=[None, ], name='y_')
19
```

```
20  print("Build Network")
21  network = tl.layers.InputLayer(x, name='input')
22
23  # 降噪层
24  network = tl.layers.DropoutLayer(network, keep=0.5, name='denoising1')
25  network = tl.layers.DropoutLayer(network, keep=0.8, name='drop1')
26
27  # 第一个降噪自编码器
28  network = tl.layers.DenseLayer(network, 800, act, name='dense1')
29  x_recon1 = network.outputs
30  recon_layer1 = tl.layers.ReconLayer(network, x_recon=x, n_units=784,
31                  act=act_recon, name='recon_layer1')
32
33  # 第二个降噪自编码器
34  network = tl.layers.DropoutLayer(network, keep=0.5, name='drop2')
35  network = tl.layers.DenseLayer(network, 800, act, name='dense2')
36
37  # 由于其输入来自第一个降噪自编码器，因此其重构输出目标也是接近上一层输出
38  recon_layer2 = tl.layers.ReconLayer(network, x_recon=x_recon1,
39                  n_units=800, act=act_recon, name='recon_layer2')
40  # 分类器
41  network = tl.layers.DenseLayer(network, 10, tf.identity, name='output')
```

以上是网络结构的定义，采用了两层降噪自编码器加 softmax 分类器的结构。接下来定义训练流程：

```
1  ## 定义损失函数
2  y = network.outputs
3  y_op = tf.argmax(tf.nn.softmax(y), 1)
4  cost = tl.cost.cross_entropy(y, y_, name='cost')
5
6  train_params = network.all_params
7  train_op = tf.train.AdamOptimizer(learning_rate
8                  ).minimize(cost, var_list=train_params)
```

堆栈式自编码神经网络的模型训练包括各自编码器的无监督预训练和多层感知器的有监督微调训练两部分，下面分别给出这两个步骤的代码实现。无监督训练的目的是让自编码器自主学习对输入数据的特征提取能力，有监督训练是在得到了提取到的

高级特征后训练分类器实现分类功能。

```
1   ## 逐层贪婪预训练 Greedy Layer-Wise Pretrain
2
3   # 初始化所有变量
4   sess = tf.InteractiveSession()
5   tl.layers.initialize_global_variables(sess)
6
7   # 打印预训练之前的参数信息
8   network.print_params()
9
10  # 预训练阶段只开启denoising1层,各降噪自编码器内部dropour层
11  recon_layer1.pretrain(sess, x=x, X_train=X_train, X_val=X_val,
12                        denoise_name='denoising1', n_epoch=100,
13                        batch_size=128, print_freq=10, save=True,
14                        save_name='w1pre_')
15  recon_layer2.pretrain(sess, x=x, X_train=X_train, X_val=X_val,
16                        denoise_name='denoising1', n_epoch=100,
17                        batch_size=128, print_freq=10, save=False)
18
19  # 打印预训练之后的参数信息
20  network.print_params()
21
22  ## 模型微调 Fine-tune Network
23
24  correct_prediction = tf.equal(tf.argmax(y, 1), y_)
25  acc = tf.reduce_mean(tf.cast(correct_prediction, tf.float32))
26
27  print('   learning_rate: %f' % learning_rate)
28  print('   batch_size: %d' % batch_size)
29
30  train_acc_list = []
31  val_acc_list = []
32
33  for epoch in range(n_epoch):
34      start_time = time.time()
35      # 开始训练
36      for X_train_a, y_train_a in tl.iterate.minibatches(
```

```
37                    X_train, y_train, batch_size, shuffle=True):
38            feed_dict = {x: X_train_a, y_: y_train_a}
39            # 微调阶段开启各降噪编码器内部的Dropout层
40            feed_dict.update( network.all_drop )
41            # 而denoising1只在预训练过程中开启，微调时则关闭
42            feed_dict[set_keep['denoising1']] = 1
43            sess.run(train_op, feed_dict=feed_dict)
44
45        # 每个Epoch完结后，在训练集和验证集上测试，这里和第2章多层感知器类似
46        if epoch + 1 == 1 or (epoch + 1) % print_freq == 0:
47            print("Epoch %d of %d took %fs" %
48                        (epoch + 1, n_epoch, time.time() - start_time))
49            # 在训练集上测试
50            train_loss, train_acc, n_batch = 0, 0, 0
51            for X_train_a, y_train_a in tl.iterate.minibatches(
52                    X_train, y_train, batch_size, shuffle=True):
53                # 关闭所有Dropout层
54                dp_dict = tl.utils.dict_to_one( network.all_drop )
55                feed_dict = {x: X_train_a, y_: y_train_a}
56                feed_dict.update(dp_dict)
57                err, ac = sess.run([cost, acc], feed_dict=feed_dict)
58                train_loss += err
59                train_acc += ac
60                n_batch += 1
61            print("   train loss: %f" % (train_loss/ n_batch))
62            print("   train acc: %f" % (train_acc/ n_batch))
63
64            train_acc_list.append(train_acc/ n_batch)
65
66            # 在验证集上测试
67            val_loss, val_acc, n_batch = 0, 0, 0
68            for X_val_a, y_val_a in tl.iterate.minibatches(
69                    X_val, y_val, batch_size, shuffle=True):
70                # 关闭所有Dropout层
71                dp_dict = tl.utils.dict_to_one( network.all_drop )
72                feed_dict = {x: X_val_a, y_: y_val_a}
73                feed_dict.update(dp_dict)
```

```
74              err, ac = sess.run([cost, acc], feed_dict=feed_dict)
75              val_loss += err
76              val_acc += ac
77              n_batch += 1
78          print("   val loss: %f" % (val_loss/ n_batch))
79          print("   val acc: %f" % (val_acc/ n_batch))
80
81          val_acc_list.append(val_acc/ n_batch)
82
83          # 在微调过程中可视化第一层的W
84          tl.visualize.W(network.all_params[0].eval(), second=10,
85              saveable=True, shape=[28, 28], name='w1_'+str(epoch+1),
                fig_idx=2012)
```

最终，将微调训练过程中的分类准确度随训练循环次数的变化画出来，结果如图 3.12 所示。注意，也可以使用 TensorFlow 提供的可视化工具 TensorBoard 来画图，但本章目的是为了讲解编码器，并不展开讲解，读者可以自学。

```
1   import matplotlib.pyplot as plt
2
3   # 画出在微调阶段模型正确率的变化曲线
4   x = range(n_epoch/print_freq + 1)
5   x = [i * 10 for i in x]       # x = 0,10,20,...,200
6   print train_acc_list,val_acc_list
7   assert len(x) == len(train_acc_list) and
8                       len(x) == len(val_acc_list),"not in same length"
9   plt.plot(x, train_acc_list, 'r',label = 'train')
10  plt.plot(x, train_acc_list, 'ro')
11  plt.plot(x, val_acc_list, 'b', label = 'validate')
12  plt.plot( x, val_acc_list, 'bo')
13  plt.title('change of accuracy during training and validation')
14  plt.xlabel('number of epoch')
15  plt.ylabel('accuracy of classification')
16  plt.legend()
17  plt.show()
```

从图3.12可以发现，在微调训练过程中，从一开始准确度就高达88%，这说明自编码器学习到的特征对分类问题极其有效。这也是非监督学习的魅力所在，通过无标注的数据自主学习、提取特征。相比随机化初始神经网络权重，通过预学习的权值初始化神经网络，不仅会提升模型的效果（避免收敛到局部最优），而且极大地缩短了监督训练的时间开销。

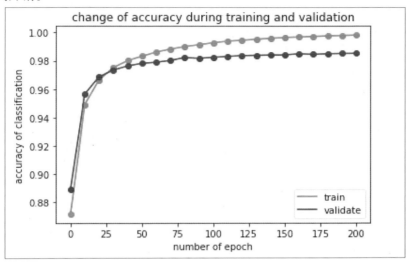

图 3.12　在训练集和测试集上识别率随训练次数的变化

综上，堆栈式自编码神经网络通常能够获取到输入的"层次型分组"或者"部分-整体"结构。自编码器倾向于学习得到能更好地表示输入数据的特征。因此，堆栈式自编码神经网络的第一层会学习得到原始输入的一阶特征（比如图片里的边缘），第二层会学习得到二阶特征，该特征对应一阶特征里包含的一些模式（比如在构成轮廓或者角点时，什么样的边缘会共现）。随着层数的增加，堆栈式自编码神经网络的高层会学到更高阶的特征。同时，该模型不需要大量的标注数据来实现分类等监督学习任务，因此具有广阔的应用前景。

本章所介绍的自编码器作为无监督学习的重要模型，在识别、分类、生成等机器学习任务中会经常用到。一种名为变分自编码器（Variational Auto-Encoder，VAE）的生成模型在 Kingma et al(2013)[①] 被提出后成为学术大热，其基本结构如图3.13所示。可以认为，一个变分自编码器也是由编码器和生成器两部构成，以特征编码服从正态分布为前提假设。输入数据经过编码得到均值向量和标准差向量后，并不直接用于生成器重构数据，而是由均值向量和标准差向量经过线性运算重构新的隐变量，该变量用于拟合一个特征分布，然后从该分布随机抽样得到隐变量样本，输入到生成器得到解码结果。通过训练变分自编码器，同时得到编码器和生成器，二者可以分别单独使用。举个例子，比如输入一张猫的图片后，可以通过编码器获得与之对应的隐变量，即为该

[①] Kingma, Diederik P., and Max Welling. "Auto-encoding variational bayes." arXiv preprint arXiv:1312.6114 (2013).

图片特征的隐式表达。如果给这个隐变量加入随机噪声后或者直接采样获得隐变量分布输入生成器，那么会得到不同的重构结果，它们或多或少会不同于原始的猫的图片。该模型在被提出后，现在已经有很多有意思的应用了，在这里不再多做介绍，感兴趣的读者可以去查阅相关论文以深入了解。

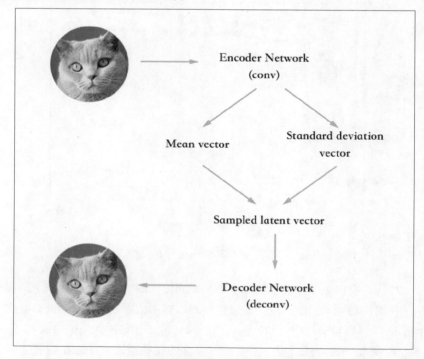

图 3.13　变分自编码器结构示意图

4

卷积神经网络

卷积神经网络（Convolutional Neural Networks，CNN）是深度神经网络的一个重要形式，专门用来处理具有网格状拓扑结构的输入数据，如 RGB 图片、三维立体图像等。自从 2012 年的经典 CNN 网络 AlexNet 以极大优势横扫 ImageNet 图像识别竞赛后，CNN 开始无所不在。CNN 在图像识别、图像分割、图像生成、目标检测和无人驾驶等领域中取得了举世瞩目的成绩。

本章将带读者深入了解 CNN。本章首先将介绍 CNN 的基本运算和基本组成元素，以及经典的 CNN 网络架构。其次还将用实例代码演示如何在实践中训练 CNN，实现图像分类任务。最后将简要介绍反卷积神经网络（De-Convolutional Neural Networks）。

4.1 卷积原理

这一节将介绍 CNN 的基本操作和组成单元。在前两章中，每张 MNIST 图像都被拉成了一个行向量，以便进行矩阵运算。这种做法忽略了图像自身的特性，即像素点之间在水平和垂直方向上的相关性。而且一旦图像像素很多，常规神经网络的参数规模将急剧增加，使得神经网络很难训练。CNN 通过特殊的卷积操作巧妙利用了图像的局部相关性，同时又大幅减少了参数数量，使它成为深度学习中处理图像的主要模型。

4.1.1 卷积操作

卷积操作是卷积网络的基本操作，由卷积核对输入图片进行"滤波"。为了给读者一个直观感受，可以想象输入图像是一幅画，为了在黑暗中看清它的全貌，我们拿着一个手电筒照亮图片的一个区域，从这幅画的左上角开始，从左到右，从上至下每次扫过一个步长（Stride），直至图片的右下角。其中，手电筒就是卷积核（Kernels）；被照亮的局部区域称为卷积核的感受域（Receptive field），大小等同于卷积核的大小（Filter size），卷积核会和感受域作一次广义上的卷积，即把两个矩阵的对应元素相乘再求和，得到一个标量值；而整个移动手电筒扫过每个感受域的过程称为该卷积核对图片的一次滤波（Filtering）或卷积（Convolution），滤波后将输出一张特征图（Feature maps），它的通道（Channel）数量等于卷积核的数量。有时为了控制输出特征图的大小，或者出于捕捉图像边缘信息的目的，会在输入图像的外围补零（Zero-padding）。下面通过三个小例子来学习卷积操作。

例一：卷积操作

现在假设有一个 3×3 的卷积核如下：

$$K = \begin{bmatrix} 1 & 0 & 0 \\ 0 & 1 & 1 \\ 1 & 1 & 0 \end{bmatrix}$$

和一张 4×4 的二值图像 I：

$$I = \begin{bmatrix} 1 & 1 & 1 & 1 \\ 0 & 1 & 0 & 0 \\ 0 & 0 & 1 & 1 \\ 1 & 1 & 1 & 0 \end{bmatrix}$$

假设步长 S 为 1，左右补零宽度 P 为 0，矩阵左上角为原点 $(0,0)$ 则位于输出特征图的 (i,j) 的值为：

$$O(i,j) = \sum_{k=0}^{2}\sum_{n=0}^{2} I(i+n, j+k)K(n,k)$$

其中 $K(n,k)$ 表示位于卷积核 (n,k) 权重。依次类推，可以计算出上述例子的输出特征图为：

$$O(0,0) = 1×1 + 1×0 + 1×0 + 0×0 + 1×1 + 0×1 + 0×1 + 0×1 + 1×0 = 2$$
$$O(0,1) = 1×1 + 1×0 + 1×0 + 1×0 + 0×1 + 0×1 + 0×1 + 1×1 + 1×0 = 2$$
$$O(1,0) = 0×1 + 1×0 + 0×0 + 0×0 + 0×1 + 1×1 + 1×1 + 1×1 + 1×0 = 3$$
$$O(1,1) = 1×1 + 0×0 + 0×0 + 0×0 + 1×1 + 1×1 + 1×1 + 1×1 + 0×0 = 5$$

$$O = \begin{bmatrix} 2 & 2 \\ 3 & 5 \end{bmatrix}$$

例二：卷积过程图解

图4.1显示了一个 5×5 的输入和一个 3×3 的卷积核的卷积过程，卷积核为：

$$K = \begin{bmatrix} 0 & 1 & 2 \\ 2 & 2 & 0 \\ 0 & 1 & 2 \end{bmatrix}$$

其中令 P 为 1，S 为 2，令卷积核覆盖在原图上的感受域，对应右侧输出的一个激活值。最终得到一个 3×3 的输出。

注意：在 CNN 中的卷积和数学上严格定义的卷积略有不同，此处的卷积严格意义上讲是互相关操作，它们之间的区别只在于运算中的翻折。但是互相关在程序实现上更为直接，很多机器学习库都以互相关操作作为默认的卷积操作。因为 CNN 中的卷积核参数都是可训练的，即使在运算中没有翻折，网络训练的过程也会自动调整参数使其达到翻折的效果，所以在本章中除非特别说明，否则卷积都是以上例的操作为准。

从之前两个例子可以看出，图像卷积运算的几个主要参数分别是卷积核的大小（Filter Size）为 (F_w, F_h)，步长（Stride）为 S，以及周围补零宽度（Padding）为 P。现

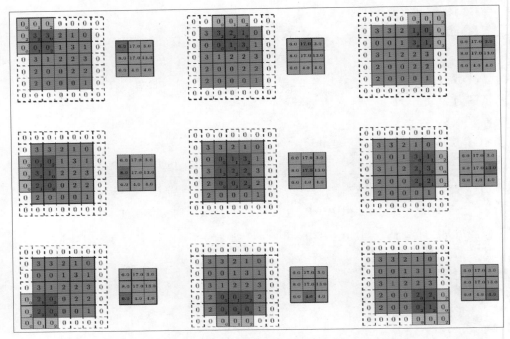

图 4.1　5x5 的输入和一个 3x3 的卷积核的卷积过程。其中令 $P=1$，$S=2$

假设输入图像和输出特征图的宽和高分别是 (W_i, H_i) 和 (W_o, H_o)，则可得到如下公式：

$$Wo = (W_i - F_w + 2P)/S + 1,$$

$$Ho = (H_i - F_h + 2P)/S + 1$$

在图 4.1 中，当 S 为 1 时，P 取 $(S-1)/2$，可以让特征输出和原输入大小一样。

回到手电筒的比喻，可以想象卷积核的权重代表了手电筒的光具有选择性，不同感受域被照亮反射的强度不同。事实上，每个卷积核都可以作为一个特征的提取器，这个特征如果出现在输入图像的某个区域，则该区域对应的特征图的数值就会越大。因为在特征图之后往往会跟随一个非线性激活函数，所以特征图的数值又称为激活值，它决定了这个特征是否会被激活并传导至下一层。

例三：边缘特征提取

边缘是图像的一种特征，特定的卷积核与图像卷积便可以达到"边缘提取"的效果。现有一个 3×3 的卷积核如下，用它来对图4.2进行卷积可以得到图4.3所示结果。

图 4.2　Cameraman 原图

$$I = \begin{bmatrix} -1 & -1 & -1 \\ 2 & 2 & 2 \\ -1 & -1 & -1 \end{bmatrix}$$

上例只是一个简单的水平线特征提取的卷积核。CNN 中的每一层可以有多个卷积核，以获取多个特征图，在网络训练后负责提取不同的特征，层与层之间的复杂更是增加了特征提取的多样性，即"特征的特征"，随着层的加深，特征也越来越高级和抽象。

CNN 网络中对于特征的筛选和提取是一种表征学习（Representation Learning）的能力，经过训练后的 CNN 能够自动对数据中的潜在特征进行由具体到抽象进行逐层提炼，这个能力也是 CNN 如此强大的主要原因。

4.1.2　张量

张量（Tensor）可以理解为高维矩阵，是 CNN 中的主要数据表示形式。与常规的神经网络不同，CNN 的每一层在处理输入的时候，不需要把输入拉伸为一个向量，而

图 4.3　通过卷积滤波后，可以看到图像中的水平线上的特征都被提取了出来

是把输入的第 i 个样本当成一个拥有宽度 W_i、高度 H_i 和深度 D_i 的三维体，这个三维体称为一个张量（Tensor）。例如，对于一张 MNIST 的图像，CNN 把它作为 $28\times 28\times 1$ 的一个张量输入，即保留了图片原有的长、宽和通道数。同理，经过卷积操作后生成的特征图也是一个张量。数据在卷积网络中以张量的形式前后流动，这也是 Google 的深度学习库 TensorFlow 的内涵。

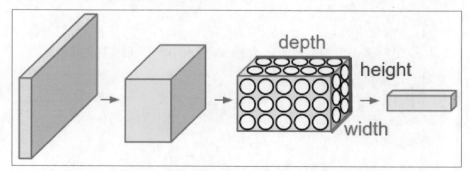

图 4.4　张量在 CNN 中的流动，注意这里的深度并不是指 CNN 的层数，而是指张量的第三个维度，是这个卷积层中卷积核的数量决定的

在图4.4中，输入张量经过每个卷积层后形状都发生了变化，其中深度方向上的变化是由该卷积层里卷积核的数量决定的，即特征提取器的数量（通道数）。深度变大，

代表张量所经过的这个卷积层拥有更多的卷积核。每个层通常有多个卷积核，用来提取输入张量的不同特征。这个过程可以看作是 CNN 把输入图像编码（Encode）成了高维度的特征表达，而训练 CNN 的目的就是通过反向传播算法，训练出最好的卷积核，即卷积层的参数。一个完整的 CNN 整体结构图如4.5所示。

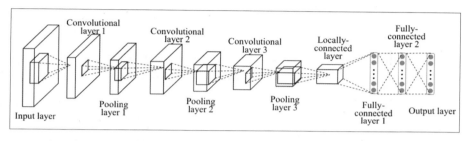

图 4.5　一个完整的 CNN 网络结构通常由输入层、卷积层、池化层、全连接层和输出层组成

4.1.3　卷积层

卷积层（Convolutional Layer）由输出特征图和相应的卷积核构成。假设一个卷积层的输入张量为 (W_i, H_i, D_i)，输出张量为 (W_o, H_o, D_o)，输出张量中每一个数值对应一个神经元（Neuron）。该神经元的激活值则是由一个三维的卷积核 (C_L, C_W, D_i) 与输入的一个局部张量卷积得到，如图4.6所示。最终输出神经元的激活值是将输入的每个通道的卷积结果相加，再加上一个偏置量 b 得到。每个卷积核对输入张量的一次滤波都得到一张特征图，也就是说，输出特征图的数量是由卷积核的数量决定的。所有的特征图沿着深度排列，组成下一层的输入张量。每一组卷积核将输出一个特征图。因此，卷积层可以用一个四维张量 (D_i, C_L, C_W, D_o) 描述，其中 D_o 决定了输出特征图的数量，也决定了下一个卷积层的 D_i。$C_L \times C_W$ 是卷积核的大小，通常卷积核的长宽是相同的，即 $C_L = C_W$。

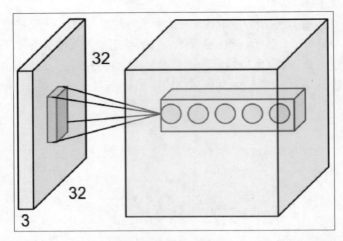

图 4.6 张量的在 CNN 中的流动，注意这里的深度并不是指 CNN 的层数，而是指张量的第三个维度

例四：Numpy 卷积层实现

通过 Python 和 Numpy 来演示卷积层的操作。Numpy 是利用 Python 进行数据分析最常用的函数库之一，提供了一系列对多维数组（即张量）的方便操作。现假设输入张量为 X，其维度为 $X.shape = (4,4,2)$；假设步长 S 为 1，补零 P 为 0，再假设有两个卷积核 $W0$ 和 $W1$，且两个卷积核的 shape 都是 $(3,3,2)$，卷积核相应的偏置量为 $b0$，$b1$，则输出张量 V 由以下代码得到：

```
1  import numpy as np
2
3  #  V的shape是(2,2,2)
4  V[0,0,0] = np.sum(X[:3,:3,:] * W0) + b0
5  V[0,1,0] = np.sum(X[:3,1:4,:] * W0) + b0
6  V[1,0,0] = np.sum(X[1:4,:3,:] * W0) + b0
7  V[0,1,0] = np.sum(X[1:4,1:4,:] * W0) + b0
8  V[0,0,1] = np.sum(X[:3,:3,:] * W1) + b1
9  V[0,1,1] = np.sum(X[:3,1:4,:] * W1) + b1
10 V[1,0,1] = np.sum(X[1:4,:3,:] * W1) + b1
11 V[0,1,1] = np.sum(X[1:4,1:4,:] * W1) + b1
```

虽然这些操作起来相当烦琐，但是在 TensorFlow 中，我们可以直接使用基于 `tf.nn.convo` 实现的各种卷积层 API 来快速有效的完成这些操作。

总而言之，CNN 的两个最大优势可以总结如下：

- **稀疏连接（Sparse Connectivity）**

  每个输出特征图上的神经元都只与输入张量中卷积核大小相同的一小块面积相连，这种特性叫作稀疏连接，又称局部连接。需要注意的是，虽然每个输出神经元和输入的感受域在宽度和高度上是局部相连的，但在深度方向上是对齐的。这又是一个稀疏性的例子（见 3.1 节）：一幅图像的特征在局部都是有相关性的，不同的特征稀疏地分布在图像的不同区域，这种先验的稀疏性导致了 CNN 模型的稀疏性，所以可以用更少的参数进行表征学习。

- **参数共享（Parameter Sharing）**

  由上一个例子可以看出，对于输出张量 V 的深度方向上的每一张特征图，所有神经元都共享一个卷积核，这个卷积核提取输入所有可能位置上的某种特征。经过多层卷积后，输出的特征图将含有更加高级和抽象的特征。前几层卷积层提取的往往是边缘和颜色等低级特征，随着网络的加深，提取的特征越来越抽象，接近人的感知。比如在分类一张汽车图片的时候，浅层的卷积层提取的可能是曲线特征，但到了深层就能得到判别"车轮"概念的特征，这个过程是把图片编码为高维特征表达，在反卷积网络一节将清楚地看到不同层提取到的特征的等级结构。

自然图像通常具有一定的局部不变性，对图像进行平移、缩放和扭曲等操作并不会影响人类对其正确识别。CNN 通过上述两个卷积层的特性，以及下一节要提到的池化操作，保留了这种局部不变性，从而比起多层神经网络大幅减少了参数。

4.1.4 池化层

输入经过卷积层后，往往得到很多的特征图，比如在例三中如果用 32 个卷积核对原图做卷积，且把步长 S 设为 1，P 设为 1，那么对于输入的每个通道，都可以得到 32 张和原图一样大的特征图，这些特征图占用了大量内存。在一个完整的 CNN 中，总是有多个卷积层，每层有多个卷积核，原始图片如果过大会导致卷积后的特征图过大。这就有必要对卷积后的结果进行压缩，这个压缩行为称作池化（Pooling）。

在得到特征图后，往往关心的是图像具不具有某个特征，而不在乎特征具体出现在哪。比如要分类一张汽车的图片，更关心"车轮"这个特征有没有在图片里，而不在乎这辆车的角度或者方位。池化就是对局部特征进行的聚合统计操作，利用了特征的空间不变性，即在一个感受域有用的特征在另一个区域同样适用，这样不但能够大幅降低对特征的维度从而减少计算量，同时还能降低过拟合的风险。

例五:最大池化(Max Pooling)

池化层两个超参数决定:池化大小 P_L, P_W 和池化步长 S,以最大池化为例,对于输入向量深度方向上的每个切片(即例二中的 $V[:,:,0]$),从切片左上角的 $P_L \times P_W$ 区域开始,只选取该区域的最大值,然后继续移动 S 做相同操作。

图4.7展示了一个 $C_L = C_W = 3$, $S = 1$, $P = 0$ 的最大池化操作。从一个

$$5 \times 5 \times 1$$

的特征图左上角开始,每个

$$3 \times 3$$

的感受域选取最大数值放到对应的输出位置上。最终池化为一个

$$3 \times 3$$

的输出特征图。在实际往往把 S 设为 2 或更大,这样可以对特征图进行大幅降维。

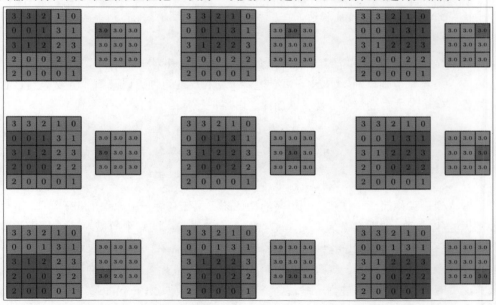

图 4.7 最大池化过程,其中 F=3,S=1,P=0

例六:平均池化(Mean Pooling)

平均池化和最大池化唯一的区别是用求平均操作代替求最大值操作。目前哪种池化方法比较好并没有定论,不过现在比较常用的是最大池化。平均池化过程如图4.8所示。

要理解池化的作用，我们需要先理解感受域（Receptive Field），它代表一个特征图上的数值对应原图的多少内容。假设用 $C_W = C_L$=3 和 S=1 的卷积核对原图做卷积，新特征图上每个值可以观察到原图 3×3 的范围；若继续对新特征图做 $P_L = P_W$=2 和 S=1 的池化，则池化后的特征图的感受域为 4×4。可见越深层的特征图，每个值对应的原图范围越大，感受域越大。这也让高层特征值具有高级的抽象特征，比如人脸轮廓、汽车轮廓等，而低层的特征值通常抽象能力较弱，一般只是提取图像中的边缘信息。随着卷积网络加深，每个特征值的感受域越大，所需要的特征图大小就越来越小。这样我们既减少了参数数量，又保证了深层特征图的感受域能够覆盖原图的所有信息。

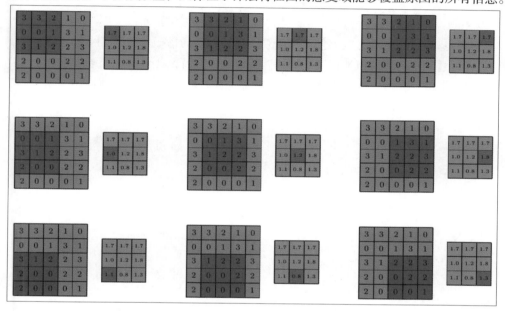

图 4.8　平均池化过程，其中 F=3，S=1，P=0

4.1.5　全连接层

全连接层（Fully Connected Layer）和之前多层感知器内部的层相同，通常出现在 CNN 的末端，对前面卷积层所提取的特征进行分类或者回归任务。需要注意的是，只是从最后一个卷积层的输出到第一个全连接层的输入的转换，由于卷积层输出的是三维张量，而全连接层只能接受二维矩阵，所以需要用特殊的方法处理。目前主要有两种方式：一是把卷积层的输入重新排列成一个长向量，二是利用卷积层来代替全连接层。

例七：卷积层和全连接层的转换

现假设一个输入图像经过多个卷积层后，输出为 $(7, 7, 512)$ 的张量，现在想得到一个维度为 1000 的概率分布作为分类结果。

方法 1：将张量重新排列为一个 $(1, 25088)$ 的向量，再接上一个包含 1000 个神经元的全连接层，所需要的参数是 $25088 \times 1000 + 1000 = 25089000$ 个。

方法 2：用一个带有 1000 个卷积核的卷积层代替，卷积核的形状为 $(7, 7, 512)$，于是可知输出是 $(1, 1, 1000)$ 的特征图。它和一个 1000 维度的向量只是逻辑上的不同，但是在内存里的表示是一样的。所需要的参数也是 $7 \times 7 \times 512 \times 1000 + 1000 = 25089000$ 个。

由于方法 2 更为高效，因此在实际功能实现中被许多深度学习库采用。

有了基本的搭建模块，构建一个完整的 CNN 就如同搭积木一样。目前主流的 CNN 往往采用卷积层和最大值池化层交替相连的形式提取特征，最后在末端接上若干全连接层对特征进行分类。训练过程与多层感知器无异，都是采用反向传播算法。在 4.3 节将看到完整的 CNN 结构。

4.2 经典任务

现在让我们一起了解一下 CNN 的经典案例，这些应用目前在工业界和学术界都已经被 CNN 主导了，本节将重点介绍其中广为人知的目标检测任务。

4.2.1 图像分类

图像分类（Image Classification）是计算机视觉中重要的基本问题，它的目标是通过图像的语义信息得到图像的类别。给定图像和相应的类别，CNN 网络可以自动提取特征并且对特征进行分类。图 4.9 中 CIFAR10 和 MNIST 类似，都对 10 类图像进行分类，但 CIFAR10 的难度远远超过了 MNIST，将在本章最后使用该数据集进行实验。

4.2.2 目标检测

目标检测（Object Detection）是图像分类的延伸，除了分类任务，还需要给定多个检测目标的坐标位置。如图 4.10 所示，基于 CNN 的检测器需要完成定位和分类两个任务。

图 4.9　图像分类经典数据集 CIFAR10 实例。最左边一列是每个类别的标注，每一行是该类别的十张样本。每张图片的大小均为 32x32

图 4.10　目标检测实例

目前基于 CNN 的主流目标检测框架包括 YOLO[1]、SSD[2]、Faster R-CNN[3] 和 Mask R-CNN[4] 等，均在各大目标检测数据集取得了相当惊人的成绩。其中，最新的 YOLO9000 框架速度非常惊人并且在 VOC 2007 的数据上表现超过 SSD 和 Faster R-CNN，而 Mask

---

[1] Redmon, Joseph, and Ali Farhadi. "YOLO9000: better, faster, stronger." arXiv preprint arXiv:1612.08242 (2016).
[2] Liu, Wei, et al. "Ssd: Single shot multibox detector." European conference on computer vision. Springer, Cham, 2016.
[3] Girshick, Ross. "Fast r-cnn." Proceedings of the IEEE international conference on computer vision. 2015.
[4] He, Kaiming, et al. "Mask r-cnn." arXiv preprint arXiv:1703.06870 (2017).

R-CNN 是在 Faster R-CNN 基础上进行改进的，都是基于 CNN 提出的待选框，把待选框经过一系列处理后实现检测和分割的并行处理，大大提升了准确率和性能。

目标检测发展历史大致如下，R.Girshick 于 2014 年发表的 R-CNN 是最早基于 CNN 的目标检测方法，然后基于这条路线依次演进出 SPP net、Fast R-CNN 和 Faster R-CNN，然后到 2017 年出现的 Mask R-CNN。

顾名思义，R-CNN 即区域卷积神经网络，其提出为目标检测领域提供了两个新思路：首先提出了将候选子图片输入 CNN 模型用于目标检测和分割的方法，其次提出了对于数据集标签数据有限情况下的训练方法。作者证明，使用在其他有标签数据集训练好的模型，然后再用当前少量标签数据进行特定任务的微调训练，最终可以得到明显的效果提升。目标检测与目标识别不同之处在于需要对被检测目标进行定位。当时常用的定位方法有回归、滑动窗等。R-CNN 非常简单粗暴，使用 Selective Search 算法在图片中选出 2000 张可能存在目标的候选子图片（把选区子图片作为候选物体位置的步骤称为 Region Proposal），从而解决了定位问题。然后，把每一个子图片大小调整为一个固定大小，逐一输入到一个预先训练好的 CNN 用于特征提取，最后再将提取到的特征输入到 SVM 分类器（丢掉 CNN 中的 softmax 分类器采用 SVM 分类器可以得到一定的提升），这样就可以通过计算推断每个候选区域的物体属于什么类别，概率是多少。最后把物体概率小的区域去掉，就得到图中物体的位置和类别。

不过 R-CNN 有三个明显的缺点。第一，它把每一个子图片都调整到一个固定大小，这样的话原图长宽比例会扭曲，影响后面 CNN 分类器的效果。第二，它需要把每一个候选子图片逐一输入到 CNN 里做分类，相当于做了 2000 次特征提取和分类计算，速度非常慢，如果候选子图之间有重复的部分，那么 CNN 的计算也将重复多次，这就浪费了计算资源，没有实用意义。第三，其训练是分多个阶段的，对于目标检测而言，R-CNN 首先需要对预训练模型进行特定类别物体的微调训练，然后再训练 SVM 对提取到的特征进行分类，最后还需训练候选框回归器（Bounding-box Regressor）对候选子图中的目标进行精确地提取。以上三个阶段是互相分离的，要一步一步进行。

为了解决第一个和第二个缺点（也是最为严重的问题），何凯明提出了 SPP net（Spatial Pyramid Pooling）[1]。其思路是先对任意大小输入图片整体进行卷积操作，然后对得到的特征图对应候选子图位置做空间金字塔池化（Spatial Pyramid Pooling），该操作采用了多种不同的池化尺度，将多个池化后的特征串联起来作为定长的特征向量。因此，通过空间金字塔池化操作，对于任意尺寸的候选区域，经过 SPP 后都会得到固定长度的特征向量，然后再把该特征图继续输入到后续的 CNN 分类器中。总体来说，SPP net 通过对原始输入图片进行卷积后再获取各个候选子图对应特征，而非对各个候选子

---

[1] （He, Kaiming, et al. "Spatial pyramid pooling in deep convolutional networks for visual recognition." European Conference on Computer Vision. Springer, Cham, 2014.）

图分别输入 CNN 处理，进而大大减少了计算特征，加快了目标检测速度。同时，采用空间金字塔池化的网络不需要固定尺寸的输入图像，从而也弥补了第一个缺陷。然而第三个不足之处仍然存在。

为了进一步提升速度和解决第三个问题，后续 R.Girshick 提出了端到端训练的 Fast R-CNN 网络。类似于 SPP net，Fast R-CNN 网络用 ROI（Region Of Interest）池化，该操作可以视为空间金字塔池化的简化版本，即只使用了一种池化尺度。当然，多尺度的池化可以获得性能上的微小提升，但是是以牺牲速度为代价的。Fast R-CNN 在训练时通过共享计算使效率更高，比如，每个 mini-batch 的训练样本来自 N=2 张输入图片，为了获取 R=128 个学习样本，需要从每张图片中采样 R/N=128/2=64 个 ROI。由于对于同一张图片的不同 ROI 之间在前向传播和反向传播时是共享计算、共享内存的，因此相比 128 个来自 128 张图片的 ROI（也就是在 R-CNN 和 SPP net 所采用的），Fast R-CNN 大致有 64 倍的提速。此外，该网络将候选框回归任务部分也一同通过 CNN 实现，在卷积层后面的全连接层分为两支，一支用于识别目标类别，另一支用于预测回归框所在位置及长宽。值得注意的是，为了实现端到端训练，Fast R-CNN 放弃了 SVM 分类器而是选择微调后网络自身的 softmax 分类器。这样一来，特征提取、目标分类、候选框回归三部分可以同时进行端到端（end-to-end）训练。

即便如此，Fast R-CNN 仍然还不够快，其瓶颈在于使用了 Selective Search 算法[①]来生成候选子图（只通过 CPU 计算而没有 GPU 加速）。为了进一步提升性能，R.Girshick 继续提出了 Faster R-CNN，使用 Region Proposal Networks（RPN），即通过神经网络来学习如何生成 Region Proposal。其优势在于获得更快收敛速度的同时，将 RPN 与 CNN 部分联合训练可以提高整体效果。输入图片在经过卷积层提取特征图后，RPN 在特征图上通过滑动窗的方式，在每个位置生成一定数量的 anchors（包括不同的尺度和长宽比，这里选取 k 个），每个 anchor 都是该特征图当前位置所对应输入图片的一个区域。对于每个 anchor 位置 RPN 采用 3×3 大小的滑动窗，从该区域提取特征并压缩得到 256 维度的特征向量，然后通过一支全连接二分类网络来计算 k 个 anchor 所对应候选区域是否含有目标的概率，通过另一支全连接网络来预测 k 个尺度的候选框的位置以及长宽。通过缩小各个 anchor 对应的 k 个候选框与 ground-truth 直接的损失函数，RPN 可以学习如何从特征图中检测到更有可能包含目标的候选子图。在训练阶段，RPN 与 CNN 交替训练，并且共享特征提取部分的网络参数，从而可以端到端训练。相比 Selective Search 算法，RPN 尽管产生的候选子图个数减少但是其召回率下降并不大，同时由于 GPU 加速得到显著效率提升。

以上方法的思路都很类似，即通过生成候选子图提供需要检测的位置信息，通过

[①] Uijlings, Jasper RR, et al. "Selective search for object recognition." International journal of computer vision 104.2 (2013): 154-171.

CNN 分类得到类别信息。该方法结果精度很高然而速度始终不够快，难以满足实时性需求。YOLO（You Only Look Once）提供了一个新的思路：直接用 CNN 结构的输出层回归候选框位置以及长宽和目标的类别预测。这一想法将目标检测问题完全看作回归问题，简单直接而有效。YOLO 将输入图片分为 7×7 的网格，如果目标中心落在某个网格内部，那么就认为该网格负责对目标的检测和识别。将输入图片放缩到特定尺寸输入 CNN，CNN 中的卷积层部分负责特征提取，全连接层部分负责分类识别以及候选框回归。对于每个网格，我们可以计算其包含目标的概率，目标属于各类别概率以及候选框信息等，对于 49 个网格的结果采用非极大值抑制后得到剩余的候选框，就是最终的结果。这个方法最大的特点就是运行迅速，泛化能力强。不过它的缺点是很难检测到小的物体。针对这个弊端，后来又提出了 YOLO2 的方法，此处不再赘述。

目前很多嵌入式产品中，考虑到实时性问题，往往使用的是 YOLO 的技术思路。

4.2.3 语义分割

图像语义分割（Semantic Segmentation）是利用图像的语义信息，直接对每个像素进行分类，如图 4.11 所示。语义分割并不存在检测具体的目标，而是只关心原始像素。目前主流的做法是通过全卷积网络（Fully Convolutional Networks）进行逐一的像素特征提取，再使用条件随机场或者马尔科夫随机场对特征进行优化，最后得到分割图，如图 4.11 所示，感兴趣的读者可以参考[1]。本书在实例部分将会通过脑肿瘤分割来带大家了解这个领域。

4.2.4 实例分割

实例分割（Instance Segmentation）是物体检测 + 语义分割的综合体，如图 4.12 所示。相对物体检测的边界框，实例分割可精确到物体的边缘；相对语义分割，实例分割可以标注出图上同一物体的不同个体（如，人 1，人 2，人 3……）而不是简单地标记出一堆属于人的像素。

---

[1] Girshick, Ross, et al. "Rich feature hierarchies for accurate object detection and semantic segmentation." Proceedings of the IEEE conference on computer vision and pattern recognition. 2014.

图 4.11 语义分割实例

图 4.12 实例分割

4.3 经典卷积网络

设计卷积网络往往需要大量的经验，所以有必要了解和学习目前主流的卷积网络，以便在项目中根据实际需求设计网络。首先简要介绍经典的 LeNet 和 AlexNet，之后重点分析笔者通过目前非常常用在各类框架中的 VGGNet 来介绍如何计算每一层的参数，以及深度对于网络性能的影响。最后介绍在 ImageNet 比赛上分类准确率超越人类水平的深度残差网络 ResNet。

4.3.1 LeNet

LeNet 是由深度学习三巨头之一的 Yann LeCun（杨乐坤）教授于 1998 年发明的，是第一个有效且投入实际应用中的 CNN。虽然受到硬件条件的限制，LeNet 只有五层，但是其有着标准的卷积-池化-非线性函数的层结构。

LeNet 整体结构如图4.13所示，输入是 (32, 32, 1) 的手写字母图像，字母都大致位于图像的中间位置，训练集中最大的字母大约占 20×20 像素，而且像素值都经过了规范化，使得白色像素值等于-0.1，黑色值为 1.175。虽然 LeNet 只有五层，结构简单，但是由于硬件条件的不足，要训练这样一个网络还是一件非常困难的事情。

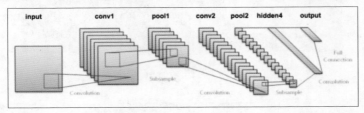

图 4.13　LeNet 结构

4.3.2 AlexNet

AlexNet 在 2012 年以压倒性优势获得了 ImageNet 图像识别竞赛的冠军，面对十五万个测试图像时，预测的前五个类别的错误率只有 15.3%，比第二名的 26% 低了超过 10%，在当年三十个团队的测试结果中，稳居第一。要知道，前两年冠军的错误率都在 25% 以上。AlexNet 的巨大成功犹如在学术界投入了一个重磅炸弹，支持向量机（SVM）在机器学习领域的统治地位开始崩塌。AlexNet 网络结构如图4.14所示，总共八层的卷积神经网络，有超过六十五万个神经元和 60954656 个自由参数。可以看出，AlexNet 是在 LeNet 的基础上进行了改进和加深。GPU 加速技术使得 AlexNet 能够处理大量的数据，将训练时间大幅缩短至可接受的范围内。也是从这时候 GPU 开始成为了深度学习领域不可或缺的硬件基础，英伟达（Nvidia）的股价也跟着一路上涨。

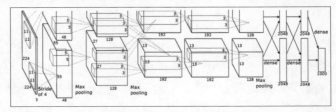

图 4.14　AlexNet 结构

4.3.3 VGGNet

VGGNet 是牛津大学的研究者于 2014 年提出的网络结构,笔者认为该网络是 CNN 家族中最能体现"深度"对于网络的影响的。VGGNet 严格控制卷积核的大小 F 为 3×3,步长 S 和补零 P 的大小都是 1,只是逐层增加卷积核的数量,并且所有池化层都是 $F=2$ 和 $S=2$ 的最大池化层。加深网络直至 16 层或者 19 层。就是这样简单的原则,把 ImageNet 的错误率下降到了 7.3%。VGGNet 的成功充分说明了深度对于 CNN 由低级到高级提取特征的重要性,VGGNet 结构如图 4.15 所示。

ConvNet Configuration					
A	A-LRN	B	C	D	E
11 weight layers	11 weight layers	13 weight layers	16 weight layers	16 weight layers	19 weight layers
input (224 × 224 RGB image)					
conv3-64	conv3-64 **LRN**	conv3-64 **conv3-64**	conv3-64 conv3-64	conv3-64 conv3-64	conv3-64 conv3-64
maxpool					
conv3-128	conv3-128	conv3-128 **conv3-128**	conv3-128 conv3-128	conv3-128 conv3-128	conv3-128 conv3-128
maxpool					
conv3-256 conv3-256	conv3-256 conv3-256	conv3-256 conv3-256	conv3-256 conv3-256 **conv1-256**	conv3-256 conv3-256 conv3-256	conv3-256 conv3-256 conv3-256 **conv3-256**
maxpool					
conv3-512 conv3-512	conv3-512 conv3-512	conv3-512 conv3-512	conv3-512 conv3-512 **conv1-512**	conv3-512 conv3-512 conv3-512	conv3-512 conv3-512 conv3-512 **conv3-512**
maxpool					
conv3-512 conv3-512	conv3-512 conv3-512	conv3-512 conv3-512	conv3-512 conv3-512 **conv1-512**	conv3-512 conv3-512 conv3-512	conv3-512 conv3-512 conv3-512 **conv3-512**
maxpool					
FC-4096					
FC-4096					
FC-1000					
soft-max					

图 4.15　VGGNet 结构

可以看出基本的 VGG 结构都是输入张量经过若干的卷积层和池化层,最终送入三个高维的全连接层和 Softmax 层得到输出概率分布。我们来分析一下图 4.15 加粗框中的 VGG16 层结构。为什么是 16 层呢?虽然把池化操作也称作一个"层",但是池化层一旦设定好了就无法改变它的参数,而 16 层结构是指拥有可训练参数的层数(即卷积层和全连接层)。所有层中的参数数量计算,如表 4.1 所示。

表 4.1 层中的参数数量计算表

层	张量形状	张量占用内存（KB）	可训练参数	参数内存占用（KB）
input	224×224×3	224×224×3×4/1024 = 588	0	0
conv3-64	224×224×64	12,544	(3×3×3)×64+64 = 1,792	1792×4/1024=7
conv3-64	224×224×64	12,544	(3×3×64)×64+64 = 36,928	36928×4/1024=144.25
maxpool	112×112×64	3136	0	0
conv3-128	112×112×128	6272	(3×3×64)×128+128 = 73,856	288.5
conv3-128	112×112×128	6272	(3×3×128)×128+128 = 147,584	576.5
maxpool	56×56×128	1568	0	0
conv3-256	56×56×256	3136	(3×3×128)×256+256= 295,168	1153
conv3-256	56×56×256	3136	(3×3×256)×256+256= 590,080	2,305
conv3-256	56×56×256	3136	(3×3×256)×256+256= 590,080	2,305
maxpool	28×28×256	784	0	0
conv3-512	28×28×512	1568	(3×3×256)×512+512= 1,180,160	4,610
conv3-512	28×28×512	1568	(3×3×512)×512+512=2,359,808	9218
conv3-512	28×28×512	1568	(3×3×512)×512+512=2,359,808	9218
maxpool	14×14×512	392	0	0
conv3-512	14×14×512	392	(3×3×512)×512+512=2,359,808	9218
conv3-512	14×14×512	392	(3×3×512)×512+512=2,359,808	9218
conv3-512	14×14×512	392	(3×3×512)×512+512=2,359,808	9218
maxpool	7×7×512	98	0	0
FC-4096	1×1×4096	16	7×7×512×4096+4096 = 102,764,544	401424
FC-4096	1×1×4096	16	4096×4096 +4096 = 16,781,312	65552
FC-1000	1×1×1000	≈4.0	4096×1000 + 1000 = 4,097,000	16004

可以看出，VGGNet 的参数大约 520MB。在训练过程中，常常需要保存反向传播的梯度值，所以模型训练，将占用大概 1GB 的内存。注意这里只是一张图片的大小，如果在 GPU 上采用 mini batch 训练的方法，则需要特别注意显卡的显存是否足够。在 ImageNet 上训练 VGG 需要花费大量的计算资源和时间，若想直接使用预训练好的 VGG 请见本书实例一。

4.3.4 GoogLeNet

GoogLeNet 与 VGGNet 都参加了 2014 年 ImageNet 视觉识别竞赛，最终 GoogLeNet 以 6.7% 的错误率击败 VGGNet 拿下冠军。与 VGGNet 的简单叠加不同，GoogLeNet 则是在不同层之间引入了 Inception 模块。这个模块的功能就是提供并行多种处理特征图的方法。对于前一层生成的特征图，往往有多种选择：可以在后面接上池化层，也可以再接另一个卷积层，卷积层的大小也有多种选择。面对这么多选择，GoogLeNet 的作者就干脆通过 Inception 模块同时处理这些特征图，模块内有多条通道，对应不同的结构选择，最后将每个通道的输出拼接起来，送入下一层。通过 Inception 模块和其他层的结合，GoogLeNet 最终构成 22 层的网络架构。GoogLeNet 的 Inception 如图4.16所示。

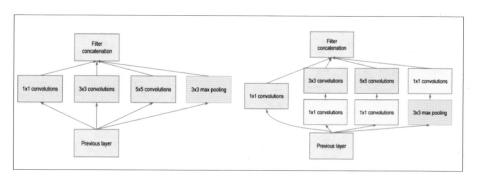

图 4.16　Inception 模块

GooLeNet 的 Inception 对特征图进行了三种不同的卷积 ($1 \times 1, 3 \times 3, 5 \times 5$) 来提取多个尺度的信息，也就是提取更多的特征。举个例子，一张图片有两个人，近处一个远处一个，如果只用 5×5，可能对近处的人的学习比较好，而对远处那个人，由于尺寸的不匹配，达不到理想的学习效果，而采用不同卷积核来学习，相当于融合了不同的分辨率，可以较好地解决这个问题。把这些卷积核卷积后提取的特征图（Feature Map 上）（再加多一个 Max Pooling 的结果）进行聚合操作合并（在输出通道数这个维度上聚合）作为输出，也就是图 4.15 左侧的结构，会发现这样结构下的参数暴增，耗费大量的计算资源。所以有了图 4.15 右侧的改进方案，在 3×3，5×5 之前，以及 Pooling 以后都跟上一个 1×1 的卷积用以降维，就可以在提取更多特征的同时，大量减少参数，降低计算量。1×1 的卷积核性价比很高，很小的计算量就能增加一层特征变换和非线性化。GoogLeNet 打破了"简单顺序叠加卷积层"的常规方法，通过特殊的模块减小参数数量的同时提高了网络表现。

4.3.5 ResNet

微软亚洲研究院用 152 层的 ResNet 把 2015 年的 ImageNet 错误率降低到了 3.6%，第一次超过了人类专家的识别水平，也把 CNN 的深度提升了一个数量级，远深于 GoogLeNet 的 22 层和 VGGNet 的 19 层。ResNet 的想法很简单，就是让一个卷积-ReLU-卷积模块去学习输入到残差的映射，而不是直接学习输入到输出的映射。这个模块被作者称为"残差模块"，如图 4.17 所示。

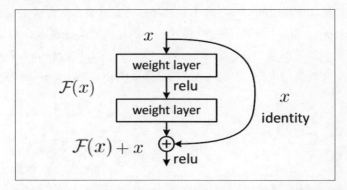

图 4.17　残差模块。该模块只需要学习函数 F 即可，即原输出和输入的残差

该残差模块解决了随着网络加深，神经网络表现骤降的问题（degradation），使得训练极深网络成为可能，充分利用了"深度"带来的优势。通过该残差模块，研究者提出了多个 ResNet 结构，除了之前的 152 层，甚至还有 1000 层的，在各个任务中都取得了优异表现。比如前文提到的 Mask R-CNN 就是以 ResNet 作为核心的特征提取器的。将在实例四：超高分辨率复原中使用 ResNet 的思想。

4.4　实现手写数字分类

在第 2 章已经尝试过用一个由全连接层组成的人工神经网络来实现手写数字分类任务，现在可以试试看如何使用卷积神经网络进行相同的分类任务。

- 本节 MNIST CNN 分类代码来自：https://github.com/zsdonghao/tensorlayer/blob/master/example/tutorial_mnist.py

与多层感知器的例子一样，使用 `tl.files.load_mnist_dataset` 来下载并加载 MNIST 手写数字图片，唯一不同的是把数据维度 shape 设为 (-1, 28, 28, 1)，它的意思是把每张图片表示为 $28 \times 28 \times 1$ 的张量，而 shape 中第一个维度是图片的数量，把值设为 -1 意味着让 Python 自己推断应该有多少张图片。

```
1  import numpy as np
2  import tensorflow as tf
3  import tensorlayer as tl
4  from tensorlayer.layers import set_keep
5  import time
6
7  X_train, y_train, X_val, y_val, X_test, y_test = \
8                      tl.files.load_mnist_dataset(shape=(-1, 28, 28, 1))
9
10 sess = tf.InteractiveSession()
```

如果查看变量 X_train 的 shape 会得到数组 (50000, 28, 28, 1)，意味着有五万张训练数据。如下所示，定义 placeholder 时预先定义了 batch size 为 128 而不是使用 None，预先定义好 placeholder 的 batch size 有利于节约内存。在这里，输入网络是一个四维数据，shape 为 [batch_size,height, width, channels]。

```
1  batch_size = 128
2  x = tf.placeholder(tf.float32, shape=[batch_size, 28, 28, 1])
3  y_ = tf.placeholder(tf.int64, shape=[batch_size,])
```

TensorLayer 提供两套 CNN API，一套的输入格式和 TensorFlow 基础操作 API 一致，如 Conv2dLayer，这套 API 需要用户输入和 TensorFlow 一样的输入，需要自己计算参数的 shape；另一套则是简化的 API，如 Conv2d，这套 API 只需给定当前层的卷积核数量、大小、步长和激励函数即可。前者的好处是可以很方便地把 TensorFlow 的代码移植到 TensorLayer 上，后者的好处是使用方便。

模型定义如下，第一层 CNN 使用 32 个卷积核，卷积核大小长宽 F 都为 5，步长 S 为 1，激活函数使用 ReLU，补零设为 SAME，表示通过补零让输出特征图和输入大小一样。由于这里 F 为 5，所以实际补零 P 为 2。在这里每一层最大池化层 F 和 S 都为 2。在卷积操作的最后，用 FlattenLayer 把张量拉伸成一个向量，然后输入到多层感知器中。

```
1  from tensorlayer.layers import *
2  network = InputLayer(x, name='input')
3  network = Conv2d(network, n_filter=32, filter_size=(5, 5),
4              strides=(1, 1), act=tf.nn.relu,
5              padding='SAME', name='cnn1')
6  network = MaxPool2d(network, filter_size=(2, 2), strides=(2, 2),
7              padding='SAME', name='pool1')
```

```
8   network = Conv2d(network, n_filter=64, filter_size=(5, 5),
9                 strides=(1, 1), act=tf.nn.relu,
10                padding='SAME', name='cnn2')
11  network = MaxPool2d(network, filter_size=(2, 2), strides=(2, 2),
12                padding='SAME', name='pool2')
13  network = FlattenLayer(network, name='flatten')
14  network = DropoutLayer(network, keep=0.5, name='drop1')
15  network = DenseLayer(network, 256, tf.nn.relu, name='relu1')
16  network = DropoutLayer(network, keep=0.5, name='drop2')
17  network = DenseLayer(network, 10, tf.identity, name='output')
```

在模型方面,这个例子和第 2 章的多层感知器相比,除了数据输入格式是一个多维张量,使用了卷积层和池化层,其他并没有区别。

```
1   y = network.outputs
2   cost = tl.cost.cross_entropy(y, y_, 'cost')
3   correct_prediction = tf.equal(tf.argmax(y, 1), y_)
4   acc = tf.reduce_mean(tf.cast(correct_prediction, tf.float32))
```

设置训练控制参数:

```
1   n_epoch = 200
2   learning_rate = 0.0001
3   print_freq = 10
4
5   train_params = network.all_params
6   train_op = tf.train.AdamOptimizer(learning_rate).minimize(
7                     cost, var_list=train_params)
8
9   tl.layers.initialize_global_variables(sess)
10  network.print_params()
11  network.print_layers()
```

接下来的训练过程,和之前多层感知器无异,同样是每隔 `print_freq` 个 Epoch,在训练集和验证集上测试模型以观察中间结果,训练完成后在测试集上测试最终效果。

需要注意的是,CNN 需要的计算量比 MLP 大很多,若此时 batch size 取值太大,由于 GPU 或者 CPU 的内存限制,机器可能无法把整个 batch 载入到内存中进行运算。要知道,现在处理的仅仅是 $28 \times 28 \times 1$ 的图片,在 ImageNet 分类任务中,输入图片是 $224 \times 224 \times 3$ 的彩色图像,数据量大幅增加。

```python
for epoch in range(n_epoch):
    start_time = time.time()

    # 在训练集上训练一个Epoch
    for X_train_a, y_train_a in tl.iterate.minibatches(
                                X_train, y_train, batch_size, shuffle=True):
        feed_dict = {x: X_train_a, y_: y_train_a}
        # 启动Dropout
        feed_dict.update( network.all_drop )
        sess.run(train_op, feed_dict=feed_dict)

    # 每隔print_freq个Epoch在训练集和验证集上测试
    if epoch + 1 == 1 or (epoch + 1) % print_freq == 0:
        print("Epoch %d of %d took %fs" %
            (epoch + 1, n_epoch, time.time() - start_time))

        # 在训练集上测试
        train_loss, train_acc, n_batch = 0, 0, 0
        for X_train_a, y_train_a in tl.iterate.minibatches(
                                    X_train, y_train, batch_size, shuffle=True):
            # 关闭Dropout
            dp_dict = tl.utils.dict_to_one( network.all_drop )
            feed_dict = {x: X_train_a, y_: y_train_a}
            feed_dict.update(dp_dict)
            err, ac = sess.run([cost, acc], feed_dict=feed_dict)
            train_loss += err; train_acc += ac; n_batch += 1
        print("   train loss: %f" % (train_loss/ n_batch))
        print("   train acc: %f" % (train_acc/ n_batch))

        # 在验证集上测试
        val_loss, val_acc, n_batch = 0, 0, 0
        for X_val_a, y_val_a in tl.iterate.minibatches(
                                X_val, y_val, batch_size, shuffle=True):
            # 关闭Dropout
            dp_dict = tl.utils.dict_to_one( network.all_drop )
            feed_dict = {x: X_val_a, y_: y_val_a}
            feed_dict.update(dp_dict)
```

```
38              err, ac = sess.run([cost, acc], feed_dict=feed_dict)
39              val_loss += err; val_acc += ac; n_batch += 1
40          print("   val loss: %f" % (val_loss/ n_batch))
41          print("   val acc: %f" % (val_acc/ n_batch))
```

经过 200 个 Epoch 的训练后，使用测试集来检验模型的准确性。注意，测试集的每个样本只能使用一次，而且在测试的过程中模型的参数不能再改变。测试集是对真实数据的模拟，要在假设它没有被标注的情况下来衡量模型，在实际过程中常见的一个错误便是在训练过程中混入了测试集的数据，造成模型在测试集上表现异常优异。因此，当模型表现非常好的时候，可以再检查一下数据集是否干净。

```
1   # 在测试集上测试
2   test_loss, test_acc, n_batch = 0, 0, 0
3   for X_test_a, y_test_a in tl.iterate.minibatches(
4                           X_test, y_test, batch_size, shuffle=True):
5       # 关闭Dropout
6       dp_dict = tl.utils.dict_to_one( network.all_drop )
7       feed_dict = {x: X_test_a, y_: y_test_a}
8       feed_dict.update(dp_dict)
9       err, ac = sess.run([cost, acc], feed_dict=feed_dict)
10      test_loss += err; test_acc += ac; n_batch += 1
11  print("   test loss: %f" % (test_loss/n_batch))
12  print("   test acc: %f" % (test_acc/n_batch))
```

4.5 数据增强与规范化

虽然 CNN 有很强大的功能结构，但是如何训练好 CNN 一直是学术界在探索的一个重要问题。首先，无论是 CNN 还是普通的神经网络，都具有强大的函数拟合能力，但这种能力带来的一潜在风险是容易出现过拟合（Overfitting）的情况，即网络的泛化能力变差，准确率在训练集以外的数据上严重下降。为了防止过拟合，可以采集更多的数据，但是数据的采集和标注是非常昂贵又耗时的。一个折中的办法就是在训练中使用数据增强技巧，仿佛采集了新的数据，让神经网络学习更多的训练样本。

其次，深度神经网络另一个难以训练的原因是反向传播时会出现梯度消失或者梯度爆炸的问题。根据链式法则，反向传播回来的梯度需要乘以权重，由于在初始化的时候让大部分权重值都小于 1，随着网络的加深，梯度逐渐趋近于 0，导致参数更新速度减慢,整个网络就难以收敛。规范化就是为了缓解此类梯度问题而提出的,用来规范神经网络的参数,加快网络的收敛。

4.5.1 数据增强

如前所述,过拟合是指随着训练过程的继续,网络在训练集上的表现性能越来越好,但是在测试集上的表现却下降了。神经网络由于训练参数较多,当网络较深时容易出现过拟合的现象。解决过拟合的办法有很多,最直接的当然是收集更多的数据,可是收集和标注新数据往往需要大量的时间和人工成本。另一个有效的方法就是通过数据增强(Data Augmentation)来丰富训练数据,同时保留已知的数据标注。

以图4.18为例,数据增强就是通过对图片的变换,"创造"出更多的训练样本,这些样本虽然在肉眼看来是同一张图片,但是对于CNN而言不同位置和尺度的特征代表着不同响应,为了提高最终的表现,CNN需要调整自己的参数来适应这些数据增强操作,这样一来最后学习到的参数泛化能力就更好,网络的鲁棒性更强。

图4.18 一张猫图片的数据增强实例。可以看到虽然都是同样的内容,但是通过缩放、平移和旋转等变换图片使得训练数据更加丰富,降低网络过拟合的风险

tl.prepro工具箱中提供了多套数据增强的API,例如:

```
1  # 随机旋转变换,正负20度以内
2  tl.prepro.rotation(x, rg=20, is_random=True, row_index=0,
3                     col_index=1, channel_index=2,
4                     fill_mode='nearest', cval=0.0)
5
6  # 随机裁剪出长宽为30的子图片
7  tl.prepro.crop(x, wrg=30, hrg=30, is_random=True,
8                 row_index=0, col_index=1,
9                 channel_index=2)
10
11 # 随机左右翻转,50%概率翻转
```

```
12  tl.prepro.flip(x, axis=1, is_random=True)
13
14  # 随机平移变换，长宽10%以内
15  tl.prepro.shift(x, wrg=0.1, hrg=0.1, is_random=True,
16                  row_index=0, col_index=1, channel_index=2,
17                  fill_mode='nearest', cval=0.0)
18
19  # 随机斜切变换，10%以内
20  tl.prepro.shear(x, intensity=0.1, is_random=True, row_index=0,
21                  col_index=1, channel_index=2,
22                  fill_mode='nearest', cval=0.0)
23
24  # 随机放大缩小变换，10%以内
25  tl.prepro.zoom(x, zoom_range=(0.9, 1.1), is_random=True,
26                 row_index=0, col_index=1, channel_index=2,
27                 fill_mode='nearest', cval=0.0)
```

往往会根据实际应用来设计数据增强方法，比如在猫图例子中，左右翻转是合理的，但上下翻转则不合理了。更多数据增强方法请见 `tl.prepro` 工具箱。在实践中，数据增强往往是使用 CPU 实现的，将在下一小节的 CIFAR10 分类例子中看到如何利用 TensorLayer 和 TensorFlow 提供的 API 在训练的时候进行数据增强。

4.5.2 批规范化

顾名思义，批规范化（Batch Normalization，BN）就是在训练过程对每个 mini-batch 的数据分布进行规范化。神经网络学习的本质是为了学习数据的分布，如果每一批训练数据的分布不相同，那么网络在迭代的时候就需要学习不同的分布。而且对于复杂的深度网络而言，前几层的输入分布改变的影响会在后面的层中累积，这样一来网络的训练速度会大受影响，难以收敛。

2015 年 Ioffe，Sergey[①] 提出了批规范化的算法，解决了训练过程中数据分布发生改变的问题，它使神经网络的训练速度大幅提高，减轻了调参的时间成本。和前面提到的卷积层一样，批规范化也属于网络的一个层操作。在低层网络训练时由于参数更新，引起后面层输入数据分布发生变化。在每一层输入之前插入一个批规范化层，对前一层的输出做了一个归一化，使其满足均值为 0，方差为 1，再输入到下一层计算。

[①] Ioffe, Sergey, and Christian Szegedy. "Batch normalization: Accelerating deep network training by reducing internal covariate shift." International Conference on Machine Learning. 2015.

虽然直观上讲，批规范化就是在每层输入前加一个归一化操作，但是实际处理起来没这么简单，如果只是简单应用某个归一化公式对某一层输出进行归一化是可能会影响到这一层输出的特征的分布，这样网络的训练就失去意义了。文中巧妙地使用了变换重构来保证可以恢复出前一层的原始特征分布。具体而言，在对于前一层输出的每个神经元都引入一对可学习参数 γ 和 β，使得 BN 的输出为：

$$y^{(k)} = \gamma^{(k)} x^{(k)} + \beta^{(k)}$$

事实上假如网络经过训练后学习到的参数为：

$$\gamma^{(k)} = \sqrt{Var[x^{(k)}]}, \ \beta^{(k)} = \mathbf{E}[x^{(k)}]$$

网络便可以恢复出前一层所学习到的表征。这样一来，BN 即完成了对输入的归一化，又通过可学习重构参数 γ 和 β，让网络可以学习恢复出原始网络所要学习的特征分布。BN 层的前向算法如下：

$$\mu_\beta \leftarrow \frac{1}{m} \sum x_i$$

$$\sigma_\beta^2 \leftarrow \frac{1}{m} \sum (x_i - \mu_\beta)^2$$

$$\hat{x_i} \leftarrow \frac{x_i - \mu_\beta}{\sqrt{\sigma_\beta^2 + \epsilon}}$$

$$y_i \leftarrow \gamma \hat{x_i} + \beta \equiv \mathbf{BN}_{\gamma,\beta}(x_i)$$

其中 m 是该 mini batch 的数量，x_i 是前一层 mini batch 中第 i 个输出。

有了批规范化，初始学习率可以选择较大值，提高收敛速度。因为 BN 具有提高网络泛化能力的特性，不仅可以移除网络中为了解决过拟合的 Dropout 层，选择更小的 L2 正则约束参数，还可以加快权重衰减的速度，减少了调参的时间成本，使得网络训练速度大大提高。

当激活函数为 Sigmoid 时，如果神经网络层输出很大或很小，函数接近 1 或 0，梯度就会很小，从而降低了收敛速度。这种梯度消失的现象随着网络层数变多变得更加严重。因此，在输入激活函数之前加入批规范化，可以保证网络层输入的分布是稳定的，从而能有效加速训练过程。

4.5.3 局部响应归一化

局部响应归一化（Local Response Normalization，LRN）是 AlexNet 中提出的归一化算法，模仿生物学中的侧抑制机制，使局部神经元的激活互相竞争，使得其中响应比较大的值变得相对更大，并抑制其他反馈较小的神经元，增强了模型的泛化能力。由于本质都是网络的归一化，因此 LRN 逐步被新提出的 Batch Normalization 替代。

4.6 实现 CIFAR10 分类

在了解了 CNN 的基本组成后，我们来看一个完整的 CNN 图像分类程序。以 CIFAR10 作为训练和测试数据，引入规范化搭建网络模型，并且利用 TensorLayer 库提供的 API 实现训练过程中的数据增强。

tl.prepro 提供的方法使用 Python 多线程（Threading）来加速数据预处理，这个方法的缺点是每个 batch 开始之前，都要做一次数据增强，若数据量大或者增强算法复杂，则会成为训练速度的瓶颈。

4.6.1 方法 1：tl.prepro 做数据增强

- 本节代码来自：https://github.com/zsdonghao/tensorlayer/blob/master/example/tutorial_cifar10.py

和 MNIST 一样，TensorLayer 可以如下自动下载并读取 CIFAR10 数据集，CIFAR10 数据集包含 60000 个 32×32 的 RGB 图像，共有 10 类。分为 50000 个训练图像和 10000 个测试图像。这 10 类物体分别是 Airplane、Automobile、Bird、Cat、Deer、Dog、Frog、Horse、Ship 和 Truck，相比 MNIST 的手写字而言难度大大提高。

```
1   import tensorflow as tf
2   import tensorlayer as tl
3   from tensorlayer.layers import *
4   import numpy as np
5   import time, os, io
6   from PIL import Image
7
8   sess = tf.InteractiveSession()
9
```

```
10   X_train, y_train, X_test, y_test = tl.files.load_cifar10_dataset(
11                         shape=(-1, 32, 32, 3), plotable=False)
```

卷积网络可以认为是对图像数据进行特征提取和编码（Encode），然后使用多层感知器作为分类器。这里我们定义一个只有两个卷积层的简单模型，使用局部响应归一化（LRN）层，在这里我们通过 W_init 来设置卷积核初始化参数，实际上只要训练足够久，初始化并不会对结果造成非常大的影响。可以通过 tl.layers.get_variables_with_name('relu/W', True, True) 来获取名为 d1relu 和 d2relu 的 DenseLayer 的 W 参数，这是因为这两层网络 W 参数名字是 model/d1relu/W:0 和 'model/d2relu/W:0，所以可被 relu/W 获取。

```
1    def model(x, y_, reuse):
2
3        # 参数初始化函数
4        W_init = tf.truncated_normal_initializer(stddev=5e-2)
5        W_init2 = tf.truncated_normal_initializer(stddev=0.04)
6        b_init2 = tf.constant_initializer(value=0.1)
7
8        # 定义模型及损失函数和准确度
9        with tf.variable_scope("model", reuse=reuse):
10           tl.layers.set_name_reuse(reuse)
11           net = InputLayer(x, name='input')
12           # CNN编码模块
13           net = Conv2d(net, 64, (5, 5), (1, 1), act=tf.nn.relu,
14                   padding='SAME', W_init=W_init, name='cnn1')
15           net = MaxPool2d(net, (3, 3), (2, 2), padding='SAME',name='pool1')
16           net = LocalResponseNormLayer(net, depth_radius=4, bias=1.0,
17                   alpha=0.001 / 9.0, beta=0.75, name='norm1')
18
19           net = Conv2d(net, 64, (5, 5), (1, 1), act=tf.nn.relu,
20                   padding='SAME', W_init=W_init, name='cnn2')
21           net = LocalResponseNormLayer(net, depth_radius=4, bias=1.0,
22                   alpha=0.001 / 9.0, beta=0.75, name='norm2')
23           net = MaxPool2d(net, (3, 3), (2, 2), padding='SAME',name='pool2')
24
25           # MLP分类模块
26           net = FlattenLayer(net, name='flatten')
```

```
27        net = DenseLayer(net, 384, tf.nn.relu,
28                     W_init=W_init2, b_init=b_init2, name='d1relu')
29        net = DenseLayer(net, 192, tf.nn.relu,
30                     W_init=W_init2, b_init=b_init2, name='d2relu')
31        net = DenseLayer(net, 10, tf.identity,
32                     W_init=tf.truncated_normal_initializer(stddev=1/192.0),
33                     name='output')
34        y = net.outputs
35
36        # 交叉熵
37        ce = tl.cost.cross_entropy(y, y_, name='cost')
38
39        # 对全连接层的W使用L2正则化,如果没有这一步的话,准确率会下降15%,
40        # 读者可自行验证.
41        L2 = 0
42        for p in tl.layers.get_variables_with_name('relu/W', True, True):
43            L2 += tf.contrib.layers.l2_regularizer(0.004)(p)
44        cost = ce + L2
45
46        # 准确度
47        correct = tf.equal(tf.argmax(y, 1), y_)
48        acc = tf.reduce_mean(tf.cast(correct, tf.float32))
49
50        return net, cost, acc
```

除了可以使用带局部响应归一化(Local Response Normalization,LRN)层的模型,这里还设计一个使用批规范化(Batch Normalization,BN)的模型,以供读者参考。可以发现批规范化层之前的卷积层中 b 被设为 None 了,这表示卷积层不使用偏值(Bias),而且还可以发现卷积层没有了激活函数。这是因为批规范化层会让输出变成均值为 0 的分布,所以加入偏值是没有意义的,最后都会被抵消。而且若在卷积层上使用了 ReLU,会让批规范化层在所有数值都大于 0 的分布上做归一化,这是不合理的。最后 ReLU 被加在了批规范化之后。这是大家以后使用批规范化层需要特别注意的地方:1)卷积层不需要有偏值;2)激活函数加在批规范化之后,即 `BatchNormLayer` 上。

```
1  def model_batch_norm(x, y_, reuse, is_train):
2
3      # 参数初始化函数
```

```python
    W_init = tf.truncated_normal_initializer(stddev=5e-2)
    W_init2 = tf.truncated_normal_initializer(stddev=0.04)
    b_init2 = tf.constant_initializer(value=0.1)

    # 定义模型及损失函数和准确度
    with tf.variable_scope("model", reuse=reuse):
        tl.layers.set_name_reuse(reuse)
        net = InputLayer(x, name='input')

        net = Conv2d(net, 64, (5, 5), (1, 1), padding='SAME',
                    W_init=W_init, b_init=None, name='cnn1')
        net = BatchNormLayer(net, is_train, act=tf.nn.relu, name='batch1')
        net = MaxPool2d(net, (3, 3), (2, 2), padding='SAME', name='pool1')

        net = Conv2d(net, 64, (5, 5), (1, 1), padding='SAME',
                    W_init=W_init, b_init=None, name='cnn2')
        net = BatchNormLayer(net, is_train, act=tf.nn.relu, name='batch2')
        net = MaxPool2d(net, (3, 3), (2, 2), padding='SAME', name='pool2')

        net = FlattenLayer(net, name='flatten')
        net = DenseLayer(net, n_units=384, act=tf.nn.relu,
                        W_init=W_init2, b_init=b_init2, name='d1relu')
        net = DenseLayer(net, n_units=192, act=tf.nn.relu,
                        W_init=W_init2, b_init=b_init2, name='d2relu')
        net = DenseLayer(net, n_units=10, act=tf.identity,
                        W_init=tf.truncated_normal_initializer(stddev=1/192.0),
                        name='output')
        y = net.outputs

        # 交叉熵
        ce = tl.cost.cross_entropy(y, y_, name='cost')

        # 对全连接层的W使用L2正则化
        L2 = 0
        for p in tl.layers.get_variables_with_name('relu/W', True, True):
            L2 += tf.contrib.layers.l2_regularizer(0.004)(p)
        cost = ce + L2
```

```
41
42        # 准确度
43        correct_prediction = tf.equal(tf.argmax(y, 1), y_)
44        acc = tf.reduce_mean(tf.cast(correct_prediction, tf.float32))
45
46    return net, cost, acc
```

接着，定义一个简单的数据增强函数，函数功能是增加训练图片的多样性。此处利用了 `tl.prepro` 工具箱。

```
1   def distort_fn(x, is_train=False):
2       # 当训练时，随机截取24x24的子图像
3       # 当不是训练时，则截取正中央24x24的子图像
4       x = tl.prepro.crop(x, 24, 24, is_random=is_train)
5       # 当训练时，随机左右翻转和亮度调整
6       if is_train:
7           x = tl.prepro.flip_axis(x, axis=1, is_random=True)
8           x = tl.prepro.brightness(x, gamma=0.1, gain=1, is_random=True)
9       # 把像素值规范化
10      x = (x - np.mean(x)) / max(np.std(x), 1e-5) # 避免除0
11      return x
```

定义网络结构和变量，训练过程与之前相同，都是使用 Adam 优化方法更新参数，再初始化所有可训练参数，通过 mini-batch 的策略进行训练。变量 `print_freq` 控制训练过程中进行测试的频率，在这里设为每个 Epoch 都用测试集进行一次测试。需要注意的是，在训练过程中采用了数据增强。利用 `threading_data` 的并行化功能，对一个 batch 的所有图片使用 `distort_fn` 做数据增强。测试时，以图片中心向外裁剪出 24×24 像素的图片；训练时，则随机裁剪出 24×24 像素的图片。这样做是因为训练时需要引入大量"新数据"增强网络的鲁棒性，而测试时则只要输入数据本身最多信息的部分即可。

```
1   # 32x32的RGB图，被裁减为24x24的图
2   x = tf.placeholder(tf.float32, shape=[None, 24, 24, 3], name='x')
3   y_ = tf.placeholder(tf.int64, shape=[None, ], name='y_')
4
5   # 定义模型、损失函数和准确度
6   network, cost, _ = model_batch_norm(x, y_, False, is_train=True)
7   _, cost_test, acc = model_batch_norm(x, y_, True, is_train=False)
```

```python
# 训练参数
n_epoch = 50000
learning_rate = 0.0001
print_freq = 1
batch_size = 128

# 优化器
train_params = network.all_params
train_op = tf.train.AdamOptimizer(learning_rate, beta1=0.9, beta2=0.999,
    epsilon=1e-08, use_locking=False).minimize(cost, var_list=train_params)

tl.layers.initialize_global_variables(sess)

# 打印参数信息和层信息
network.print_params(False)
network.print_layers()

print('   learning_rate: %f' % learning_rate)
print('   batch_size: %d' % batch_size)

for epoch in range(n_epoch):
    start_time = time.time()

    # 在训练集上训练一个Epoch
    for X_train_a, y_train_a in tl.iterate.minibatches(
            X_train, y_train, batch_size, shuffle=True):
        # 训练阶段的数据增强
        X_train_a = tl.prepro.threading_data(X_train_a,
                            fn=distort_fn, is_train=True)
        sess.run(train_op, feed_dict={x: X_train_a, y_: y_train_a})

    # 在测试集上测试效果
    if epoch + 1 == 1 or (epoch + 1) % print_freq == 0:
        # 打印一个Epoch所花的时间
        print("Epoch %d of %d took %fs" %
                    (epoch + 1, n_epoch, time.time() - start_time))
```

```
45        test_loss, test_acc, n_batch = 0, 0, 0
46        for X_test_a, y_test_a in tl.iterate.minibatches(
47                                X_test, y_test, batch_size, shuffle=True):
48            # 在32x32的原图上，截取正中间24x24作为输入
49            X_test_a = tl.prepro.threading_data(X_test_a,
50                                    fn=distort_fn, is_train=False)
51            err, ac = sess.run([cost_test, acc],
52                                feed_dict={x: X_test_a, y_: y_test_a})
53            test_loss += err; test_acc += ac; n_batch += 1
54        print("   test loss: %f" % (test_loss/ n_batch))
55        print("   test acc: %f" % (test_acc/ n_batch))
```

4.6.2 方法 2：TFRecord 做数据增强

如前所述，`tl.prepro.threading_data` 这个方法的缺点是在每个 batch 开始之前，都要调用一次，若数据量大或者增强算法复杂的话训练速度会受影响。

TFRecord 是 TensorFlow 提供的使用 Queue 队列来做数据增强的 API，和 `tl.prepro`，都是使用 CPU 实现数据增强，但它可以利用 GPU 训练的时间来提前处理数据，而不用在每个 Batch 开始之前才准备。TFRecord 的优点是速度快，缺点是数据需要转换为 TFRecord 格式，至于选择 `tl.prepro` 还是 TFRecord，取决于开发速度和训练速度之前的权衡。

这个例子是 TensorFlow 官网 CNN 教程（https://www.tensorflow.org/tutorials/deep_cnn）的再实现。

- 本节代码来自：https://github.com/zsdonghao/tensorlayer/blob/master/example/tutorial_cifar10_tfrecord.py

```
1  import tensorflow as tf
2  import tensorlayer as tl
3  from tensorlayer.layers import *
4  import numpy as np
5  from PIL import Image
6  import os, io, time
7
8  X_train, y_train, X_test, y_test = \
9      tl.files.load_cifar10_dataset(shape=(-1, 32, 32, 3), plotable=False)
```

```python
10
11  # 把图片和标记转换为TFRecord格式的函数
12  def data_to_tfrecord(images, labels, filename):
13      if os.path.isfile(filename):
14          print("%s exists" % filename)
15          return
16      print("Converting data into %s ..." % filename)
17      cwd = os.getcwd()
18      writer = tf.python_io.TFRecordWriter(filename)
19      for index, img in enumerate(images):
20          img_raw = img.tobytes()
21          label = int(labels[index])
22          example = tf.train.Example(features=tf.train.Features(feature={
23              "label": tf.train.Feature(int64_list=tf.train.Int64List(value=[
                  label])),
24              'img_raw': tf.train.Feature(bytes_list=tf.train.BytesList(value
                  =[img_raw])),
25          }))
26          writer.write(example.SerializeToString())  # Serialize To String
27      writer.close()
```

用 data_to_tfrecord 函数，可以把原来的 RGB 图片编码成 TFRecord 格式，存储在硬盘上。这样做的好处是在训练过程中读取训练数据更快，加快了训练速度。在训练过程中一般是利用 mini-batch 的方法，也就是需要 CPU 读取和增强多张图片。由于 GPU 的内核运算速度比 CPU 快，如果 CPU 读取和增强图片较慢，一些内核可能处于等待 CPU 状态，GPU 的利用率就降低了。TFRecord 格式文件的读取较快，可以在 GPU 训练的同时利用 CPU 增强数据，在 GPU 一有空闲内核时就传入数据。

调用函数把数据存成 TFRecord 格式：

```python
1  data_to_tfrecord(images=X_train, labels=y_train, filename="train.cifar10")
2  data_to_tfrecord(images=X_test, labels=y_test, filename="test.cifar10")
```

把图片转成 TFRecord 格式后，需要一个函数来读取数据和并训练阶段做数据增强。如果是测试阶段，则只需读取数据即可。

```python
1  def read_and_decode(filename, is_train=None):
2      # 从TFRecord数据中读取张量
3      filename_queue = tf.train.string_input_producer([filename])
```

```python
reader = tf.TFRecordReader()
_, serialized_example = reader.read(filename_queue)
features = tf.parse_single_example(serialized_example,
                    features={
                        'label': tf.FixedLenFeature([], tf.int64),
                        'img_raw' : tf.FixedLenFeature([], tf.string),})

img = tf.decode_raw(features['img_raw'], tf.float32)
img = tf.reshape(img, [32, 32, 3])

# 若是训练，则做数据增强
if is_train == True:
    # 1. 在图片中随机裁剪一个24x24x3的区域
    img = tf.random_crop(img, [24, 24, 3])
    # 2. 随机水平翻折
    img = tf.image.random_flip_left_right(img)
    # 3. 随机改变亮度
    img = tf.image.random_brightness(img, max_delta=63)
    # 4. 随机改变对比度
    img = tf.image.random_contrast(img, lower=0.2, upper=1.8)
    # 5. 减去图像均值和除以方差，对图像归一化
    img = tf.image.per_image_standardization(img)

# 若测试，和上一个例子意义，只是截取正中24x24的区域，并做归一化
elif is_train == False:
    # 从中心裁剪24x24的图片区域
    img = tf.image.resize_image_with_crop_or_pad(img, 24, 24)
    # 2. 像素归一化操作
    img = tf.image.per_image_standardization(img)

elif is_train == None:
    img = img

label = tf.cast(features['label'], tf.int32)
return img, label
```

训练过程与之前相同，只需要在读取数据的时候指定 CPU 内核，利用 read_and_decode 函数读取训练和测试数据。TensorFlow 会自动建立队列，在训练过程时分配

CPU 和 GPU 的任务，加快训练速度。

```
1   batch_size = 128
2   model_file_name = "model_cifar10_advanced.ckpt"
3
4   with tf.device('/cpu:0'):
5       sess = tf.Session(config=tf.ConfigProto(allow_soft_placement=True))
6
7       # 读取数据张量
8       x_train_, y_train_ = read_and_decode("train.cifar10", True)
9       x_test_, y_test_   = read_and_decode("test.cifar10", False)
10
11      # 训练时，需要打乱数据
12      x_train_batch, y_train_batch = tf.train.shuffle_batch(
13                      [x_train_, y_train_], batch_size=batch_size,
14                      capacity=2000, min_after_dequeue=1000, num_threads=32)
15
16      # 测试时，不需要打乱数据
17      x_test_batch, y_test_batch = tf.train.batch([x_test_, y_test_],
18          batch_size=batch_size, capacity=50000, num_threads=32)
19
20      # 模型定义和之前无异
21      def model_batch_norm(x_crop, y_, reuse, is_train):
22          W_init = tf.truncated_normal_initializer(stddev=5e-2)
23          W_init2 = tf.truncated_normal_initializer(stddev=0.04)
24          b_init2 = tf.constant_initializer(value=0.1)
25          with tf.variable_scope("model", reuse=reuse):
26              tl.layers.set_name_reuse(reuse)
27              net = InputLayer(x_crop, name='input')
28
29              net = Conv2d(net, 64, (5, 5), (1, 1), padding='SAME',
30                      W_init=W_init, b_init=None, name='cnn1')
31              net = BatchNormLayer(net, is_train, act=tf.nn.relu, name='bn1')
32              net = MaxPool2d(net, (3, 3), (2, 2), padding='SAME', name='p1')
33
34              net = Conv2d(net, 64, (5, 5), (1, 1), padding='SAME',
35                      W_init=W_init, b_init=None, name='cnn2')
36              net = BatchNormLayer(net, is_train, act=tf.nn.relu, name='bn2')
```

```python
            net = MaxPool2d(net, (3, 3), (2, 2), padding='SAME',name='p2')

            net = FlattenLayer(net, name='flatten')
            net = DenseLayer(net, n_units=384, act=tf.nn.relu,
                    W_init=W_init2, b_init=b_init2, name='d1relu')
            net = DenseLayer(net, n_units=192, act = tf.nn.relu,
                    W_init=W_init2, b_init=b_init2, name='d2relu')
            net = DenseLayer(net, n_units=10, act = tf.identity, name='o')
            y = net.outputs

            ce = tl.cost.cross_entropy(y, y_, name='cost')
            L2 = 0
            for p in tl.layers.get_variables_with_name('relu/W',True,True):
                L2 += tf.contrib.layers.l2_regularizer(0.004)(p)
            cost = ce + L2

            correct = tf.equal(tf.cast(tf.argmax(y, 1), tf.int32), y_)
            acc = tf.reduce_mean(tf.cast(correct, tf.float32))

            return net, cost, acc

# 定义模型、损失函数和准确值
with tf.device('/gpu:0'):
    network, cost, acc, = model_batch_norm(x_train_batch,
                    y_train_batch, None, is_train=True)
    _, cost_test, acc_test = model_batch_norm(x_test_batch,
                    y_test_batch, True, is_train=False)

# 载入和增强数据，定义好模型后，就可以开始训练了。
n_epoch = 50000
learning_rate = 0.0001
print_freq = 1
n_step_epoch = int(len(y_train)/batch_size)
n_step = n_epoch * n_step_epoch

with tf.device('/gpu:0'):
    train_op = tf.train.AdamOptimizer(learning_rate).minimize(cost)
```

```python
        tl.layers.initialize_global_variables(sess)

        # 启动多线程
        coord = tf.train.Coordinator()
        threads = tf.train.start_queue_runners(sess=sess, coord=coord)
        step = 0
        for epoch in range(n_epoch):
            start_time = time.time()

            # 训练一个Epoch,我们发现这里不需要使用任何placeholder做数据导入了!
            train_loss, train_acc, n_batch = 0, 0, 0
            for s in range(n_step_epoch):
                err, ac, _ = sess.run([cost, acc, train_op])
                step += 1; train_loss += err; train_acc += ac; n_batch += 1

            # 打印训练集信息,并在测试集上做测试
            if epoch + 1 == 1 or (epoch + 1) % print_freq == 0:

                print("Epoch %d : Step %d-%d of %d took %fs" % (epoch,
                    step, step + n_step_epoch, n_step, time.time() -
                    start_time))
                print("   train loss: %f" % (train_loss/ n_batch))
                print("   train acc: %f" % (train_acc/ n_batch))

                test_loss, test_acc, n_batch = 0, 0, 0
                for _ in range(int(len(y_test)/batch_size)):
                    err, ac = sess.run([cost_test, acc_test])
                    test_loss += err; test_acc += ac; n_batch += 1
                print("   test loss: %f" % (test_loss/ n_batch))
                print("   test acc: %f" % (test_acc/ n_batch))

            # 保存模型为ckpt格式
            if (epoch + 1) % (print_freq * 50) == 0:
                print("Save model " + "!"*10)
                saver = tf.train.Saver()
                save_path = saver.save(sess, model_file_name)
```

```
110
111     # 退出多线程
112     coord.request_stop()
113     coord.join(threads)
114     sess.close()
```

4.7 反卷积神经网络

反卷积神经网络（De-Convolutional Neural Network）[1]字面意思是卷积操作的反过程，在数据张量上看确实是这样的，卷积对数据进行编码（Encode），而反卷积对编码后的特征进行解码（Decode），但实际上，反卷积只是所有解码类卷积的一个统称。其中转置卷积（Transposed Convolution）是最常见的反卷积方式，所以反卷积经常是转置卷积的代名词，本书将在第 8 章和第 11 章使用它。缩放卷积（Resize Convolution），是近年来开始流行的反卷积方法，它的好处是能让输出更少的伪影（Artifacts），本书将在第 12 章使用它。其他反卷积方法，如子像素卷积（Sub-Pixel Convolution）和缩放卷积（Resize-Convolution），本书将在第 13 章详细地介绍它们。

我们在这里介绍一下最常见的转置卷积（Transposed Convolution，也称为 Fractionally Strided Convolutions）。和其他反卷积的目的一样，网络输出的长宽经过转置卷积后变大，我们往往把这个过程称为解码。它的操作过程很简单，首先把 Tensor 中每个数值之间用给定的步长（Stride）填充零，把数值之间的距离拉大而使得 Tensor 的长宽变大，然后再对填充后的 Tensor 进行普通卷积操作，这样最后得到的 Tensor 输出长宽比原来的 Tensor 要大。

- 动画参考：https://github.com/vdumoulin/conv_arithmetic
- 英文博客参考：https://towardsdatascience.com/types-of-convolutions-in-deep-learning-717013397f4d
- 英文网页参考：http://deeplearning.net/software/theano_versions/dev/tutorial/conv_arithmetic.html

---

[1] Zeiler, Matthew D., and Rob Fergus. "Visualizing and understanding convolutional networks." European conference on computer vision. Springer, Cham, 2014.

5

词的向量表达

在之前的章节中，着重介绍了一些关于 TensorLayer 的基本用法和一些基本的机器学习模型以及所需要的基础知识。在本章中，将会着重讲解一个机器学习的新方向，词汇表征（Word Representation）。本章将通过 TensorLayer 重新实现 TensorFlow 官网的 Vector Representations of Words 教程。

词汇表征是自然语言处理（Natural Language Processing，NLP）的重要基础，如果说自然语言处理是一座高楼，那么词汇表征可以看作是不可动摇的地基。本章将从数学原理、模型结构、训练方法、以及如何用 TensorLayer 进行实现来具体认识和学习词汇表征。此外，还会学习如何可视化这些训练出来的词向量之间的关系以及如何评估模型。

- 本章有关 Word2Vec 的内容来自 Rong, Xin. "Word2Vec Parameter Learning Explained." ArXiv.org., Web., 5 June 2016. https://arxiv.org/abs/1411.2738，关于一些 NLP 基础内容来自 Colah. "Deep Learning, NLP, and Representations.", Web., 7 July 2014. http://colah.github.io/posts/2014-07-NLP-RNNs-Representations/，以及 Christopher Manning, Richard Socher. "Natural Language Processing With Deep Learning", Web., Winter 2017, http://web.stanford.edu/class/cs224n/。

5.1 词汇表征

词汇表征（Word Representation 或 Word Embedding）是一种知识表征（Knowledge Representation），泛指把单个单词（或一段文本）转化成嵌入向量（Embedded Vector，

亦称词向量）的算法，是自然语言处理（NLP）中最为常见也是最为基础的算法之一，其表征效果的优劣将直接影响到后续机器学习任务的效果。由于深度学习和很多机器学习的算法本质上都是通过矩阵运算来实现的，而文本本身是无法用于数学计算的，也无法直接量化单词之间的异同，而向量则是量化异同的有力工具，因此将文本首先转化成向量是必需的。

更加严格的讲，词汇表征算法是构造一个函数 $f: X \rightarrow Y$，把 X 空间中的单词（文本）映射到 Y 空间的多维向量中，而且这样的映射是单射，即不同的单词（文本）存在不同的向量表达，同时这样的映射还应该保留单词（文本）的语义信息。

在计算机中，表达单词的模型有很多种，最直接简单的模型是使用一位有效编码（One-Hot Vector）。一位有效编码使用形如 $\mathbb{R}^{|V| \times 1}$ 的向量表达单词，词向量只有在单词索引号对应的那一维为 1，其余维度上均为 0。例如词库中有 5 个单词 "deep learning is very popular"，第一个单词"deep" 用 [1,0,0,0,0] 表达，第二个单词"learning" 用 [0,1,0,0,0] 表达，依此类推。一位有效编码主要有两大缺陷，首先，一位有效编码的维度必须与词库单词数量相同，但是在现实场景中，词库是非常巨大的，这将导致巨大的一位有效编码向量，即维度诅咒（Curse of Dimensionality）。更加重要的是，一位有效编码无法衡量单词之间的语义相关性，因为任意两个词向量的点积均等于零，即任意两个单词都被认为是互相独立的。

另一个经典的表达模型是词袋模型（Bag of Words），词袋模型将一段文本（如一个句子）表达为一个向量，每个单词都有一个与之一一对应的维度，这个维度代表了这个单词在这段文本中出现的次数。例如："we like TensorLayer, do we？"这句话可以用词袋模型表达为 [2,1,1,1]，其中第一个维度表示单词 "we" 的出现次数。词袋模型与一位有效编码同样面临着维度诅咒的问题，因为词袋模型的向量维度也必须与词库单词数量相同。另一方面，词袋模型只是单纯的计数，而不会考虑单词的前后顺序，因此会忽略上下文信息以及单词之间的语义关联。有些单词在不同的语境下会有不同的含义，即单词歧义（Ambiguity of Word），词袋模型不能有效的解决这个问题。

综上所述，出色的词汇表征算法能够利用有限的维度（远小于词库单词数 $|V|$），利用上下文将单词的语义充分嵌入到词向量当中，充分表达单词之间的异同。比如 "cat" 和 "tiger"，"water" 和 ""liquid"，这些单词的词向量应该具有一定的相关性。再比如通过词向量叠加实现 King - Man + Women = Queen，Paris - France + Italy = Rome 等这样的语义等式。也就是说，词向量中不同的维度可能集合了不同的语义，有一些维度代表"性别"，有一些维度代表"首都"。然而，一位有效编码和词袋模型显然是无法胜任的，因此我们将在后文中着重介绍另一种更加高效的词汇表征算法 Word2Vec。

5.2 语言模型

与很多机器学习算法相同，Word2Vec 也是基于统计学的。因此在介绍 Word2Vec 之前，我们需要利用语言模型来赋予文本以概率，对于符合语法、语义正确、表达自然的文本，我们应该赋予较高的概率，而不自然的合成文本则应该得到较低的概率。

一元模型（Unigram Model）认为单词之间是互相独立的，即单词不会对上下文的单词有任何影响。因此一段文本的概率可以写作每个单词概率的乘积：

$$P(w_1, w_2, ..., w_n) = \prod_{i=1}^{n} P(w_i)$$

然而，我们知道文本的语义是连贯的，上下文对单词是有一定影响的，所以单词与单词之间并不是完全独立的。在一元模型的假设下，单纯由高频单词组成的一段文本可能获得较高的概率，但是这段文本可能没有任何实际意义，甚至完全不可读。

二元模型（Bigram Model）则考虑了单词之间前后的相关性，计算每个单词在给定前一个单词时的条件概率，一段文本的概率则是这些条件概率的乘积：

$$P(w_1, w_2, ..., w_n) = \prod_{i=1}^{n} P(w_i|w_{i-1})$$

虽然二元模型也非常简单，但是相比于一元模型，二元模型已经进步了许多。更加复杂的语言模型可能更有效，但也需要更强大的算力、存储能力和数据库的支持。

5.3 Word2Vec

5.3.1 简介

这一节里，我们将介绍最具代表性的词汇表征算法 Word2Vec。Word2Vec 由谷歌公司开发并与 2013 年发布，其中包括两个模型，CBOW 和 Skip-Gram，以及两个简化方法，Negative Sampling 和 Hierarchical Softmax。

5.3.2 Continuous Bag-Of-Words（CBOW）模型

CBOW 模型是利用上下文预测文中的某一个目标单词，例如在 "a blue bird on the tree" 中，"bird" 的上下文是 ["a"，"blue"，"on"，"the"，"tree"]，给定这些上下文单词，CBOW 模型需要能够预测出中间挖空的单词应该是 "bird"。因此，如图5.1所示，我们定义 CBOW 的输入是一组（多个）上下文单词 $x^{(1)}, x^{(2)}, ...$，每个单词 $x^{(i)}$ 是由一位有效编码表示的；CBOW 的输出则是一个单词 y，这里的 y 同样是一位有效编码。

同时，我们还需要两个矩阵，输入矩阵 $\mathcal{V} \in \mathbb{R}^{n \times |V|}$ 和输出矩阵 $\mathcal{U} \in \mathbb{R}^{|V| \times n}$，其中 n 是嵌入空间的维度（Embedding Space），n 可以是任意值，但通常应该远小于词库单词数 $|V|$。输入矩阵 $\mathcal{V}$ 将一位有效编码映射到维度小得多的嵌入向量（Embedded Vector），这也是我们所希望的（参见本章第一节结尾），输入矩阵的每一个纵列代表了与之对应的单词的嵌入向量，即第 i 列 v_i 是单词 w_i 的嵌入向量。与之相反，输出矩阵 $\mathcal{U}$ 是将嵌入向量映射成一位有效编码，输出矩阵的每一行代表了与之对应单词的另一个嵌入向量，即第 i 行 u_i 是单词 w_i 的另一个嵌入向量。因此，对于每个单词 w_i，CBOW 模型需要学习两组嵌入向量，即 v_i 和 u_i。

如图 5.1所示，从左到右，我们可以将 CBOW 模型拆解成以下六步：

(1) 首先，明确目标单词 $x^{(c)}$ 的上下文，以 m 为前后观察视窗，可以构建上下文单词集合 $\{x^{(c-m)}, ..., x^{(c-1)}, x^{(c+1)}, ..., x^{(c+m)} \in \mathbb{R}^{|V|}\}$，其中的 x 均为相应单词的一位有效编码；

(2) 其次，生成上下文的嵌入向量集合，$\{v_{c-m} = \mathcal{V}x^{(c-m)}, v_{c-m+1} = \mathcal{V}x^{(c-m+1)} ..., v_{c+m} = \mathcal{V}x^{(c+m)}\}$；

(3) 将上下文嵌入向量取平均，$\hat{v} = \frac{1}{2m} \sum_{\substack{i=-m \\ i \neq 0}}^{m} v_{c+i} \in \mathbb{R}^n$；

(4) 计算分数向量（Score Vector），$z = \mathcal{U}\hat{v} \in \mathbb{R}^{|V|}$，在向量点乘中，相似度较高的向量相乘会得到更高的分数，这会引导词义相近的单词映射到相似的嵌入向量上；

(5) 利用 softmax 将分数向量转换成概率分布，$\hat{y} = \text{softmax}(z) = \frac{e^z}{\sum_{i=1}^{|V|} e^{z_i}} \in \mathbb{R}^{|V|}$，$\hat{y}$ 符合归一原则，$\hat{y}$ 的每一维代表了相应单词是目标单词的概率，即 $\hat{y}_i$ 代表了 w_i 是目标单词的概率 $P(w_i|\hat{v})$；

(6) 通过学习训练，我们希望 $\hat{y}$ 和目标单词的一位有效编码 y（即 $x^{(c)}$）越相似越好，甚至是相同，也就是说我们希望目标单词所对应的维度在 $\hat{y}$ 中也能最大化。

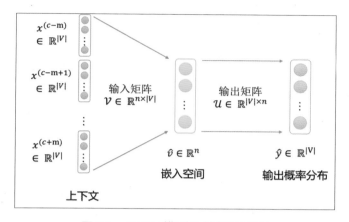

图 5.1 CBOW 模型的结构示意图

我们可以看出输入矩阵 $\mathcal{V}$ 和输出矩阵 $\mathcal{U}$ 对于 CBOW 模型的性能十分关键,因此我们希望算得一组最优的输入矩阵和输出矩阵,使得 $\hat{y}$ 和 y 之间达到最高的相似度。因为 $\hat{y}$ 和 y 均为符合归一原则的概率分布,通常情况下我们可以使用交叉熵(Cross Entropy)作为损失函数(Loss Function)来衡量两个概率分布的差异性:

$$L(\hat{y}, y) = -\sum_{i=1}^{|V|} y_i \log \hat{y}_i$$

因为 y 为一位有效编码,即只有在相应单词所对应的维度上为 1,其余均为 0,所以损失函数可以进一步简化:

$$L(\hat{y}, y) = -y_i \log \hat{y}_i = -\log \hat{y}_i = -\log P(w_i|\hat{v})$$

由此,我们可以将 CBOW 的训练过程定义为一个优化问题,即最小化损失函数:

$$\begin{aligned}
\text{minimize } L &= -\log P(w_c|w_{c-m}, ..., w_{c-1}, w_{c+1}, ..., w_{c+m}) \\
&= -\log P(w_c|\hat{v}) \\
&= -\log \hat{y}_c \\
&= -\log \text{softmax}(z)_c \\
&= -\log \frac{e^{z_c}}{\sum_{i=1}^{|V|} e^{z_i}}
\end{aligned}$$

$$= -\log \frac{e^{u_c^T \hat{v}}}{\sum_{i=1}^{|V|} e^{u_i^T \hat{v}}}$$

$$= -(u_c^T \hat{v}) + \log \sum_{i=1}^{|V|} e^{u_i^T \hat{v}}$$

我们可以使用随机梯度下降法（Stochastic Gradient Descent）更新 u_i 和 v_i，随机梯度下降的更新过程也是 CBOW 模型训练的过程：

$$\mathcal{V}_{new} \leftarrow \mathcal{V}_{old} - \alpha \nabla_{\mathcal{V}} L$$

$$\mathcal{U}_{new} \leftarrow \mathcal{U}_{old} - \alpha \nabla_{\mathcal{U}} L$$

在每一轮迭代中，计算损失函数 L 对输入矩阵 $\mathcal{V}$ 和输出矩阵 $\mathcal{U}$ 的偏导数，以 α 为学习步长（Learning Rate/ Step）更新输入矩阵 $\mathcal{V}$ 和输出矩阵 $\mathcal{U}$。随机梯度下降法不能保证得到全局最优解，有可能收敛于局部最优解；输入矩阵 $\mathcal{V}$ 和输出矩阵 $\mathcal{U}$ 的初始值以及学习步长的大小，对优化的结果也会有影响。当然，除了随机梯度下降法以外，还可以使用批量梯度下降法（Batch Gradient Descent）或者 Adam 优化算法等。

5.3.3 Skip-Gram（SG）模型

SG 模型与 CBOW 模型相反，CBOW 模型的输入是连续的上下文，输出是目标单词，而 SG 模型的输入是目标单词，输出是上下文。例如在同样的例子 "a blue bird on the tree" 中，SG 模型的输入是 "bird"，输出的则是上下文 ["a"，"blue"，"on"，"the"，"tree"]。

SG 和 CBOW 不仅仅是将输入和输出对调，二者的作用也有较大的区别。在 CBOW 模型下，上下文是确定且连续的，那么通过神经网络所能匹配到的目标单词也基本是确定的。然而，在 SG 模型下，目标单词是确定的，但是通过神经网络所匹配到的上下文可以是不一样的，因此在 SG 的引导之下，可以让目标单词匹配到很多不同的上下文。

我们将 SG 模型的输入定义为目标单词的一位有效编码 x，输出则为一组（多个）上下文单词的一位有效编码 $y^{(1)}, y^{(2)}, \ldots$。与 CBOW 相同，我们定义输入矩阵 $\mathcal{V} \in \mathbb{R}^{n \times |V|}$ 和输出矩阵 $\mathcal{U} \in \mathbb{R}^{|V| \times n}$。

如图 5.2 所示，我们也可以将 SG 模型拆解成以下五步：

(1) 首先，明确目标单词 $x^{(c)} \in \mathbb{R}^{|V|}$，其中的 x 为目标单词的一位有效编码；

(2) 其次，生成目标单词的嵌入向量，$v_c = \mathcal{V} x^{(c)} \in \mathbb{R}^n$；

(3) 计算分数向量（Score Vector），$z = \mathcal{U} v_c \in \mathbb{R}^{|V|}$；

(4) 利用 softmax 将分数向量转换成概率分布，$\hat{y} = \text{softmax}(z) \in \mathbb{R}^{|V|}$，其中 $\hat{y}_{c-m},\dots,$ $\hat{y}_{c-1}, \hat{y}_{c+1},\dots,\hat{y}_{c+m}$ 是每个上下文单词对应的概率；

(5) 通过学习训练，我们希望 $\hat{y}$ 和上下文的一位有效编码 $y^{c-m},\dots,y^{c-1},y^{c+1},\dots,y^{c+m}$ 越相似越好，也就是说我们希望上下文单词所对应的维度在 $\hat{y}$ 中能最大化。

图 5.2　SG 模型的结构示意图

与 CBOW 相同，我们使用交叉熵来计算损失函数：

$$L = -\sum_{i=0, i\neq m}^{2m} y_{c-m+i} \log \hat{y}_{c-m+i}$$
$$= -\log \prod_{i=0, i\neq m}^{2m} \hat{y}_{c-m+i}$$
$$= -\log \prod_{i=0, i\neq m}^{2m} P(w_{c-m+i}|v_c)$$

由此，我们也可以将 SG 的训练过程定义为最小化损失函数的优化问题，我们同样可以使用随机梯度下降法来更新 u_i 和 v_i。由于 SG 模型需要一次性预测多个上下文单词，我们首先假定上下文之间是互相独立的，即上下文的联合概率等于各个单词概率的乘积。

$$\text{minimize } L = -\log P(w_{c-m},\dots,w_{c-1},w_{c+1},\dots,w_{c+m}|w_c)$$
$$= -\log \prod_{i=0, i\neq m}^{2m} P(w_{c-m+i}|w_c)$$

$$= -\log \prod_{i=0, i \neq m}^{2m} \hat{y}_{c-m+i}$$

$$= -\log \prod_{i=0, i \neq m}^{2m} \text{softmax}(z)_{c-m+i}$$

$$= -\log \prod_{i=0, i \neq m}^{2m} \frac{e^{u_{c-m+i}^T v_c}}{\sum_{k=1}^{|V|} e^{u_k^T v_c}}$$

$$= -\sum_{i=0, i \neq m}^{2m} u_{c-m+i}^T v_c + 2m \log \sum_{k=1}^{|V|} e^{u_k^T v_c}$$

5.3.4 Hierarchical Softmax

前两个小节着重介绍了 CBOW 模型和 SG 模型下的 Word2Vec,二者都存在一个共同的缺陷,那就是在计算 softmax 的花费太昂贵。因为计算 softmax 分母的时候,需要遍历每个单词,所以计算复杂度是 $O(|V|)$。在大规模词库的情况下,CBOW 和 SG 会非常耗时,因此我们在这里介绍两种简化方法:Hierarchical Softmax 和 Negative Sampling 用于简化运算。在实际应用中,Hierarchical Softmax 对于低频词更加适用,而 Negative Sampling 更加适合高频词和较低维度的嵌入空间。首先,将会介绍 Hierarchical Softmax。

Hierarchical Softmax 利用一个二叉树(Binary Tree)来表示所有的单词,如图 5.3 所示,二叉树的每个叶节点(Leaf Node)代表一个单词,因此二叉树的深度为 $O(\log(|V|))$。每个叶节点和根节点(Root Node)之间都有且唯一的路径,在这个方法中,单词 w 的对于 w_i 的条件概率 $P(w|w_i)$ 等于从根节点随机游走(Random Walk)到 w 对应叶节点的概率。图 5.3 中标黑的是单词 w_2 到根节点的路径,我们将路径长度用 L 表示,该路径长度为 $L(w_2) = 4$。我们用 $n(w, i)$ 表示路径中第 i 个中间节点,并用 $v_{n(w,i)}$ 表示该节点的向量。其中 $n(w, 1)$ 即为根节点,$n(w, L(w))$ 为 w 的父节点。$ch(w)$ 表示选择子节点的方式,我们可以任意指定一个选择子节点方式,比如每次都选择左子点。由此,我们可以得到条件概率:

$$P(w|w_i) = \prod_{i=1}^{L(w)-1} \sigma([n(w, i+1) = ch((n(w, i))] \cdot v_{n(w,i)}^T v_{w_i})$$

其中,

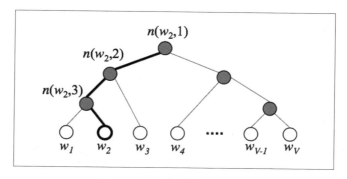

图 5.3　二叉树结构示意图

$$[x] = \begin{cases} 1 & \text{if } x \text{ is true} \\ -1 & \text{otherwise} \end{cases}$$

假定 $ch(w)$ 每次都选择左子点，那么如果路径左走则 $[n(w, i+1) = ch((n(w, i))]$ 为 1，如果右走则为-1。$[n(w, i+1) = ch((n(w, i))]$ 保证了 $P(w|w_i)$ 的归一性，因为路径中无论 $v_{n(w,i)}^T v_{w_i}$ 为何值，选择左子点或者右子点的概率加和均等于 1：

$$\sigma(v_{n(w,i)}^T v_{w_i}) + \sigma(-v_{n(w,i)}^T v_{w_i}) = 1$$

利用数学归纳法可以证明 $\sum_{w=1}^{|V|} p(w|w_i) = 1$，具体的证明时可以先证明二叉树只有一层子节点（即没有中间节点）的情况，然后逐步归纳，推出当二叉树有 n 层中间节点的情况，即证明完毕。

在图5.3中抵达 w_2 需要两次左走、一次右走，因此

$$P(w_2|w_i) = P(n(w_2, 1), \text{left}) \cdot P(n(w_2, 2), \text{left}) \cdot P(n(w_2, 3), \text{right})$$
$$= \sigma(v_{n(w_2,1)}^T v_{w_i}) \cdot \sigma(v_{n(w_2,2)}^T v_{w_i}) \cdot \sigma(-v_{n(w_2,3)}^T v_{w_i})$$

在 Hierarchical Softmax 中，在最小化 $-\log P(w_2|w_i)$ 时，只需要更新从根节点到 w_2 路径上经过的节点所对应的向量 $v_{n(w,i)}$，不需要遍历所有的节点，因此计算效率得到了提高。实际应用中，Hierarchical Softmax 的计算速度也取决于二叉树的构造，例如如果使用二叉哈夫曼树（Binary Huffman Tree），高频词汇的路径就会相对较短。

5.3.5 Negative Sampling

前面介绍了 Hierarchical Softmax，本节会着重介绍另一种方法——Negative Sampling。其实，这个模型的原理非简单，在介绍 CBOW 模型时，提到过 Word2Vec 的本质就是匹配上下文和目标单词。但是计算 softmax 时却不得不遍历所有词汇表单词，因此最直接的解决办法就是只更新正样本（Positive Sample）和少量的负样本（Negative Sample）。构造负样本的方式非常简单，随机生成语句往往都是不可读的负样本，因此可以根据词频分布 $P_n(w)$ 随机取样。

我们用 (w,c) 表示单词和上下文，用 $P(D=1|w,c)$ 表示 (w,c) 来此真实数据集（正样本）的概率，用 $P(D=0|w,c)$ 表示 (w,c) 不是真实存在（负样本）的概率，用 $\mathcal{D}$ 表示正样本集合，用 $\widetilde{\mathcal{D}}$ 表示负样本集合。$P(D=1|w,c)$ 可以用 Sigmoid 函数写作

$$P(D=1|w,c) = \sigma(u_w^T v_c) = \frac{1}{1+e^{-v_c^T v_w}}$$

我们需要选择一组最优的参数，使得正样本和负样本的概率均最大化：

$$\begin{aligned}
\theta &= \arg\max_\theta \prod_{(w,c)\in\mathcal{D}} P(D=1|w,c,\theta) \prod_{(w,c)\in\widetilde{\mathcal{D}}} P(D=0|w,c,\theta) \\
&= \arg\max_\theta \sum_{(w,c)\in\mathcal{D}} \log P(D=1|w,c,\theta) + \sum_{(w,c)\in\widetilde{\mathcal{D}}} \log(1-P(D=1|w,c,\theta)) \\
&= \arg\max_\theta \sum_{(w,c)\in\mathcal{D}} \log \sigma(u_w^T v_c) + \sum_{(w,c)\in\widetilde{\mathcal{D}}} \log \sigma(-u_w^T v_c) \\
&= \arg\min_\theta -\sum_{(w,c)\in\mathcal{D}} \log \sigma(u_w^T v_c) - \sum_{(w,c)\in\widetilde{\mathcal{D}}} \log \sigma(-u_w^T v_c)
\end{aligned}$$

在 SG 模型中，对于某个上下文中的单词 $c-m+i$，利用 Negative Sampling 后损失函数的变化：

$$\text{原 SG 模型损失函数} -u_{c-m+i}^T v_c + \log \sum_{k=1}^{|V|} e^{u_k^T v_c}$$

$$\text{新 SG 模型损失函数} -\log \sigma(u_{c-m+i}^T v_c) - \sum_{k=1}^{K} \log \sigma(-\widetilde{u}_k^T v_c)$$

而 CBOW 模型的损失函数则变化为：

$$原\text{ CBOW 模型损失函数} - u_c^T \hat{v} + \log \sum_{k=1}^{|V|} e^{u_k^T \hat{v}}$$

$$新\text{ CBOW 模型损失函数} - \log \sigma(u_c^T \hat{v}) - \sum_{k=1}^{K} \log \sigma(-\widetilde{u}_k^T \hat{v})$$

其中 K 可以远小于 $|V|$，$\{\widetilde{u}_k | k = 1, 2, ..., K\}$ 为根据概率分布 $P_n(w)$ 进行采样的结果。对于 $P_n(w)$ 的选择，有很多种不同方法，最简单的就是随机选取（Random Selection）。谷歌给出的解决方案是，用一个变形的概率分布方程取样，如下公式所示。其中，$f(w_j)$ 代表词出现的频率，如果词出现的频率越高，那么被选择作为 Negative Sample 的概率也就越大。在词频率上加衰减因数（Decay Factor）$\frac{3}{4}$ 可以提高低频词被采样的概率。

$$P_n(w) = \frac{f(w_i)^{3/4}}{\sum_{j=1}^{n} f(w_j)^{3/4}}$$

5.4 实现 Word2Vec

5.4.1 简介

本节将会着重介绍如何用 TensorLayer 实现 Word2Vec。根据之前讲过的那些模型和 Sampling 方法，一个 Word2Vec 是由 CBOW 和 SG 之一加上 Hierarchical Softmax 和 Negative Sampling 之一组成的。如果自由组合的话，将会产生 4 种 Word2Vec 的模型，但是在这里实现的是 Skip Gram 加 Negative Sampling 的组合，其他情况可以留给读者自己去钻研和实现。然后，将会介绍如何用 t-SNE 可视化训练好的高维度词向量。

- 本节代码来自：https://github.com/zsdonghao/tensorlayer/blob/master/example/tutorial_Word2Vec_basic.py

5.4.2 实现

下面开始介绍如何实现 Skip Gram 加 Negative Sampling 组合的 Word2Vec 模型。首先，如以下代码所示，载入必要的库。

```
1  import collections, math, os, random, time
2  import numpy as np
3  from six.moves import xrange
4  import tensorflow as tf
5  import tensorlayer as tl
```

在完成载入库后，可以开始做第一步：下载数据，设置超参数（Hyperparameters）。如以下代码所示，在这里自动下载并导入 NLP 里比较经典的英文数据集 Matt Mahoney text8。这个数据集包含 17,005,207 个单词，它们以列表形式存在 `words` 里面。

```
1  words = tl.files.load_matt_mahoney_text8_dataset()
2  data_size = len(words)
3  print(data_size)
4  ... 17005207
5  print(words[0:10])
6  ... ['anarchism', 'originated', 'as', 'a', 'term', 'of', 'abuse', 'first', 'used', 'against']
```

然后设置训练模式，在训练模式里设置了 `vocabulary_size`（就是训练词库单词的数量，即输入层或者输出层的单元数）；`batch_size`（每轮输入训练数据的数量，这个和之前的章节无异）；`embedding_size`（隐层的长度，即特征向量长度）；`num_sampled`（每取样多少 Negative Sample）；`learning_rate`（模型学习的速率）；`n_epoch`（一共训练多少个 Epoch）；`model_file_name`（模型的名字）。然后，根据 `batch_size` 和 `n_epoch` 计算出一个 Epoch 需要训练多少次 `num_steps`（训练轮数）。

与 Skip Gram 相关的参数方面，`skip_window` 表示对一个单词左右各看多远的距离，与之相关的 `num_skips` 表示对一个单词一共取多少个相邻单词，它们之间往往是两倍关系，下面将通过具体例子进一步讲解。

```
1  # 词汇表不存在的单词用_UNK表示
2  _UNK = "_UNK"
3
4  # 词汇表大小、特征向量长度、批大小
5  vocabulary_size = 50000
```

```
6   batch_size = 128
7   embedding_size = 128
8
9   # Skip Gram的参数
10  skip_window = 1
11  num_skips = 2
12
13  # Negative Sampling的词数量
14  num_sampled = 64
15
16  # 学习率与总Epoch数
17  learning_rate = 1.0
18  n_epoch = 20
19
20  # 保存模型名字
21  model_file_name = "model_Word2Vec_50k_128"
22
23  # 一个Epoch需要训练的次数
24  num_steps = int((data_size/batch_size) * n_epoch)
```

现在进入第二步,如何从大规模的数据库中筛选出单词组成适合的词库。由于之前说过词库大小是 50,000,而数据集的单词总数量是 253,854,而大部分单词在整个数据集中只会出现几次,必须用筛选把出现概率小的单词全部用_UNK 代替,只保留最主要的 50,000 个单词。最后把单词用整数代替(序列化)。

可以如下所示,直接使用 tl.nlp.build_words_dataset 完成这些工作。

其中,输出中的 data 是对 words 序列化后的数据集。count 由两部分组成:单词本身和单词出现的次数。dictionary 就是单词到整数 ID 的字典,其中 key 是单词字符串,value 是单词所对应的编号,可用来把单词映射到整数 ID,以输入神经网络中。与之相反的是 reverse_dictionary,它是由整数 ID 映射到单词字符串的字典。需要注意的是,词库里的单词的编号是按照每个单词出现的频率由大到小进行排列的,并且把词库中出现频率非常低的词都用字符串_UNK 来代替了。注意,TensorLayer 提供了多种简历词汇表的方法,请见第 9 章高级使用技巧。

```
1   data, count, dictionary, reverse_dictionary = \
2           tl.nlp.build_words_dataset(words, vocabulary_size, True, _UNK)
3
4   print('Most 5 common words (+UNK)', count[:5])
```

```
5  ... [['_UNK', 418391], ('the', 1061396), ('of', 593677), ('and', 416629), ('
   one', 411764)]
6
7  print('Sample data', data[:10], [reverse_dictionary[i] for i in data[:10]])
8  ... [5241, 3084, 12, 6, 195, 2, 3137, 46, 59, 156]
9  ... ['anarchism', 'originated', 'as', 'a', 'term', 'of', 'abuse', 'first', '
   used', 'against']
```

Skip Gram 的训练数据是如何迭代的呢？现在可以进入第三步，生成一个 `batch` 的数据。其实很简单，只需调用 `tl.nlp.generate_skip_gram_batch`。这个函数的输入是序列化后的训练集 `data`、`batch_size`、`num_skips` 和 `skip_window`。然后是一个全局变量 `data_index`，以代表上下文开始的位置，这个值将会被累加返回以供下一个迭代使用。这个函数的输出是：`batch`（对应模型输入），`labels`（对应输入期望的输出），`data_index`（全局累加值）。需要注意的是，这里的 `labels` 和 `batch` 都是用序列化后的编码来替代单词的。

使用 `['anarchism', 'originated', 'as', 'a', 'term', 'of', 'abuse', 'first', 'used', 'against']` 这句话做测试。若把 `num_skips` 设为 2, `skip_window` 设为 1，则一个单词只会看它周围的两个单词。

```
1  batch, labels, data_index = tl.nlp.generate_skip_gram_batch(data=data,
2                      batch_size=8, num_skips=2, skip_window=1, data_index=0)
```

因为 `batch` 和 `labels` 都是序列化的整数，所以使用 `reverse_dictionary` 把整数转换为单词字符串输出：

```
1  for i in range(8):
2      print(batch[i], reverse_dictionary[batch[i]],
3            '->', labels[i, 0], reverse_dictionary[labels[i, 0]])
4  3081 originated -> 5239 anarchism
5  3081 originated -> 12 as
6  12 as -> 6 a
7  12 as -> 3081 originated
8  6 a -> 195 term
9  6 a -> 12 as
10 195 term -> 6 a
11 195 term -> 2 of
```

同理，若 num_skips 为 4，skip_window 为 2，则一个单词会看它周围 4 个单词，即左右各 2 个。

```
1   batch, labels, data_index = tl.nlp.generate_skip_gram_batch(data=data,
2                   batch_size=8, num_skips=4, skip_window=2, data_index=0)
3
4   12 as -> 195 term
5   12 as -> 5239 anarchism
6   12 as -> 6 a
7   12 as -> 3081 originated
8   6 a -> 12 as
9   6 a -> 2 of
10  6 a -> 3081 originated
11  6 a -> 195 term
```

现在可以进入第四步，也是最关键的一步，建立模型。之前说过，建立的模型是 Skip Gram 结合 Negative Sampling 版本的，并且已经介绍过如何生成 Negative Sample 了，现在就要介绍如何建立 Skip Gram 模型。首先，要设立如何选取验证数据（Validation Set），也就是每过一段时间需要抽取一些单词对模型进行测试，可以简单地用 np.random.choice 随机抽取一些编号（单词），这样将会打印出与测试单词向量最相近的一些单词。

举个例子，在 0-100 中随机抽取 16 个编号作为测试单词。并且，设定每 2000 步训练，进行一次测试验证。建立模型时，要分别给输入的标签（label）和验证数据集设定 placeholder。设置这个的作用是可以在之后反复利用它们，由于验证数据集是固定的，所以在这里就设置为 constant（常数）。

```
1   valid_size = 16
2   valid_window = 100
3   valid_examples = np.random.choice(valid_window, valid_size, replace=False)
4   print_freq = 2000
5
6   train_inputs = tf.placeholder(tf.int32, shape=[batch_size])
7   train_labels = tf.placeholder(tf.int32, shape=[batch_size, 1])
8   valid_dataset = tf.constant(valid_examples, dtype=tf.int32)
```

接下来就是建立最主要的神经网络结构了，TensorLayer 在建立一些特定领域的模型上有得天独厚的优势，比原生的 TensorFlow 要便捷很多。只需要把 Word2VecEmbed dingInputlayer 填入相应的参数，建立一个对象即可，如以下代码所示。这里的 num_sampled 就是在使用 Negative Sampling 时，采样错误单词的个数。

```
emb_net = tl.layers.Word2VecEmbeddingInputlayer(
            inputs = train_inputs,
            train_labels = train_labels,
            vocabulary_size = vocabulary_size,
            embedding_size = embedding_size,
            num_sampled = num_sampled,
            name ='Word2Vec_layer')
```

接下来，也是最重要的一步，设置损失函数，在这里也很简单，只需要用对象直接调用就可以了，如 emb_net.nce_cost。然后，需要选择优化方式，在这里就用 AdagradOptimizer，也是输入相应的参数，并且直接选择 minimize 的函数，因为几乎所有的优化问题都可以转化为最小化问题（Minimization Problem），当然这里也不例外。

```
cost = emb_net.nce_cost
train_params = emb_net.all_params
train_op = tf.train.AdagradOptimizer(learning_rate
            ).minimize(cost, var_list=train_params)
```

接下来，可以用 tf.nn.embedding_lookup 取得每一个验证单词的词向量，再用 tf.matmul 计算每一个词向量和验证单词的相似度，越相似的两个向量相乘，得出来的值越大。

```
normalized_embeddings = emb_net.normalized_embeddings
valid_embed = tf.nn.embedding_lookup(normalized_embeddings, valid_dataset)
similarity = tf.matmul(valid_embed, normalized_embeddings, transpose_b=True)
```

在完成一系列准备工作后就可以开始训练模型了，这是第五步。首先，使用 tl.layers.initialize_global_variables(sess) 初始化所有模型中的变量。然后，选择查看所有参数和模型的每层信息，分别使用 emb_net.print_params() 和 emb_net.print_layers()。

```
# 参数初始化
tl.layers.initialize_global_variables(sess)

# 打印模型信息
emb_net.print_params()
```

```
6   emb_net.print_layers()
```

同样可以用 `tl.nlp.save_vocab` 来对词库进行保存，以便之后的再次使用或查看。

紧接着，进行训练的迭代，每个迭代都需要先用 `tl.nlp.generate_skip_gram_batch` 生成训练数据，然后用 `sess.run([train_op, cost], feed_dict=feed_dict)` 更新损失数值（Loss Value）。其中，feed_dict 指的就是完成计算这个损失函数所需要的输入。然后，每过多少次迭代，就需要进行一次验证，由于之前已经设置好了如何计算相似度的函数，因此这里只需直接调用 similarity.eval() 就可以了，其中 eval() 用来显示 TensorFlow 内部数据结构中的具体数据值。之后，选择在每一次验证中用一系列操作显示验证数据集中每个单词的相似单词。再下面的一个 if 是如何存储训练后的模型，以便之后导入再使用，或是继续用更多的数据进行训练。最后一个 if 是一个设定，作用是当训练到达最后一轮时，可以根据当前训练情况选择是否继续训练，这可以大大增加便利程度。训练的迭代过程到这里就介绍完了。

```
1   # 保存词汇表
2   tl.nlp.save_vocab(count, name='vocab_text8.txt')
3
4   # 开始训练
5   average_loss = 0
6   step = 0
7   print_freq = 2000
8
9   while (step < num_steps):
10      # 迭代训练一步
11      start_time = time.time()
12      batch_inputs, batch_labels, data_index = \
13                  tl.nlp.generate_skip_gram_batch(
14                  data=data, batch_size=batch_size, num_skips=num_skips,
15                  skip_window=skip_window, data_index=data_index)
16      feed_dict = {train_inputs : batch_inputs, train_labels : batch_labels}
17      _, loss_val = sess.run([train_op, cost], feed_dict=feed_dict)
18      average_loss += loss_val
19
20      # 每隔2000步，打印损失值
21      if step % print_freq == 0:
22          if step > 0:
23              average_loss /= print_freq
```

```
24          print("Average loss at step %d/%d. loss:%f took:%fs" %
25              (step, num_steps, average_loss, time.time() - start_time))
26          average_loss = 0
27
28      # 每隔10000步，打印与测试单词最相近的8个单词
29      if step % (print_freq * 5) == 0:
30          sim = similarity.eval()
31          for i in xrange(valid_size):
32              valid_word = reverse_dictionary[valid_examples[i]]
33              top_k = 8
34              nearest = (-sim[i, :]).argsort()[1:top_k+1]
35              log_str = "Nearest to %s:" % valid_word
36              for k in xrange(top_k):
37                  close_word = reverse_dictionary[nearest[k]]
38                  log_str = "%s %s," % (log_str, close_word)
39              print(log_str)
40
41      # 每隔40000步，保存模型和字典
42      if (step % (print_freq * 20) == 0) and (step != 0):
43          print("Save model, data and dictionaries" + "!"*10);
44          tl.files.save_npz(emb_net.all_params, name=model_file_name+'.npz')
45          tl.files.save_any_to_npy(save_dict={'data': data, 'count': count,
46              'dictionary': dictionary, 'reverse_dictionary':
47              reverse_dictionary}, name=model_file_name+'.npy')
48
49      step += 1
```

下面是训练过程中打印的测试单词信息，可以看到同类单词的特征向量很相似，比如与"five"最相近的单词都是数字。读者可以感受一下每一次迭代的过程和经过几轮迭代后模型的情况，可以通过测试数据的结果直观地得到，从而通过这些信息对模型的训练做一些调整。

```
Nearest to one: two, three, four, five, six, seven, eight, nine,
Nearest to five: four, six, seven, three, eight, nine, two, zero,
Nearest to they: we, he, you, she, there, it, these, i,
Nearest to during: after, throughout, in, despite, before, through,
when, at,
```

```
Nearest to called: termed, named, titled, referred, labelled, dubbed,
entitled, defined,
Nearest to to: in, towards, with, for, should, and, would, through,
Nearest to have: had, has, require, are, were, contain, possess, seem,
Nearest to were: are, was, have, had, became, although, been, be,
Nearest to his: her, their, my, its, the, your, our, whose,
Nearest to two: three, four, six, five, eight, one, seven, nine,
Nearest to if: when, unless, whenever, though, since, suppose, where,
although,
Nearest to up: out, off, down, ups, back, together, them, him,
Nearest to however: but, although, furthermore, additionally,
nevertheless, moreover, though, unfortunately,
Nearest to four: five, six, three, seven, eight, two, nine, zero,
Nearest to over: across, around, about, approximately, throughout,
nearly, within, off,
Nearest to often: sometimes, usually, frequently, generally,
typically, commonly, traditionally, rarely,
```

训练完之后，得到了相应单词的词向量，现在就来介绍如何在二维上可视化这些高维度的词向量，以便于观察它们之间的关系，比如相似度。首先可以用 `final_embeddings = sess.run(normalized_embeddings)` 获取最后的词向量的表达，之后可以直接用 `tl.visualize.tsne_embedding` 进行可视化，这个方程会自动生成一个词向量之间的关系图，如图5.4所示。这里所用到的技术叫作 t-SNE，是一种把一堆高维度向量转化为低维度可视的技术。此处，我们利用这种技术把 128 维的词向量进行降低到二维并且尽可能地保留信息，从而清晰地绘制出每个向量之间的关系或者说是相似度，即两个词向量之间的夹角越小，这两个单词的语义就越接近。其他的可视化方法之前介绍过，就是第 3 章介绍的自编码器（AE）。

```
1  final_embeddings = sess.run(normalized_embeddings)
2  tl.visualize.tsne_embedding(final_embeddings, reverse_dictionary,
3      plot_only=500, second=5, saveable=False, name='Word2Vec_basic')
```

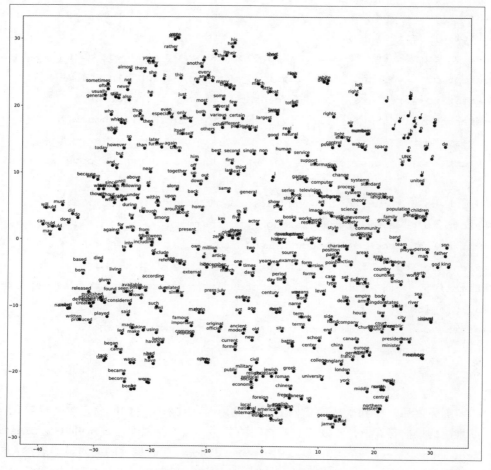

图 5.4　t-SNE 显示词向量之间的关系图

5.5　重载预训练矩阵

训练好词向量矩阵后，可以把它用到具体的 NLP 应用中。现在介绍如何重新载入之前所训练完的矩阵。整个过程可以分为两个步骤：第一个步骤是载入之前的模型，第二个步骤是进行测试。首先，介绍第一个步骤是如何实现的。我们必须像之前一样，把一些参数如 `vocabulary_size`、`embedding_size`、`model_file_name` 设置完整，并且和之前一样。

之后，可以用 `tl.files.load_npy_to_any` 把训练后的数据库文档导入进来，这样就可以顺利获取 `data`, `dictionary` 和 `reverse_dictionary` 了。这些是模型的重

要部分，需要用这些字典实现单词字符串和序列号整数之间的转换。接着，可以用 tl.files.load_npz 直接导入之前用 tf.files.save_npz 保存的模型参数，把这些参数分配到一个变量上。随后，使用 EmbeddingInputlayer 代替之前的 Word2VecEmbeddingInputlayer。在初始化所有变量之后，用 tl.files.assign_params 导入之前训练的模型参数即可。这样一来，就成功恢复了之前的模型。注意，TensorLayer 提供多种模型保存和重新加载的方法，请见 tl.files 工具箱。

- 本章节代码来自：https://github.com/zsdonghao/tensorlayer/blob/master/example/tutorial_generate_text.py，该来源还包含使用初始化的单词生成句子的例子。

```
1   vocabulary_size = 50000
2   embedding_size = 128
3   model_file_name = "model_Word2Vec_50k_128"
4
5   # 加载预训练词向量矩阵和词汇表等信息
6   all_var = tl.files.load_npy_to_any(name=model_file_name+'.npy')
7   data = all_var['data']
8   count = all_var['count']
9   dictionary = all_var['dictionary']
10  reverse_dictionary = all_var['reverse_dictionary']
11
12  # 定义词向量矩阵
13  x = tf.placeholder(tf.int32, shape=[None])
14  y_ = tf.placeholder(tf.int32, shape=[None, 1])
15
16  # 建立模型
17  emb_net = tl.layers.EmbeddingInputlayer(
18                      inputs = x,
19                      vocabulary_size = vocabulary_size,
20                      embedding_size = embedding_size,
21                      name ='embedding_layer')
22
23  # 初始化参数
24  tl.layers.initialize_global_variables(sess)
25
26  # 加载模型参数
27  load_params = tl.files.load_npz(name=model_file_name+'.npz')
28
```

```
29  # 把参数载入模型
30  tl.files.assign_params(sess, [load_params[0]], emb_net)
```

恢复完模型后,所要做的就是了解如何测试或利用训练完的模型。首先,先确立一个单词,一般情况下如果训练的是英语单词,则需要输入 utf-8 格式,然后再利用词库寻找这个单词相对应的编号。这里,TensorLayer 也提供了处理大量输入单词的方程,`tl.nlp.words_to_word_ids` 和 `tl.nlp.word_ids_to_words`。其中,`tl.nlp.words_to_word_ids` 是将一个链表(List)的单词转化成它们所对应的编号,而 `tl.nlp.word_ids_to_words` 是将一个链表的单词编号转化成它们相对应的单词。接下来,只要用 run() 驱动 `emb_net.outputs` 就可以得到词向量了。其中,如果 `feed_dict` 里是一个单词的编号,那么输出的将会是一个词向量,类似的,如果 `feed_dict` 里是一个 list 的多个单词的编号,那么输出的将会是多个词向量。到这里就介绍完了如何数学建模、用程序实现模型和如何利用训练完的模型,这是机器学习中的基本学习循环,希望读者能够熟悉和掌握在这个章节中学到的所有知识,最重要的就是机器学习的方法,更多的文本处理 API,请见"高级使用技巧"一章。

```
1   word = b'hello'
2   word_id = dictionary[word]
3   print('word_id:', word_id)
4
5   # 把单词字符串专为序列号ID
6   words = [b'i', b'am', b'tensor', b'layer']
7   word_ids = tl.nlp.words_to_word_ids(words, dictionary, "_UNK")
8   context = tl.nlp.word_ids_to_words(word_ids, reverse_dictionary)
9   print('word_ids:', word_ids)
10  print('context:', context)
11
12  # 获取hello对应的词向量
13  vector = sess.run(emb_net.outputs, feed_dict={x : [word_id]})
14  print('vector:', vector.shape)
15
16  # 获取若干个单词的词向量
17  vectors = sess.run(emb_net.outputs, feed_dict={x : word_ids})
18  print('vectors:', vectors.shape)
```

6

递归神经网络

在前面几章中，我们提到了现在机器学习所使用的一些的常用模型，如 MLP 和 CNN，尽管我们见识到了它们的许多功能，但它们并不是完美的。最大的弱点就是它们没有记忆，只有静态的输入和输出关系。在本章中，我们将接触到另外一种主流网络类型：递归神经网络（Recurrent Neural Networks，RNNs）。RNNs 在很多方面比 MLP 和 CNN 更加适合解决在现实中的建模任务，更确切地说，RNNs 更适合对于动态系统（Dynamical Systems）的建模。现实生活中的很多问题都是以 Dynamical Systems 的方式呈现的，因为很多东西的现状往往依托于它之前的状态，比如天气。而 MLP 和 CNN 在学习这一特性的时候有很大的局限性。在知道为什么需要 RNNs 之后，我们将会仔细地来了解各种不同形态的 RNNs 和它们的使用，我们会仔细地看一种比较流行和有效的 RNNs：Long Short Term Momory, LSTM。最后我们把理论放到实践中来，用 TensorLayer 生成句子的例子来结束整个章节。在阅读本章之前，读者最好已经对 MLP 和 CNN 有一定了解，并且对第 2 章的内容大多掌握。

6.1 为什么需要它

MLP 和 CNN 又被称为前推神经网络（Feedforward Neural Networks，FNNs），因为它们的输入是一层一层地递推向前，这种单方向的信息递推直到输出层，给予了它们 FNNs 的名字。FNNs 在经过激活函数，然后加入非线性特征以后，拥有了能够学习任何复杂函数的能力，而且也和常规的神经网络一样是图灵完全的（Turing Complete），也就是说，可以模拟一个图灵机。现代社会大家所使用的计算机，都可以被图灵机构造出来，并且大家手中所用的Java、C++、Scala这些编程语言也都是图灵完全的，也就是说，它们之间可以做的事情的基本原理都是一样的，只不过用不同的方法而已。有兴趣的同学可以读下计算复杂性论的一些文献比如[1]。

即便有了近似所有（Universal Approximation Theorem）的能力，但是FNNs所能做的还是被它们固定大小的输入及输出这样一个结构所限制了。FNNs在训练和使用的时候，都是用一样的输入大小和一样的输出大小，这种静态的输入输出关系，让FNNs在很多时候使用起来都会困难重重。现在就来看一个例子：对一个句子进行翻译的时候，"The boy whose name is Jack, likes Lucy."正确的翻译应该是"那个喜欢露西的男孩叫杰克。"如果用FNNs来进行翻译，就会把单词一个一个地放到网络里，往往会得到这样一个翻译，"那个男孩谁的名字叫杰克喜欢露西。"这样的翻译不仅粗糙而且不地道。因为FNNs很难储存记忆，如果真正想做完翻译的话，应该把整个句子读完，然后把喜欢露西这个段落提前，把名字的段落放后，最后翻译为，"那个叫杰克的男孩喜欢露西。"FNNs做翻译时，每一个词的翻译和其他词之间并没有联系，所以就造成了每一个词或者短语的翻译是正确的，但整个句子的翻译读起来却不那么顺口。

当然，也并不是说FNNs就不能学习记忆或者是模拟时间。FNNs可以将一段很长的输入分成很多个小的同等长度的时间窗口，这样FNNs就可以知道在每一个时间窗口的相关内容，从而得到我们所谓的短暂记忆。比如说，在上一个段落看到的翻译的句子，与其一个单词一个单词地输入到网络里去，可以变成接邻两个单词，或者接邻三个单词来一起作为输入来制造短暂记忆。所以这个句子翻译时的输入会变成，"The boy whose"；"boy whose name"；"whose name is"这样做的优势是，网络现在就有了一个词的周围信息，从而能够输入在一个语境里更合理的翻译，然而这样做的局限性是，我们的神经网络无法知道这个时间窗口之外的任何信息。比如在对"The boy whose"这个短语进行翻译时，我们不知道这个短语之后，"whose"之后的信息，而在翻译时"whose"之后的信息需要在译句中出现在男孩之前，所以我们根据"The boy whose"就只能翻译为"那个男孩谁的。"在知道"whose"后面出现的是"name is jack"以后，我们也只能把这个短语翻译为，"那个男孩谁的名字是杰克，"而不是"那个叫杰克的男孩。"

接下来看几种不同的输入输出关系的例子来进一步了解为什么我们需要递归神经网络。如图6.1所示，每一个图形（长方形，圆形或方块）都是一个向量，每一个箭头都是一个方程（神经网络）。方块是输入，长方形是输出，圆形是RNNs的每一个时间点的状态。从左到右的介绍是：

---

[1] Siegelmann Hava T. "Computation beyond the Turing limit." Neural Networks and Analog Computation (1997): 153-164.

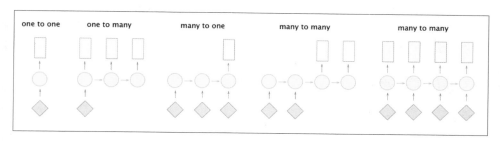

图 6.1　MLP 与各类 RNNs

（1）一对一模型（One to One）：就是普通的 FNNs，没有 RNNs 的参与。

（2）一个输入对很多个输出（One to Many）：比如说输入一张图片，然后输出这张图片的描述（Image Captioning）。

（3）多对一模型（Many to One）：比如说情感分析，对于一段话，想要判断这段话是令人开心还是忧虑的，只有在输入完整个句子后才能输入答案。

（4）多对多模型（Many to Many）：这种多对多模型也称为 Seq2Seq，在翻译里会经常使用，如输入完整的一句英文后输出一句完整的中文。

（5）最后一种是输入和输出共同进退的模型（Many to Many，Simultaneously）：比如在医疗运用里对一个癫痫并发症的预测，就要在每时每刻的脑信号输入之后，同时对并发症的来临的判断。

RNNs 就是为了解决这些 FNNs 不能处理序列信息的瓶颈而出现的。RNNs 的输入和输出形式更加的灵活多变，并且每一个时间点的网络活动也都基于之前时间点的网络活动，也从而构成了我们所谓记忆的模拟。

细心的读者会想到 RNNs 可能只能处理序列样的输入和输出，而并不能处理一般一对一的输入输出关系。事实是，RNNs 依然可以做到用序列输入去处理非序列的问题。两个好的例子来自于 DeepMind 公司的两篇不同的论文当中，可以让 RNN 从左到右来读取一个照片上的数字[1]，可以让 RNN 序列式地一步步加颜色到图画上，模拟"画画行为"[2]。

在下一小节，我们将具体介绍不同的 RNNs 是怎么构成的，以及这些 RNNs 的特性以及运用。

---

[1] Ba Jimmy, Volodymyr Mnih, and Koray Kavukcuoglu. "Multiple object recognition with visual attention." arXiv preprint arXiv:1412.7755 (2014).

[2] Gregor Karol, et al. "DRAW: A recurrent neural network for image generation." arXiv preprint arXiv:1502.04623 (2015).

6.2 不同的 RNNs

6.2.1 简单递归网络

图6.2中是一个简单递归网络（Simple Recurrent Networks，SRNs），称为 Elman 网络[1]，一共包含三层：输入（Input）、隐藏（Hidden）以及输出层（Output）。这里的 Context Units 是环境单元用来储存之前的隐藏层的值，和下一次的输入一起输入隐藏层。从隐藏层到环境单元的链接强度为一，用实线标记，表示直接复制，而其他用虚线标记的连结关系是需要通过学习来获得的。Elman 网络以及乔丹网络[2]拥有递归网络家族里两种最简单的形态，它们的结构非常简单，只有三层，在图 6.2 中已经描述出来。

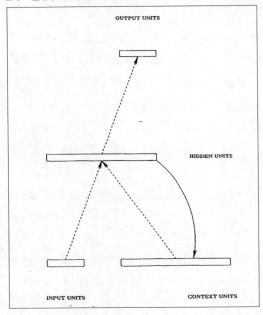

图 6.2 简单递归网络 (Elman network)

Elman 网络的递归方法如下。

假设：

- x_t：在 t 时间点的输入向量；
- h_t：在 t 时间点的隐藏向量；

---

[1] Elman Jeffrey L. "Finding structure in time." Cognitive science 14.2 (1990): 179-211.
[2] Jordan, Michael I. "Serial order: A parallel distributed processing approach." Advances in psychology 121 (1997): 471-495.

- y_t：在 t 时间点的输出向量；
- W、U 和 b: 参数矩阵；
- σ_h 和 σ_y: 激活函数。

所以我们就得到了：

$$h_t = \sigma_h(W_h x_t + U_h h_{t-1} + b_h)$$

$$y_t = \sigma_y(W_y h_t + b_y)$$

乔丹网络的更新方式与之很相像，除了在更新隐藏层时，乔丹网络之前的信息是从输出层来的而不是隐藏层。简单递归网络用多有的一层环境单元来储存之前的网络值，而这些值在更新时就先被运用来，所以能够让一个网络有记忆之前信息的能力。我们称 Elman 及乔丹网络为简单递归网络。

6.2.2 回音网络

在回音网络（Echo State Networks，ESNs）[1]中，我们有 K 个输入神经元，N 个内部神经，以及 L 个输入神经。如图6.3所示，实线代表两个层之间必须会连接，虚线则代表两个层之间可以选择连与不连。回音网络的特殊在于，它大大简化了 RNNs 的训练难度，但是又可以得到和其他 RNNs 一样的效果。ESNs 的输入先像 FNNs 一样一层一层地递推到输出，然后特别的是，ESNs 的内部神经元可以自己连给自己，最后把信号传播到输出层。ESNs 之所以很简单就能使用，是因为我们在把内部神经的状态在每一个时间点都收集好以后，在模型训练过程当中只需要做一个线性回归就可以获得不确定的参数。RNNs 还有很多其他种不同的结构，就不在这里一一列举了，维基百科（https:// en.wikipedia.org/wiki/Recurrent_neural_network）上有比较详细的介绍。在我们对 RNNs 有初步了解之后，在下一节，我们将具体来看一种现在很主流的网络结构，并且之后会把它给实现出来。

---

[1] Jaeger, Herbert. Tutorial on training recurrent neural networks, covering BPPT, RTRL, EKF and the "echo state network" approach. Vol. 5. GMD-Forschungszentrum Informationstechnik, 2002.

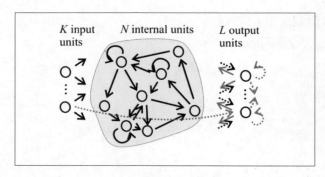

图 6.3　ESN 结构

6.3　长短期记忆

6.3.1　LSTM 概括

长短期记忆（Long Short Term Memory，LSTM）是 RNNs 的一种，最早由 Hochreiter 和 Schmidhuber（1997）[①]提出。LSTM 最显著的功能是在 NLP 里体现的，现在很多大公司的翻译和语音识别的技术核心都是以 LSTM 为主的。现在我们就来看看 LSTM 是怎么构成的。首先，一个普通的 RNN 里有三层，而这个结构在每一个时间点都不会变的：x_t 在第 t 个时间节点的输入，A 是神经网络，h_t 是在 t 个时间节点的输出。隐藏神经层除了要把信号给输送到输出层外，还得把自己和自己连上，从而帮助模拟记忆的结构，如图6.4所示。

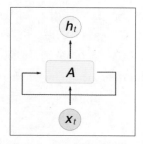

图 6.4　x_t 为在第 t 个时间点的输入，A 为内部神经层，并且其中的神经都自己相连，h_t 为在第 t 个时间的输出

其实一个普通的 RNN 和一般的神经网络区别不大，依然是从输入到输出，信号的值一层一层地往前推送。从另外一个角度看，一个 RNN 就是由不同神经点的普通网络组成，并且前一个和后一个时间点的网络是密切相关的。

[①] Hochreiter Sepp, and Jürgen Schmidhuber. "Long short-term memory." Neural computation 9.8 (1997): 1735-1780.

从图 6.5 也可以看见，一个 RNN 在展开表示之后，就是在时间上复用同一个网络。这样的结构就像是我们的序列数据一样在每一个时间点都会有所不同，但是又都被之前的的状态所影响着，这就是为什么 RNNs 很适合处理序列数据的原因之一。很多 RNNs 都建立这种网络结构之上，LSTM 也不例外。

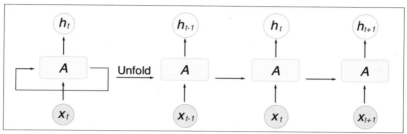

图 6.5　如果把 RNN 在不同时间点展开以后，就会有这样的网络火车

显然，如果每一个 RNNs 在每个时间点的状态都依靠于之前的记忆，那么 RNNs 就可以解决需要通过观测不同时间点输入才能解决的问题了。可是现实往往比我们想象的要复杂一些。下面用一个简单的例子进行说明。小明说，"我来自于中国，所以我是……"，在这个句子最后，大家第一个会想补充的词是"中国人"，因为在这个补充词四个字之前我们看到了中国，在这种情况下，我们只需记很相近的内容便能把这个相关词给找出来。

但是在有些情况下，就需要我们把更多更老旧的内容记忆下来，"我来自于中国，我去过英国、法国和美国旅游，所以的母语是……"，这个时候我们就要求网络能够记住句子最开头的"中国"，这样才能输出"中文"。再比如说自己在作一个讲座之前介绍了自己的名字，然后就再也没有提过，如果别人想要和你对话，叫你的名字，那这个人需要记忆的内容就和现在准备对话的时刻时间相隔会长很多。在对待这种长远的依赖关系的时候，RNNs 就会遇到很多麻烦。我们称这个问题为长期依赖问题（Long Term Dependencies）。还有一些其他关于 RNNs 学习的基础问题在 Bengio et al.（1994）[①] 当中有所提到。幸运的是，LSTMs 并不受这些问题所困扰，简单的 RNN 结构如图 6.6 所示。

图 6.6 是一个非常简单的 RNNs 例子，每一页的网络结构都一样，只需通过 Tanh 激活函数就可以得到输出，最后输出被输入到下一步中。最简单的 RNN 里有两个矩阵，公式表达如下：

$$h_t = tanh(h_{t-1} \times W_{hh} + x_t \times W_{xh})$$

其中 W_{hh} 是不同时间节点前一个节点到当前节点网络状态的 Weight 矩阵，W_{xh} 是输

[①] Bengio, Yoshua, Patrice Simard, and Paolo Frasconi. "Learning long-term dependencies with gradient descent is difficult." IEEE transactions on neural networks 5.2 (1994): 157-166.

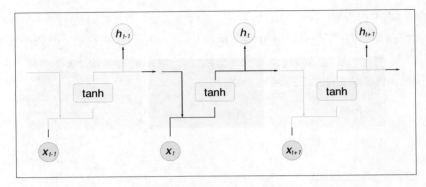

图 6.6　简单 RNN 的大结构，只包含一层 Tanh

入到网络的 Weight 矩阵。输出 h_t 后，我们还可以接上其他模型实现具体功能，比如接上全连接层来求出每个输出单词的概率，这里的 b_{hy} 是一个向量化的 Bias：

$$y_t = softmax(h_t \times W_{hy} + b_{hy})$$

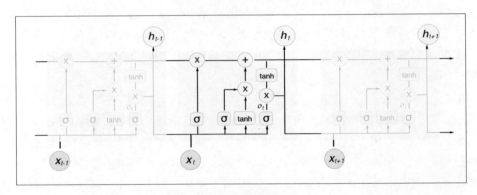

图 6.7　LSTM 的具体结构

相比普通的 RNN 而言，LSTM 的结构会复杂一些，在每一层都有不同的阀门来把不同的信号传出去。图 6.7 仔细描述了这些重复神经元到底是怎么组成的。可以看到在一个单独的神经元里面，其实是有四层网络，而不仅仅是一层（一层的网络就是如图 6.6 里所展示的基础的 RNN 结构）。在细致讲解每一层的更新方式之前，我们先来看看这个符号和图标的含义，如图6.8所示。

方块就是网络层，圆圈就是向量元素级的操作，单独的箭头是向量值的转移，两个箭头合并成一个代表的是向量的合并，单一箭头分岔代表的是对向量进行复制。图 6.9 展示了 LSTM 的核心通道，那就是在每一个时间点的信号同送的下一个阶段。每一个 C_t 就是一个时间点的状态，我们称之为元胞状态（Cell State）。Cell State 就在这种传送带一样的结构上，可以流动而且不断被更改，如图6.9所示。

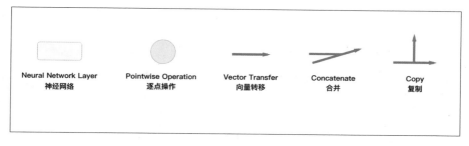

图 6.8　RNNs 的图列

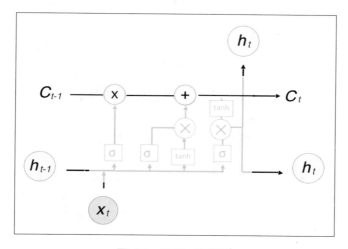

图 6.9　RNNs 的图列

其中我们可以看见有点乘符号（×）的时候，大家就要想到这些 Sigmoid（σ）函数可以起到闸门的作用：在点乘的时候，我们发现如果激活函数的的值约趋近于 1 的话，那么更多原来的信号就会往前传送，可是如果激活函数的值约趋近于 0 的话，那就没有信号会被向前传递。这种闸门在一个 LSTM 里面会存在三个，如图6.10所示。

6.3.2　LSTM 详解

我们现在来理解每一个 Sigmoid 闸门的作用，如图6.11所示：

$$f_t = \sigma([h_{t-1}, x_t] \times W_f + b_f)$$

刚才我们已经讲述了点乘（×）和 Sigmoid 作为闸门的作用，所以这里的第一个闸门就起着连接现在时间点和之前连接点的作用，也就是说，我们让多少上一次的输出

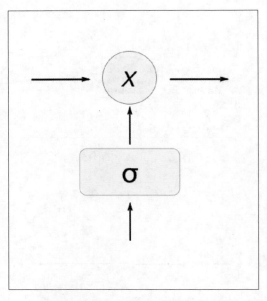

图 6.10 一个 Sigmoid 阀门

影响这一次的输出，所以我们称之为遗忘门（Forget Gate）。一个比较简单的例子就是，在做一个语言模型当中，现在的输入已经包含我们需要的信息了，所以之前相关的信息我们就不需要了。遗忘门的目的就是减少上一个元胞状态对下一个元胞状态的影响。比如说在天气预测的一个模型当中，在上一个时间节点，我们的元胞状态已经包含了月份的信息，而新的节点中，我们到了一个新的月份，所以我们就需要通过这个遗忘门来遗忘之前的月份信息。

$$i_t = \sigma([h_{t-1}, x_t] \times W_i + b_i)$$
$$\hat{C}_t = tanh([h_{t-1}, x_t] \times W_C + b_C)$$

下一步输入门（Input Gate），如图6.12所示，网络需要知道让输入里的什么新的信息留下并把新的信息加进元胞状态中。这里先使用 Tanh 提取出有效信息，然后再使用 Sigmoid 闸门来对信息进行筛选。这一步决定了元胞状态被更新的程度，$\hat{C}_t$ 是新进入到网络中的信息，i_t 就作为 $\hat{C}_t$ 影响到更新程度的标量。

$$C_t = f_t \times C_{t-1} + i_t \times \hat{C}_t$$

在经过遗忘门（Forget Gate）和输入门（Input Gate）后，我们要更新元胞状态了。如图6.13所示，这时只需要把要加入的值和已经被遗忘门清理过的向量相加，即可得到新的元胞状态向量了。

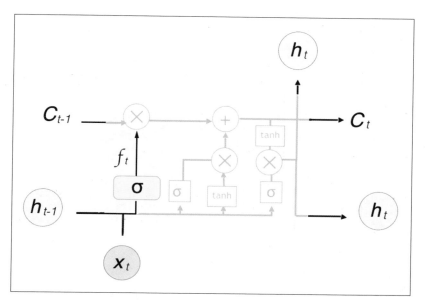

图 6.11　第一个闸门，遗忘门（Forget Gate）

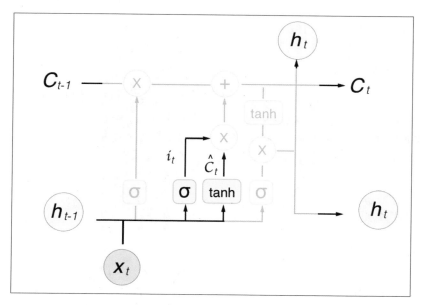

图 6.12　第二个闸门，输入门（Input Gate）

$$o_t = \sigma([h_{t-1,x_t}]W_o + b_o)$$

$$h_t = o_t * tanh(C_t)$$

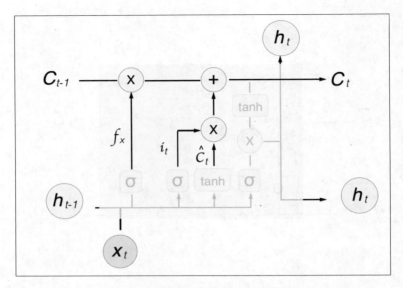

图 6.13　更新元胞状态（Cell State）

到最后一步，输出门（Output Gate），如图6.14所示，需要输出新的元胞状态到下一步，并计算新的隐状态（Hidden State）输出。注意，元胞状态和隐状态都会输入到下一个 LSTM 中，而隐状态会作为 LSTM 的输出，和普通 RNN 一样输出到其他网络中，如分类器的 Softmax 输出层。

有很多人会问，我们可不可以用其他激活函数来代替 Tanh 和 Sigmoid？我们可不可以使用现在在 MLP 中主流的 ReLU？答案是不可以的。因为一个闸门是用 0 代表关闭，1 代表打开，而其他激活函数不具备这种特征。而输入门是输入信息，所以使用输出为 (−1, 1) 的 Tanh 作为激活函数。

6.3.3　LSTM 变种

LSTM 是 1997 年发明的，到今天已经有大量变种，但实践证明它们的效果都差不多，所以现在学术届和工业界普遍还是使用最传统的 LSTM。另外新推出的 Gated Recurrent Unit（GRU）和 LSTM 效果类似，但它比 LSTM 节省计算量，所以用的人也越来越多。有人对 LSTM 的不同变种做了一个很完善的比较[①]，并且也总结到，没有一个变种在原本 LSTM 结构上有很大提升。不过 LSTM 也不是万能的，Jozefowicz 曾做

[①] Greff, Klaus, et al. "LSTM: A search space odyssey." IEEE transactions on neural networks and learning systems (2016).

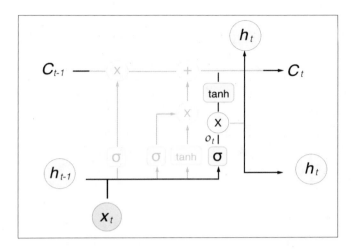

图 6.14 第三个闸门，输出门（Output Gate）

了一个多于一万个 RNNs 结构的比较[1]，发现一些 RNNs 结构在解决某一类问题上确实会比 LSTM 有更好的表现。

6.4 实现生成句子

在对 RNNs 和 LSTM 有一定了解之后，我们在本章中实现了对语言的建模，建模后的结果是：我们可以给网络输入句子开头的几个单词，然后让模型开始输出单词，把输出的单词作为模型的下一个输入，这样就可以实现生成句子的功能了。这个实现中，我们使用美国总统特朗普的演讲稿来对他语言进行建模，所以生成的句子将会带有非常强烈的特朗普风格。

- 本小节代码：https://github.com/zsdonghao/tensorlayer/blob/master/example/tutorial_generate_text.py
- 本小节使用的特朗普演讲数据：https://github.com/zsdonghao/tensorlayer/tree/-master/example/data/trump

---

[1] Jozefowicz, Rafal, Wojciech Zaremba, and Ilya Sutskever. "An empirical exploration of recurrent network architectures." Proceedings of the 32nd International Conference on Machine Learning (ICML-15). 2015.

6.4.1 模型简介

我们所训练的这个模型，是 6.1 节提到的 5 种网络形态的最后一种，输入及输出有多对多的关系（Many to Many），也把这个方式称为：Synced Sequence Input and Output。我们通过预测下一时间点的单词来让模型学会语言结构，比如：输入 "I love developing deep learning" 以预测 "love developing deep learning applications"。这里序列长度（Sequence Length）为 5，因为我们同时考虑 5 个单词来预测 5 个单词，如用 "a b c d" 来预测 "b c d e f"，或者说只用 5 个预测单词来求损失函数。

因为这是一个 NLP 的任务，所以自然而然在我们开始建模之前，需要对 Trump 的演讲进行一些预处理。这些预处可以在源代码 basic_clean_str 和 customized_clean_str 这两个方程里找到，主要目的就是为了让一些输入里的不规范的短语（或者是缩写）一致化从而提高模型质量，比如让 "they're" 变成 "they are" 或者是让 "easier=" 变成 "easier =" (更改后的 easier 和 = 中有一个空格）。

一个宏观的伪代码如下（引自 TensorFlow PTB 教程）：

```
1  lstm = tf.contrib.rnn.BasicLSTMCell(lstm_size)
2  # 初始化网络形态
3  state = tf.zeros([batch_size, lstm.state_size])
4  probabilities = []
5  loss = 0.0
6  for current_batch_of_words in words_in_dataset:
7      # 网络状态在每一个batch之后进行更新
8      output, state = lstm(current_batch_of_words, state)
9
10     # 网络输出可以用来预测下一次要出现的句子
11     logits = tf.matmul(output, softmax_w) + softmax_b
12     probabilities.append(tf.nn.softmax(logits))
13     loss += loss_function(probabilities, target_words)
```

现在开始讲我们的实现，首先定义模型参数和训练参数，定义保存的模型名字：

```
1  # 模型与训练参数
2  init_scale = 0.1
3  learning_rate = 1.0
4  max_grad_norm = 5
5  sequence_length = 20
6  hidden_size = 200
```

```
7   max_epoch = 4
8   max_max_epoch = 100
9   lr_decay = 0.9
10  batch_size = 20
11
12  # 采样输出参数
13  top_k_list = [1, 3, 5, 10]
14  print_length = 30
15
16  # 保存模型名字
17  model_file_name = "model_generate_text.npz"
```

在这个模型当中，一共有三层：

- 第一层：单词整数 ID 转换成词向量，为了简洁，这个例子里没有用预训练好的词嵌套层，读者可根据第 5 章的方法自行载入预训练词向量矩阵。
- 第二层：LSTM 层。
- 第三层：用 Softmax 函数的全连接层来输入概率。

```
1   input_data = tf.placeholder(tf.int32, [batch_size, sequence_length])
2   targets = tf.placeholder(tf.int32, [batch_size, sequence_length])
3   # 生成句子时（测试时）使用，序列长度为1，以逐一输入单词。
4   input_data_test = tf.placeholder(tf.int32, [1, 1])
5
6   # 网络定义
7   def inference(x, is_train , sequence_length, reuse=None):
8       # 如果reuse是True则用已声明的参数，具体请见第二章
9       rnn_init = tf.random_uniform_initializer(-init_scale, init_scale)
10      with tf.variable_scope("model", reuse=reuse):
11          tl.layers.set_name_reuse(reuse)
12          # 词嵌套层
13          network = EmbeddingInputlayer(
14                      inputs=x,
15                      vocabulary_size=vocab_size,
16                      embedding_size=hidden_size,
17                      E_init=rnn_init,
18                      name='embedding')
19          # LSTM层定义
```

```
20          network = RNNLayer(network,
21                      cell_fn=tf.contrib.rnn.BasicLSTMCell,
22                      cell_init_args={'forget_bias': 0.0, \
23                                      'state_is_tuple': True},
24                      n_hidden=hidden_size,
25                      initializer=rnn_init,
26                      n_steps=sequence_length,
27                      return_last=False,
28                      return_seq_2d=True,
29                      name='lstm1')
30          # 把LSTM单独返回，因为我们将会用到它的Cell state和Hidden state
31          lstm1 = network
32          # 输出每个单词的概率
33          network = DenseLayer(network,
34                      n_units=vocab_size,
35                      W_init=rnn_init,
36                      b_init=rnn_init,
37                      act = tf.identity, name='output')
38      return network, lstm1
39
40  # 训练时模型
41  network, lstm1 = inference(input_data, is_train =True,
42                      sequence_length=sequence_length, reuse=None)
43
44  # 生成句子时（测试时）使用，序列长度为1
45  network_test, lstm1_test = inference(input_data_test, is_train=False,
46                      sequence_length=1, reuse=True)
47
48  y_linear = network_test.outputs
49  y_soft = tf.nn.softmax(y_linear)
```

6.4.2 数据迭代

batch_size 主要作用为明确有多少个序列会被一起训练来加快训练速度。我们知道，每一次训练使用的样本是有限的，而就在这有限的样本里，如果把 batch_size 设为 1 的话，那么它们就会被一个一个的放入进网络中。也就是说，在我们序列长度之内所出现的关系，我们都有机会学习到。如果把 batch_size 设为 2，那么训练速度会被加快，但是每一个 batch 最多知道的记忆就只能是 batch_size 为 1 时的一半，这样就有一定的信息会流失，但我们所要注意的是，不是执行所有任务我们都要把一切发生的事情都记下来，比如说在接下来这个例子里，我们就不需要那么长的记忆。小明说，"今天是我上学最开心的一天，觉得生活十分美丽，因为学校里来了一个很漂亮的同学，然后老师把她安排成我的……"显而易见的是后面小明要说的是同桌。不过想要预测这个词并不需要我们把之前所有东西都记住，而只需要记住，"漂亮的同学"，以及之后的内容就可以了。所以在这种时候 batch_size 为 2 就不会对模型的结果有太大影响。

我们再来看一个具体的例子，比如说我们的训练集里有从 0 到 19 的 20 个数字，如果我们把 batch_size 设为 1，那就和一般的训练没有不同了，就是把数据一一的放到网络里。

```
1  input:  0 1 2 3 4 5 6 7 8 9 10 11 12 13 14 15 16 17 18
2  target: 1 2 3 4 5 6 7 8 9 10 11 12 13 14 15 16 17 18 19
```

如果我们把 batch_size 设为 2，那么每个回合都会有两个序列同时被训练，但是这两个子集的长度就会是原有长度的一半，所以数据集前后两部分的连接的信息就没有了。下面展示了当 batch_size 为 2，sequence_length 为 3 时，0 到 19 的 20 个数字的数据迭代。可以看到，整段数据在 10 的位置被分为两段了，第一次迭代是用 [0, 1, 2] 来预测 [1, 2, 3]，用 [10, 11, 12] 来预测 [11, 12, 13]。在我们的例子里，因为数据集足够长，即使数据被切分也不会有太大影响，所以我们把 batch_size 设为 20。

```
1  train_data = [i for i in range(20)]
2  for batch in tl.iterate.ptb_iterator(train_data, batch_size=2, num_steps=3):
3      x, y = batch
4      print(x, y)
5  # 第一次迭代出的数据
6  ... [[ 0  1  2]   <---x
7  ...  [10 11 12]]
8  ... [[ 1  2  3]   <---y
9  ...  [11 12 13]]
10
11 # 第二次迭代出的数据
12 ... [[ 3  4  5]   <--- x
13 ...  [13 14 15]]
14 ... [[ 4  5  6]   <--- y
```

```
15   ...  [14 15 16]]
16
17   # 第三次迭代出的数据
18   ... [[ 6  7  8]   <--- x
19   ...  [16 17 18]]
20   ... [[ 7  8  9]
21   ...  [17 18 19]]  <--- y
```

6.4.3 损失函数和更新公式

对于两个序列的损失函数，我们对每一个输出和标记一一求交叉熵，然后对一个 batch 的数据求平均。

```
1  def loss_fn(outputs, targets, batch_size, sequence_length):
2      loss = tf.contrib.legacy_seq2seq.sequence_loss_by_example(
3          [outputs],
4          [tf.reshape(targets, [-1])],
5          [tf.ones([batch_size * sequence_length])])
6      cost = tf.reduce_sum(loss) / batch_size
7      return cost
8
9  cost = loss_fn(network.outputs, targets, batch_size, sequence_length)
```

定义优化器时，我们使用最简单的固定学习率的随机梯度下降（Stochastic Gradient Descent，SGD），由于 LSTM 训练一次考虑多个输出，很容易由于损失值太大，产生非常大的梯度导致梯度爆炸（Exploding Gradient），所以这里使用一个称为截断反向传播（Truncated Backpropagation）的小技巧。当梯度大于给定的阀值 max_grad_norm 时，梯度将会被缩小，具体可参考 tf.clip_by_global_norm 这一 API。

```
1  # 定义学习率变量
2  with tf.variable_scope('learning_rate'):
3      lr = tf.Variable(0.0, trainable=False)
4
5  # 定义优化器
6  tvars = network.all_params
7  grads, _ = tf.clip_by_global_norm(tf.gradients(cost, tvars), max_grad_norm)
8  optimizer = tf.train.GradientDescentOptimizer(lr)
```

```
9    train_op = optimizer.apply_gradients(zip(grads, tvars))
10
11   # 初始化参数
12   tl.layers.initialize_global_variables(sess)
```

该模型一共训练 max_max_epoch 个 Epoch，在 max_epoch 个 Epoch 之后，把原来的学习率根据 lr_decay 来降低。最终的模型训练使用了 100 个 Epoch，前 4 个 Epoch 学习率为 1，之后每一个 Epoch 学习率降低为原来的 0.9。

非常重要的是，我们需要在每一个 Epoch 训练之前重置 LSTM 的元胞状态（Cell State）和隐状态（Hidden State），因为模型在开始读取文字时不应该有任何记忆与状态。另外，在每一个迭代时当前 LSTM 状态将会作为下一个 LSTM 状态的初始值，因为 LSTM 就是这样被设计的，才能拥有记忆。比如上面迭代例子中，递归完 "0 1 2" 后输入 "3 4 5"，我们需要记住之前输入过 "0 1 2"。

```
1    # 开始训练
2    for i in range(max_max_epoch):
3        # 降低学习率
4        new_lr_decay = lr_decay ** max(i - max_epoch, 0.0)
5        sess.run(tf.assign(lr, learning_rate * new_lr_decay))
6
7        # 打印每个Epoch的信息
8        print("Epoch: %d/%d Learning rate: %.8f" %
9              (i + 1, max_max_epoch, sess.run(lr)))
10
11       epoch_size = ((len(train_data) // batch_size) - 1)
12
13       start_time = time.time()
14       costs = 0.0; iters = 0
15
16       # 每个Epoch开始时，把Cell State和Hidden State都置零
17       state1 = tl.layers.initialize_rnn_state(lstm1.initial_state)
18       for step, (x, y) in enumerate(tl.iterate.ptb_iterator(train_data,
19                                     batch_size, sequence_length)):
20
21           # 每次更新后，把Cell State和Hidden State作为下一次更新的初始值
22           _cost, state1, _ = sess.run([cost,
23                                        lstm1.final_state,
```

```
24                              train_op],
25                              feed_dict={input_data: x, targets: y,
26                                  lstm1.initial_state: state1})
27          costs += _cost; iters += sequence_length
28
29          # 每隔一段时间,打印损失值
30          if step % (epoch_size // 10) == 1:
31              print("%.3f perplexity: %.3f speed: %.0f wps" %
32                  (step * 1.0 / epoch_size, np.exp(costs / iters),
33                  iters * batch_size / (time.time() - start_time)))
34
35      # 打印一个Epoch的损失值
36      train_perplexity = np.exp(costs / iters)
37      print("Epoch: %d/%d Train Perplexity: %.3f" %
38          (i + 1, max_max_epoch, train_perplexity))
```

6.4.4 生成句子及 Top K 采样

以上就是我们训练 LSTM 的主要步骤,在有了一个训练好的模型之后,我们就需要用它来进行预测了,在这一个阶段里,我们不需要考虑序列长度,所以我们将 `num_steps` 和 `batch_size` 设为1。这样我们就可以一步步来输出下一个单词,以输出句子。

生成句子时,我们先输入种子句子(Seed)以得到生成句子需要的初始化记忆:元胞状态和隐状态,所有对种子句子的记忆都在这些状态中。当输入种子句子最后一个单词时,我们得到所有单词的概率,我们在这个概率上选取 K 个概率最大的单词,再根据它们的概率来随机抽取一个词,这个操作称为 Top K 采样。得到这个单词后,我们把它作为网络的下一步输入,然后重复 Top K 采样得到下一个单词,依此类推,我们一共生成 30 个单词。

需要注意的是,当 K 为 1 时,生成的句子是唯一的,实际应用中我们为了输出的多样性不会把 K 设为 1,K 越大,多样性越高。

```
1   # 准备种子句子
2   seed = "it is a"
3   seed = nltk.tokenize.word_tokenize(seed)
4
5   for i in range(max_max_epoch):
```

```python
6      # 训练的代码
7      ...
8
9      # 使用不同的K值，来生成句子
10     for top_k in top_k_list:
11         # Cell state和Hidden state置零
12         state1 = tl.layers.initialize_rnn_state(lstm1_test.initial_state)
13
14         # 序列化种子句子
15         outs_id = [vocab.word_to_id(w) for w in seed]
16
17         # 把种子句子输入LSTM，以得到生成句子使用的元胞状态和隐藏状态
18         for ids in outs_id[:-1]:
19             a_id = np.asarray(ids).reshape(1,1)
20             state1 = sess.run([lstm1_test.final_state,],
21                               feed_dict={input_data_test: a_id,
22                                          lstm1_test.initial_state: state1,
23                                          })
24
25         # 输入种子句子最后一个单词，开始生成句子
26         a_id = outs_id[-1]
27         for _ in range(print_length):
28             a_id = np.asarray(a_id).reshape(1,1)
29             out, state1 = sess.run([y_soft,
30                                     lstm1_test.final_state],
31                                    feed_dict={input_data_test: a_id,
32                                               lstm1_test.initial_state: state1,
33                                               })
34             # Top K采样
35             a_id = tl.nlp.sample_top(out[0], top_k=top_k)
36             outs_id.append(a_id)
37
38         # 把生成的句子一字符串形式打印出来
39         sentence = [vocab.id_to_word(w) for w in outs_id]
40         sentence = " ".join(sentence)
41         print(top_k, ':', sentence)
```

我们的例子使用美国总统特朗普竞选演讲时的演讲来建模。首先来看原文的一小

段话：

1. Thank you for joining me today.
2. This was going to be a speech on Hillary Clinton and how bad a President,
3. especially in these times of Radical Islamic Terrorism, she would be.
4. Even her former Secret Service Agent, who has seen her under pressure and
5. in times of stress, has stated that she lacks the temperament and
6. integrity to be president.
7. There will be plenty of opportunity to discuss these important issues at a
8. later time, and I will deliver that speech soon.
9. But today there is only one thing to discuss: the growing threat of
10. terrorism inside of our borders

第一个 Epoch 结束时结果如下：

1. 1 : it is a long time , and we can not get the people to get the people ,
2. we can not get the people to get the people , we can not get
3. 3 : it is a disaster . i can not do that . i ' m not a politician . i ' m
4. going to bring jobs back and i will start bringing them back
5. 5 : it is a very important to them . if they say they are coming in ,
6. there are people that it will be dynamic . people and come back ,
7. companies like to
8. 10 : it is a much of dollars that we don not need the way for a " the way
9. is that . and i had done at the people , we need to stop

训练结束时，我们可以获得：

1. 1 : it is a disaster . i have to say this , we want to make america great
2. again . the fact that i am proud to announce these individuals that share
3. my vision
4. 3 : it is a horrible deal for the middle class day of israel . the
5. american people are great , but they are not necessarily coming on their
6. daily lives and have to pay
7. 5 : it is a disaster for the middle east , and they know the system is
8. falling apart . and the way you are not going to have him . when you are
9. the
10. 10 : it is a horrible deal with iran ' s nuclear national security , and
11. right . it has to stop . i am the only one who can make america great
12. again .

我们可以观察到训练结束时的结果会比训练刚开始时的结果好很多。第一个 Epoch 结束，我们可以发现明显的语法错误，句子内容也是逻辑不清，而最后得到的句子就会更像是特朗普会说的话了。

6.4.5 接下来还可以做什么

现在我们已经成功实现了一个同步输入和输出的模型（Synced Sequence Input and Output），另一个比较有用的延伸就是训练一个多对一的模型（Many to One），这样的多对一的模型有很多实际运用，比如说对一个句子的情感分析（Sentiment Analysis），在输入整个句子到网络里以后，最后网络输入判断这个句子是表现出了正面的情感还是负面的情感。多对一不仅还可以用来做句子填空的任务，这种输入输出关系也常常用于把句子编码（Encode）成一个特征向量，然后接入其他网络中做各类任务，参考本书第 12 章和第 14 章，TensorLayer 官网还提供了 Seq2Seq 的例子。

最后提的一点，我们可以把统一用词加入到模型中去从而继续提升模型质量，我们现在的词嵌矩阵是没有预训练的。而在很多应用中，我们已经有了很多的信息可以帮助我们。假如我们的一个模型学习了莎翁的《麦克白》，现在要学习《威尼斯商人》，这两个虽然是不同的剧，但都是一个作者写的，所以如果我们先有了一个词嵌矩阵，那么在训练的时候还是会有好处的。

7

深度增强学习

强化学习（Reinforcement Learning）是一个根据给定环境下的反馈做序列化决策，以获取最大化回报为目标的机器学习框架。深度强化学习（Deep Reinforcement Learning）是强化学习和深度学习的结合，它利用深度学习强大的特征提取能力，近年来在数据量、计算力和算法的快速发展下，取得了一系列里程碑式的人工智能成果。例如，谷歌旗下 Deepmind 公司利用深度强化学习开发了阿尔法围棋 AI[1]（AlphaGo，世界上第一个击败人类职业围棋选手和世界冠军的围棋 AI）、雅达利（Atari）游戏 AI[2]（只通过游戏画面和得分来进行学习的游戏 AI，在 23 种雅达利 2600 平台的游戏中击败了人类职业玩家），以及可微分神经计算机[3]（Differentiable Neural Computer，具有短时记忆和推理能力的架构，用来规划伦敦地铁线路等问题）等。

本章主要介绍深度强化学习相关的模型、算法和实现。具体内容安排如下：

- 7.1 节介绍强化学习的基本概念和模型；
- 7.2 节介绍主要的深度强化学习算法，并结合实例和相关的 TensorLayer 代码介绍深度强化学习的具体实现和应用。
- 本章乒乓球例子代码可在这里下载：https://github.com/zsdonghao/tensorlayer/blob/master/example/tutorial_atari_pong.py。

---

[1] Silver, D. et al. Mastering the game of Go with deep neural networks and tree search. Nature 529, 484–489 (2016)
[2] Mnih, V. et al. Human-level control through deep reinforcement learning. Nature 518, 529–533 (2015)
[3] Graves, A. et al. Hybrid computing using a neural network with dynamic external memory. Nature 538, 471–476 (2016)

7.1 强化学习

7.1.1 概述

强化学习是人工智能的一个通用框架。强化学习中的代理（Agent）通过动作（Action）的选择与环境（Environment）进行交互。这种交互的结果会更新代理及环境的状态（State）。交互结果的判定由一个客观的回报（Reward）标量衡量。举一个简单的例子，赛车游戏中，我们控制的汽车就是代理（Agent），控制汽车的动作就是（Action），游戏本身就是环境（Environment），游戏过程中汽车的位置方向及汽车观察到的环境都是状态（State），游戏的胜负就是回报（Reward）。

强化学习的目的是让代理选择动作使得未来长期的回报最大化。图7.1展示了强化学习中代理与环境的交互。具体地说，在时间点 t，代理接收状态 s_t，并做出动作 a_t；环境则接收动作 a_t，并产生状态 s_{t+1} 和回报 r_{t+1}。

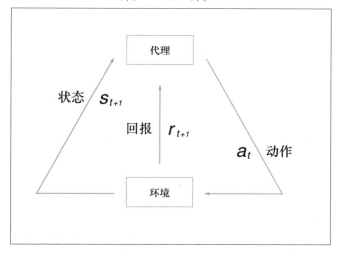

图 7.1　强化学习中代理与环境的交互

我们用 $\pi(a|s) = p(a = a_t|s = s_t)$ 以概率的形式来表达代理的策略（Policy）。策略是一个从状态到动作的映射概率，它定义了代理的行为：给定某个状态 s_t，代理根据策略从动作空间 $\mathbb{A}(s)$ 中选某个动作 a_t。另外，我们用折算累计回报（Discounted and Accumulated Reward）G_t 来表达前面提到的未来长期的回报：

$$G_t = \sum_{k=0}^{\infty} \gamma^k r_{t+k+1} \quad (7.1)$$

其中折算因子为 $\gamma \in \{0, 1\}$。γ 决定了 G_t 更偏重即时的回报（γ 值较小）或者长期的整体回报（γ 值较大）。比如说，我们玩一盘游戏只有最后一步才知道输赢，即最后一步动作的即时回报为 +1（对应赢得胜利）或者 -1（对应输掉游戏），其他时间点的动作的即时回报为 0。假如我们走了 5 步并且赢了，则每步的即时回报是 [0,0,0,0,1]。若 γ 为 1，则这盘游戏中每一步的 G_t 都为 1，即这一盘游戏里所有动作对最后赢的结果都是同样重要的；若 γ 为 0.9，则每一步的 G_t 为 [0.59,0.6561, 0.729, 0.81, 0.9,1]，即虽然这一盘游戏里所有动作都对最后赢的结果有帮助，但越接近结束时的动作越关键。

代理学习的目标即在给定状态 s 下，根据策略 π，选择执行动作 a，使得 G_t 的期望值最大。为此我们定义价值函数（Value Function）来表示这个期望值。几乎所有的强化学习方法都会涉及评估价值函数。价值函数有两种表达，分别是状态价值函数（State Value Function）和动作价值函数（Action Value Function）。

状态价值函数定义了在给定状态和策略下回报的期望值：

$$V^\pi(s) = \mathbb{E}_\pi[G_t|s = s_t] \quad （7.2）$$

而动作价值函数定义了在给定状态和策略下执行某个动作后的回报的期望值：

$$Q^\pi(s,a) = \mathbb{E}_\pi[G_t|s = s_t, a = a_t] \quad （7.3）$$

价值函数为代理定义了在某个策略下，给定的一个状态（或者状态和动作）有多大的价值。价值函数的一个基本性质是它们符合迭代的关系。例如，对于动作价值函数 $Q^\pi(s,a)$，它的贝尔曼方程（Bellman Equation）可以表征当前 t 时刻某个状态和动作的价值与其之后的 $t+1$ 时刻状态和动作的价值的关系：

$$Q^\pi(s,a) = \mathbb{E}_\pi[r_{t+1} + \gamma Q^\pi(s_{t+1}, a_{t+1})|s = s_t, a = a_t] \quad （7.4）$$

最优的价值函数就是对于所有可能的策略，价值函数可以取得的最大值：$V_*(s) = \max_\pi V^\pi(s)$，$Q_*(s,a) = \max_\pi Q^\pi(s,a)$。如果我们可以求得最优动作价值函数 $Q_*(s,a)$，那么就可以得到最优的策略（例如利用 ϵ-贪心算法），从而实现强化学习的目标。类似地，最优动作价值函数也可以被迭代地展开（也叫作贝尔曼最优方程）：

$$Q_*(s,a) = \mathbb{E}_{s_{t+1}}[r_{t+1} + \gamma \max_{a_{t+1}} Q_*(s_{t+1}, a_{t+1})|s = s_t, a = a_t] \quad （7.5）$$

这里我们用强化学习中经典的迷宫问题来说明以上基本概念。如图 7.3（a）所示，迷宫问题的过程是从入口进入迷宫并最终走到出口。每个时间点的回报值设定为 -1，即要求代理在尽可能短的时间里完成这个任务（最大化回报）。代理可以采取的四个动作分别是上、下、左、右。代理的状态是代理所在的位置。图 7.2（b）展示了一个策略的例子，即在每个位置（状态）代理采取箭头所指的方向（动作），也就是状态和动作的映射关系。图 7.2（c）展示了利用公式 7.1 和 7.2（γ 设为 1）计算出的每个状态的价值

（状态价值函数）。对于这个简单的迷宫问题，我们可以直接从出口处向前计算每个状态的最优价值。例如，距离出口最近的位置的价值是这个位置的即时回报-1，前一个位置为-2等等。根据这个最优状态价值函数，我们可以很容易地得到最优策略，例如在价值为-5的位置代理的最优策略是选择价值更大的上方的-4。

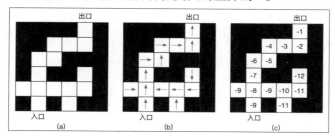

图 7.2　迷宫问题

有了以上基本概念后，我们接下来介绍在强化学习中最重要的几个方法。这些方法可以分为三个类别：基于价值的强化学习、基于策略的强化学习和基于模型的强化学习。

7.1.2　基于价值的强化学习

基于价值的强化学习直接寻求最优的价值函数。有很多强化学习的方法是基于价值的。为了更明确地区分这些方法，首先介绍几个概念。

- 基于模型（Model-Based）和无模型（Model-Free）：这里的模型是指与代理交互的环境的模型（例如，某个环境模型定义为给定一个当前状态生成新状态的概率分布，即状态转移概率 $p(s'|s) = p(s' = s_{t+1}|s = s_t)$）。根据问题和任务的不同，环境模型可能已知，也可能未知。

- 循策略（On-Policy）和离策略（Off-Policy）：循策略是指在寻找最优的价值函数过程中只使用当前的策略所生成样本。离策略则相反，是指在问题求解过程中可能使用其他策略产生的样本。循策略可以看成是离策略的特殊形式。

- 自举法（Bootstraping）：自举法这里是指评估当前时间点的价值函数是基于之后时间点的状态的评估，即当前的评估是基于对其未来的评估。自举法可能会导致系统的偏差（Bias）增大，并且结果的好坏对于学习到的评估函数有很大的依赖性，但同时会降低系统的方差（Variance）并且加速学习过程。图 7.3 展示了偏差与方差的区别。

动态规划（Dynamic Programming）是在给定环境模型的情况下最经典的基于价值的强化学习方法，具体方法包括策略迭代（Policy Iteration）和价值迭代（Value Iteration）

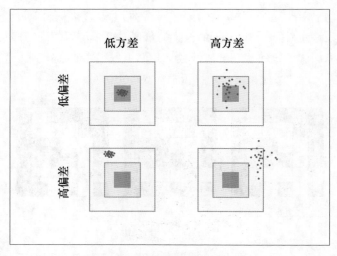

图 7.3　系统的偏差与方差

等。动态规划的思想是直接利用贝尔曼方程（如公式 7.4）或贝尔曼最优方程（如公式 7.5）更新价值，最后收敛的价值即为最优解。动态规划需要利用自举法。

蒙特卡洛法（Monte Carlo）是从有限步数的任务（Episodic Tasks）产生的样本中学习最优策略。有限步数是指任务有结束状态（如下棋或玩游戏），在这种情况下每一步的回报都可以被确定（根据结束状态的回报）。与有限步数的任务对应的是没有终止状态的无限步数的任务（Non-Terminated Task），比如控制机器人步行。蒙特卡洛法的思想是反复多次地执行任务，然后将得到的价值估计结果平均化，以接近真实的结果。与动态规划相比，蒙特卡洛法不需要知道环境模型，同时也不需要利用自举法。蒙特卡洛法可以利用循策略或离策略的不同变化。公式 7.6 展示了蒙特卡洛法更新价值函数（α 是更新步长系数），可以看到蒙特卡洛法利用了 G_t，即实际的长期回报。

$$V(s_t) \leftarrow V(s_t) + \alpha(G_t - V(s_t)) \quad (7.6)$$

蒙特卡洛法需要多次完成整个有限步数的任务来获取回报。不过在无限步数的任务中我们没办法求出 G_t，而且这在很多场景中因计算力的限制而很难完成或者过于耗时。时序差分法（Temporary Difference，TD）是另一类基于价值的方法。简单地说，这种方法利用了对未来价值的估计来更新价值函数（即利用自举法），而不需要完成整个有限步数的任务，如公式 7.7 所示。

$$V(s_t) \leftarrow V(s_t) + \alpha(r_{t+1} + \gamma V(s_{t+1}) - V(s_t)) \quad (7.7)$$

推导过程如下：

$$G_t = \sum_{k=0}^{\infty} \gamma^k r_{t+k+1} = r_{t+1} + \gamma r_{t+2} + \gamma^2 r_{t+3} + ... \gamma^{T-1} r_T = r_{t+1} + \gamma V(s_{t+1})$$

这里 $r_{t+1} + \gamma V(s_{t+1})$ 为时序差分目标（TD Target），$r_{t+1} + \gamma V(s_{t+1}) - V(s_t)$ 为时序差分误差（TD Error）。我们可以看到这里时序差分目标即是用贝尔曼方程的方法来估计价值的。注意时序差分法也是无模型的。与蒙特卡洛法相比，时序差分法的每一步都可以更新，所以速度快；不过由于使用的是估计价值的方法，因此准确度有偏差。

时序偏差法同样可以利用循策略或者离策略。利用循策略的方法叫作 Sarsa 算法。Sarsa 增加了利用了下一个时间点的动作来更新动作价值函数，如公式 7.8 所示。

$$Q(s_t, a_t) \leftarrow Q(s_t, a_t) + \alpha(r_{t+1} + \gamma Q(s_{t+1}, a_{t+1}) - Q(s_t, a_t)) \quad (7.8)$$

时序偏差法利用离策略的方法叫作 Q-Learning 算法。Q-Learning 和它的其他变化版本取得了很多重要的成果。Q-Learning 更新如公式 7.9 所示。

$$Q(s_t, a_t) \leftarrow Q(s_t, a_t) + \alpha(r_{t+1} + \gamma \max_a Q(s_{t+1}, a) - Q(s_t, a_t)) \quad (7.9)$$

这里 Q-Learning 学习到的动作价值函数直接近似最优动作价值函数，而独立于使用的策略。虽然使用的策略依然决定哪些状态和动作被用到或更新，但是最终动作价值函数的收敛只需要使得这些状态和动作持续更新，而不依赖具体使用的策略。Q-Learning 的算法如算法 7.1 所示。

算法 7.1：Q-Learning 算法

（1）任意初始化 $Q(s, a)$，$\forall s \in \mathbb{S}, a \in \mathbb{A}(s)$，$Q(s_{terminate}, \cdot) = 0$

（2）对每一次任务循环：

（3）　初始化 s

（4）　对每一步循环：

（5）　　用从 Q 中学习的策略根据 s_t 选择 a_t

（6）　　执行动作 a_t，得到 r_{t+1} 和 s_{t+1}

（7）　　根据公式 7.9 更新 Q

（8）　　$s_t \leftarrow s_{t+1}$

（9）　到最终状态 $s_{terminal}$

7.1.3 基于策略的强化学习

基于策略的强化学习直接学习最优策略，而不再从最优价值函数中隐性地获得最优策略（如已知价值函数后利用 ϵ-贪心算法的循策略）。这里使用的策略是参数化的：$\pi_\theta(s, a) = p(a = a_t | s = s_t, \theta = \theta_t)$，即代理在状态 s_t 且参数 $\theta = \theta_t$ 的情况下，在 t 时间采取 a_t 动作的概率。基于策略的方法的目标是寻找最优的参数 θ，因此这种方法属于最优化问题。这里我们介绍策略梯度法（Policy Gradient）。

我们用 $J(\theta)$ 来表示任意可导的策略目标函数。在有限步长的环境下（即 episodic 环境下）我们可以用初始价值来表示策略目标函数 $J(\theta) = V_{\pi_\theta}(s_1) = \mathbb{E}_{\pi_\theta}[v_1]$，即要求策略从头就是最好的。策略梯度法利用策略目标函数的梯度来更新参数，即寻找目标函数的最优值：

$$\theta = \theta + \alpha \nabla_\theta J(\theta) \quad (7.10)$$

$\nabla_\theta J(\theta)$ 即所谓的策略梯度，α 是更新参数的步长。$\nabla_\theta J(\theta)$ 可以进一步由策略梯度定理写成以下形式：

$$\nabla_\theta J(\theta) = \mathbb{E}_{\pi_\theta}[\nabla_\theta \log \pi_\theta(s, a) Q_{\pi_\theta}(s, a)] \quad (7.11)$$

策略梯度定理是函数梯度估计（Function Gradient Estimator）的特例，推导过程如下：

$$\begin{aligned}
\nabla_\theta \mathbb{E}_x[f(x)] &= \nabla_\theta \sum_x p_\theta(x) f(x) \\
&= \sum_x \nabla_\theta p_\theta(x) f(x) \\
&= \sum_x p_\theta(x) \frac{\nabla_\theta p_\theta(x)}{p_\theta(x)} f(x) \\
&= \sum_x p_\theta(x) \nabla_\theta \log p_\theta(x) f(x) \\
&= \mathbb{E}_x[f(x) \nabla_\theta \log p_\theta(x)]
\end{aligned}$$

公式 7.11 说明，策略梯度可以由策略的对数的梯度与在该策略下选取动作后的价值的乘积决定。$\nabla_\theta \log \pi_\theta(s, a)$ 决定参数 θ 的更新使得在未来出现的某个状态 s 下，选择某个动作 a 的概率变大；而 $Q_{\pi_\theta}(s, a)$ 决定了在某个状态 s 下选择某个动作 a 的价值。

这两项相乘的结果是参数 θ 的更新使得在未来的某个状态 s 下选取策略决定的动作 a 后得到的回报期望变大。

利用公式 7.11，并利用回报 v_t 作为 $Q_{\pi_\theta}(s,a)$ 在 t 时间的无偏差样本，基于蒙特卡洛的策略梯度 REINFORCE 算法如算法 7.2 所示。

算法 7.2：REINFORCE 算法

（1）初始化策略参数 θ，$\forall s \in \mathbb{S}, a \in \mathbb{A}(s), \theta \in \mathbb{R}^n$

（2）根据 $\pi_\theta(s,a)$ 生成一个有限步长的任务 $\{s_0, a_0, r_1, ..., s_{T-1}, a_{T-1}, r_T\}$

（3）对每一步循环 $t = 0, ..., T-1$：

（4）　　$\theta \leftarrow \theta + \alpha \nabla_\theta \log \pi_\theta(s_t, a_t) v_t$

REINFORCE 算法是无模型的方法。之所以称这个算法是基于蒙特卡洛的，是因为它在每一步利用的是从这个时间点到任务结束的整体回报 v_t。与之前的蒙特卡洛法类似，REINFORCE 需要代理先完成有限步长的任务，得到最终的回报后再反向对之前所有的时间点进行更新。

与基于价值的强化学习方法相比，像 REINFORCE 算法这种基于策略的方法的优势是策略目标函数更简单，并且可以显性地学习到随机的策略（在某些问题中最优策略可能是随机的，即需要在同一种状态下选择不同的动作）。REINFORCE 的问题是可能会收敛到局部最优而非全局最优，并且如同其他蒙特卡洛算法一样，收敛速度慢并且方差大。

另外，我们也可以利用基于价值的方法来评估动作价值函数，以减轻基于策略的方法（如 REINFORCE）波动性大的问题。这种方法叫作 Actor-Critic 算法，它同时利用了基于策略和基于价值的方法。具体地说，Actor-Critic 算法包含两套需要被更新的参数：Critic 用来更新动作价值函数的参数 w；Actor 则在由 Critic 建议的更新方向上来更新策略参数 θ。Critic 这里尝试解决策略评估问题，即目前的策略参数 θ 定义的策略有多好。用由参数 w 定义的 Critic 来评估动作价值函数相当于用 $Q_w(s,a)$ 来近似公式 7.11 中的 $Q_{\pi_\theta}(s,a)$，即 $Q_w(s,a) \approx Q_{\pi_\theta}(s,a)$。这正是上面介绍的基于价值的方法（如蒙特卡洛法或者时序差分法）的目的。

7.1.4 基于模型的强化学习

基于模型的强化学习直接从经验（Experience）中学习模型本身，并用规划（Planning）的方法构建价值函数或者策略。这里的模型是指环境的模型，即代理可以利用它来预测执行动作后环境如何做出回应。模型可以被用来模拟环境并产生经验数据，这些经验进而被用来计算价值函数以改进策略。

基于模型的方法好处有：

（1）可以利用机器学习来更有效地学习模型；

（2）可以推理模型的不确定性。

不过由于需要先学习模型再计算价值函数，因此基于模型的方法包含了两个误差来源。

这里介绍的蒙特卡洛树搜索（Monte Carlo Tree Search）及其改进方法在很多经典问题中都取得了非常好的效果（例如 AlphaGo 利用了一个改进版本的蒙特卡洛树搜索）。它一般用于模型完全已知的问题，比如是各种游戏类问题。

蒙特卡洛树搜索构建一个树结构来选择动作（例如围棋游戏的落子）。每一个节点代表一个游戏状态 s（如当前棋盘局面）。子节点（s'）与父节点（s）的连线代表选择动作 $a \in \mathbb{A}(s)$ 后达到下一个状态 s'。当前游戏状态是搜索树的根节点。蒙特卡洛树搜索的每次迭代由 4 个步骤实现，如图7.4所示。

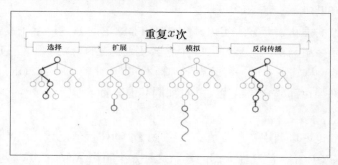

图 7.4　蒙特卡洛树搜索

1. 选择（Selection）：从当前的根节点出发，沿路径选择最有可能是最优状态的节点，直到选中某个叶节点（即该节点代表的状态在之前并未探索过）。

2. 扩展（Expansion）：从这个选择的节点增加一个或者多个节点来扩展搜索树。新增加的节点代表了从未尝试过的动作。

3. 模拟（Simulation）：从扩展的节点开始利用默认策略（如随机选择动作）得到一个完整游戏的最终结果。

4. 反向传播（Backpropagation）：把模拟得到的最终结果反向更新到所有经过的节点上。

每一次需要选择动作时，蒙特卡洛树搜索持续进行以上由 4 个步骤组成的迭代过程（直到用尽时间或者可用的计算资源），再根据这些迭代的结果执行一个最优的动作。

7.2 深度强化学习

在 7.1 节介绍将强化学习应用到实际问题中时，一个最大的挑战是如何去表示价值函数或者策略。实际问题的状态数量可能巨大，以至于计算机无法直接记录查找状态及其对应的价值。对于具体问题，我们可以尝试人为地设计特征来近似表达不同的状态。一个更具有扩展性的方案是利用神经网络来自动地学习需要近似表达的状态的特征。而深度强化学习（Deep Reinforcement Learning）结合了深度学习和强化学习。在深度强化学习中，我们利用神经网络来表达价值函数、策略或者环境模型，以端对端的方式对价值函数、策略或者环境模型直接进行优化。下面介绍两种有广泛应用的深度强化学习模型。

7.2.1 深度 Q 学习

由 Google Deepmind 提出的深度 Q 学习（Deep Q-Learning 或 Deep Q-Network，DQN）将深度学习与 Q 学习结合来训练雅达利游戏 AI，游戏 AI 通过游戏画面和得分进行学习，并在 23 种游戏中击败了人类职业玩家。在深度 Q 学习中，用参数化的神经网络（例如卷积神经网络）来表示动作状态函数 Q：$Q(s,a,w) \approx Q^\pi(s,a)$。其中，$w$ 为神经网络的参数。具体地说，神经网络的输入是状态，输出是代理可能选取的每个动作对应的价值。这些动作价值与输入状态构成了状态—动作及其对应的价值。优化后即为最优 Q 函数。图7.5[①]展示了基于深度 Q 学习的雅达利游戏 AI 的架构。该神经网络由卷积层和全连接层组成。输入是游戏的画面，输出是游戏控制器所有可能的动作。

在深度 Q 学习中，目标函数被定义为 Q 值的均方差：

$$\mathbb{L}(w) = \mathbb{E}[(r + \gamma \max_{a'} Q(s',a',w) - Q(s,a,w))^2] \quad (7.12)$$

参数 w 由 Q 学习的梯度更新：

$$w = w + \alpha \nabla_w \mathbb{L}(w) = w + \alpha \mathbb{E}[(r + \gamma \max_{a'} Q(s',a',w) - Q(s,a,w)) \nabla_w Q(s,a,w)]$$
$$(7.13)$$

神经网络直接结合 Q 学习会导致系统训练不稳定甚至不收敛。这主要有三个原因：

（1）连续的采样过程得到的经历是相关的，而不是独立同分布的；

（2）目标函数中的目标 $\gamma \max_{a'} Q(s',a',w)$ 依赖于当前参数 w（自举法），很小的 Q 值改变可能导致自举策略的大幅度改变，即策略不够稳定；

[①] Mnih, V. et al. Human-level control through deep reinforcement learning. Nature 518, 529–533 (2015)

（3）Q 值与回报值的比例是未知的。过大的值会产生过大的梯度，从而使网络训练不稳定。

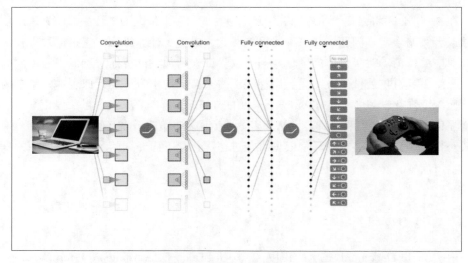

图 7.5　基于深度 Q 学习的雅达利游戏 AI 的架构

深度 Q 学习针对以上问题提出了三点改进。

（1）经验回放（Experience Replay）。经验回放将代理在每个时间点的经历（如当前状态、采取的动作、回报、以及下一个状态）存到一个回放内存中。每次网络更新时，给网络提供的数据从回放内存中随机地采样。Q 学习本身是离策略的，因此它并不需要被提供根据某个策略产生的连续的经历。经验回放消除了数据之间的相关性，使得训练的稳定性加强。

（2）固定目标。Q 网络参数为了让使用自举法的 Q 学习的策略稳定，利用固定的参数（如相隔某些事件点之前的参数）来计算 Q 学习的目标。这使得深度 Q 学习依然利用自举法，同时自举的策略变得更加稳定，网络的训练也变稳定。

（3）误差剪切。直接将误差值（$r + \gamma \max_{a'} Q(s', a', w) - Q(s, a, w)$）剪切至-1 到 1 的范围，可以有效增加网络训练的稳定性。

结合以上的改进，深度 Q 学习的算法如算法 7.3 所示。

算法 7.3：深度 Q 学习算法

（1）给定经历回放内存 D

（2）用随机参数 w 初始化 Q 网络 $Q, \hat{Q}$

（3）循环直到超时：

（4）　　获得初始状态 s_1

（5）对每一步循环 $t = 1, ..., T$：

（6）用 ϵ-贪心法选取动作 a_t，即概率为 $1 - \epsilon$ 选择 $a_t = \max_a Q(s_t, a, w)$，其他情况随机选择动作 a_t

（7）执行动作 a_t，得到回报 r_{t+1} 和下一个状态 s_{t+1}

（8）存储经历 $(s_t, a_t, r_{t+1}, s_{t+1})$ 到 D

（9）随机采样批量 $(s_i, a_i, r_{i+1}, s_{i+1}) \sim D$

（10）如果 s_{i+1} 是结束状态，则令 $y_i = r_{i+1}$；其他情况则令 $y_i = r_{i+1} + \gamma \max_{a'} \hat{Q}(s_{i+1}, a', w)$

（11）剪切 $r_{i+1} + \gamma \max_{a'} \hat{Q}(s_{i+1}, a', w) - Q(s_i, a_i, w)$ 至 $[-1, 1]$

（12）根据公式 7.12 利用梯度下降法更新参数 w

（13）每隔 C 时间点重置 $\hat{Q} = Q$

TensorLayer 官网有 Deep Q-Network 的例子，感兴趣的读者可以关注。

7.2.2 深度策略网络

深度策略网络直接利用深度神经网络来表示策略网络。与深度 Q 学习相比，深度策略网络的策略是显式的，并且优化的目标是最大化回报本身。深度策略网络是深度神经网络与上面介绍的策略梯度法（REINFORCE 算法）的结合。

我们利用深度网络来表示策略 $\pi_w(s, a)$。其中 w 为网络参数。策略网络的输入是状态 s，输出是代理可能采取的每个动作的概率（因此网络最后一层为 Softmax）。网络的目标函数与公式 7.11 相同。

这里介绍用 TensorLayer 来实现基于深度策略网络的雅达利乒乓游戏 AI。实现的思路与代码借鉴于 Andrej Karpathy 的文章[①]。该项目还提供了完整代码[②]。我们用 OpenAI Gym[③] 作为模拟雅达利乒乓游戏的接口。在 import gym 后，首先用 env = gym.make("Pong-v0") 来确定所要运行的环境（即乒乓游戏）。我们用 observation = env.reset() 来初始化乒乓游戏。每次乒乓游戏终止后，都需要利用这条命令来重新初始化。

乒乓游戏的界面如图7.6所示。首先我们定义预处理函数，把原始输入的帧的大小从 $210 \times 160 \times 3$ 的三维矩阵改为 $80 \times 80 = 6400$ 的一维向量。

[①] Deep Reinforcement Learning: Pong from Pixels (http://karpathy.github.io/2016/05/31/rl/)
[②] https://github.com/zsdonghao/tensorlayer/blob/master/example/tutorial_atari_pong.py
[③] OpenAI Gym (https://gym.openai.com/)

```
1  def prepro(I):
2      """ 预处理函数，把原始输入的帧的大小从210x160x3的三维矩阵改为80x80=6400
         的一维向量"""
3      I = I[35:195]
4      I = I[::2,::2,0]
5      I[I == 144] = 0
6      I[I == 109] = 0
7      I[I != 0] = 1
8      return I.astype(np.float).ravel()
```

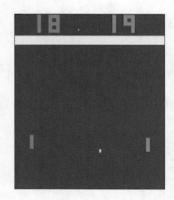

图 7.6 雅达利乒乓游戏界面

接下来定义策略网络。在这个简单的例子中，我们采用含有一个全连接层的简单 MLP 网络：输入为 6400 大小的一维向量，中间层大小为 200，并用 ReLU 作为激活函数；输出层为另一个全连接层和 Softmax 层，输出的三个量分别代表控制乒乓挡板的三个动作 a（分别为上、下和不动）。

```
1  image_size = 80
2  D = image_size * image_size
3  states_batch_pl = tf.placeholder(tf.float32, shape=[None, D])
4  network = InputLayer(t_states, name='input')
5  network = DenseLayer(network, n_units=200, act=tf.nn.relu, name='hidden')
6  network = DenseLayer(network, n_units=3, name='output')
7  probs = network.outputs
8  sampling_prob = tf.nn.softmax(probs)
```

接下来定义目标函数。乒乓游戏的结果是赢得游戏的最终回报 r_T^+ 为 +1，而输掉游戏的最终回报 r_T^- 为-1。用折算累计回报（公式 7.1）来定义中间状态的回报（$\gamma = 0.99$）。tl.rein.discount_episode_rewards 函数用来求折算累计回报（G_t）。我们通过一个简单的例子来了解它,假设赢了 3 盘游戏,得到如下 rewards 的 r 列表,然后可以求得对应的折算累计回报 discount_rewards。

```
1  rewards = np.asarray([0, 0, 0, 1, 0, 0, 0, 1, 0, 0, 0, 1])
2  gamma = 0.9
3  discount_rewards = tl.rein.discount_episode_rewards(rewards, gamma)
4  print(discount_rewards)
5  ...[ 0.72899997  0.81        0.89999998  1.         0.72899997  0.81
6  ...  0.89999998  1.         0.72899997  0.81        0.89999998  1.        ]
```

这里定义超参数,之后会一一介绍。

```
1  batch_size = 10
2  learning_rate = 1e-4
3  gamma = 0.99
4  decay_rate = 0.99
5  render = False
6  model_file_name = "model_pong"
```

由公式 7.11,我们用折算累计回报与交叉熵的乘积来表示目标函数,由 tl.rein.cross_entropy_reward_loss 实现:

```
1  actions_batch_pl = tf.placeholder(tf.int32, shape=[None])
2  discount_rewards_batch_pl = tf.placeholder(tf.float32, shape=[None])
3  loss = tl.rein.cross_entropy_reward_loss(probs, actions_batch_pl,
4                                           discount_rewards_batch_pl)
5  train_op = tf.train.RMSPropOptimizer(learning_rate, decay_rate
6                                       ).minimize(loss)
```

因为 OpenAI Gym 环境返回的状态是游戏画面原图,而一个图片上是没有乒乓球和对手的移动信息的,为此我们利用当前帧与前一时间点的帧的差值来定义状态 s:这种定义状态的方法可以保留乒乓的动态性,因而网络可以更集中于捕捉球运行的特征。这里的状态也可称为观察到的信息(Observation)。

在强化学习里,一个 Episode 代表一个达到终止状态的任务。在乒乓游戏中,每一个 Episode 的结束标志为某一方得到 21 分(每一小局游戏胜利得 1 分)。而我们设置 batch_size 的意思是当收集够 batch_size 个 Episode 的数据后,才更新一次网络。通常 batch_size 越大越好,因为若更新的数据中不包含胜利的数据,神经网络是很难学会如何胜利的,batch_size 越大其包含胜利的数据就越多。

从网络中获取下一个动作时,先从网络输出中得到每一个动作的概率,然后通过 tl.rein.choice_action_by_probs 函数来根据概率随机选择一个新的动作。

我们的策略是基于概率的,即每个动作对应着一个概率。当代理需要选择动作时,代理实际上在根据概率采样动作。假如选择的动作最终导致了游戏胜利,则更新后的策略网络会让下次遇到类似状态时选择这个动作的概率变大。基于概率的策略同时保证了代理在利用(Exploit)已经学习到的动作的同时,可以有机会探索(Explore)新的动作,因为新的动作可能在某些情况下是更优选择。

以下是实现策略网络训练的代码:

```
1   observation = env.reset()
2   prev_x = None
3   running_reward = None
4   reward_sum = 0
5   episode_number = 0
6
7   # 用以保存batch_size个Episode的所有状态
8   xs, ys, rs = [], [], []
9
10  start_time = time.time()
11  game_number = 0
12  while True:
13      # 是否显示游戏画面
14      if render: env.render()
15
16      # 使用当前帧与前一时间点的帧的差值来定义状态
17      cur_x = prepro(observation)
18      x = cur_x - prev_x if prev_x is not None else np.zeros(D)
19      x = x.reshape(1, D)
20      prev_x = cur_x
21
22      # 策略网络输出各个动作的概率
23      prob = sess.run(
24          sampling_prob,
25          feed_dict={t_states: x})
26
27      # 根据输出的概率,选择动作。1代表STOP, 2代表UP, 3代表DOWN
28      action = tl.rein.choice_action_by_probs(prob.flatten(), [1,2,3])
```

```python
        # 执行动作，获取新的状态和回报
        observation, reward, done, _ = env.step(action)

        # 累加一个Episode的回报，显示使用
        reward_sum += reward

        # 保存这一步的状态、动作和回报
        xs.append(x)              # 保存batch_size个Episode的所有状态
        ys.append(action - 1)     # 保存batch_size个Episode的所有动作
        rs.append(reward)         # 保存batch_size个Episode的所有回报

        # 当一个Episode完结
        if done:
            episode_number += 1
            game_number = 0

            # 当batch_size个Episode完结时，更新一次网络
            if episode_number % batch_size == 0:
                print('batch over...... updating parameters......')
                epx = np.vstack(xs)
                epy = np.asarray(ys)
                epr = np.asarray(rs)

                # 求折算累计回报，并把回报归一化
                disR = tl.rein.discount_episode_rewards(epr, gamma)

                # 归一化的好处是能让训练更加稳定
                disR -= np.mean(disR)
                disR /= np.std(disR)

                # 为保存下batch_size个Episode的状态、动作和回报而清空列表
                xs, ys, rs = [], [], []

                # 更新策略网络
                sess.run(
                    train_op,
```

```
66                feed_dict={
67                    t_states: epx,
68                    t_actions: epy,
69                    t_discount_rewards: disR
70                }
71            )
72
73            # 保存模型，以供测试使用
74            if episode_number % (batch_size * 100) == 0:
75                tl.files.save_npz(network.all_params,
76                        name=model_file_name+'.npz')
77
78            # 每个Episode完结时，显示动态汇报
79            running_reward = reward_sum if running_reward is None else
80                        running_reward * 0.99 + reward_sum * 0.01
81            print('resetting env. episode reward total was %f.
82                    running mean: %f' % (reward_sum, running_reward))
83
84            # 每个Episode完结时，重置环境
85            reward_sum = 0
86            observation = env.reset()
87            prev_x = None
88
89        # 当一盘乒乓球完成时，显示信息，注意一个Episode有很多盘球
90        if reward != 0:
91            print(('episode%d: game %d took %.5fs, reward: %f' %
92                    (episode_number, game_number,
93                    time.time()-start_time, reward)),
94                    ('' if reward == -1 else ' !!!!!!!!!'))
95            start_time = time.time()
96            game_number += 1
```

在这个例子中，还有一些问题可以被优化。例如，可以利用卷积神经网络来代替简单的 MLP，以取得更好的特征；也可以利用更复杂的方法来得到状态（例如可以用更多的图像的帧作为状态）。读者可以利用 TensorLayer 的接口进行进一步实验。

因为这个任务是直接基于游戏画面的，难度很大，所以这个网络需要训练数天才能看到效果。为此 TensorLayer 官网有各类强化学习的例子，包括使用（公式 7.5）的

Deep Q-Network，使用策略模型和价值模型实现在线更新的 Actor-Critic，以及它的异步训练版本 Asynchronous Advantage Actor Critic（A3C）等等。很多例子是不基于游戏画面的，比如 A3C 的 Bipedal Walker 控制一个双脚机器人步行，整个代码训练不超过 10 分钟。

7.3 更多参考资料

读者可以参考以下资料去进一步学习和了解强化学习和深度强化学习。

7.3.1 书籍

1. *Reinforcement Learning: An Introduction*（Richard S. Sutton and Andrew G Barto）
2. *Algorithms for Reinforcement Learning*（Csaba Szepesvari）
3. *Reinforcement Learning: State-of-the-Art*（Marco Wiering and Martijn Van Otterlo）

7.3.2 在线课程

1. UCL Reinforcement Learning（David Silver）
2. UC Berkeley Deep Reinforcement Learning（Sergey Levine, John Schulman, Chelsea Finn）

8

生成对抗网络

在机器学习发展的过程中，判别模型（Discriminative Model）和生成模式（Generative Model）一直是相互对应的两个重要概念。在过去的几十年里，计算机科学家们提出了很多富有成效的判别方法和判别模型的形式（判别器），比如支持向量机（Support Vector Machine，SVM）和卷积神经网络分类器（CNN Classifier）等都可以归为判别器。判别器通过拟合条件概率 $P(y|x)$，从而实现给定输入观测数据 x 预测输出 y 的功能。然而仅仅实现由 x 到 y 的预测是远远不够的，我们还希望拟合 x 本身的数据分布，从而能够直接生成符合 x 样式的观测数据，而能够生成观测数据 x 的模型便是生成模型。从这个意义上说，构造判别模型是监督学习的任务，而构造生成模型则是无监督学习的使命。

通常情况下，生成模型的基本成份是一组潜变量（Latent Variables），潜变量定义了 x 的一些特征。由于生成模型通过潜变量生成观测数据的同时又有一定的随机性，因此很多情况下生成的观测数据是在真实数据中从未见过的，这些新颖的"伪造"数据让生成模型具有很高的创造性。生成模型有着非常广泛的应用，比如我们想知道一篇文章在讨论什么话题，可以尝试使用能够生成话题的算法 LDA[1]；用 WaveNet[2] 生成一段全新的音乐、一段人声；在统计学习中，我们通常使用诸如高斯混合模型（Gaussian Mixture Model）和 EM 算法来拟合假定的分布。而生成对抗网络（Generative Adversarial Network，GAN）则是一个新颖的方法，它无需对生成样本的分布进行假定，可以完全自动的生成所期待数据样本。目前 GAN 已经被广泛应用在图像生成、对话生成、视频

---

[1] Blei, David M., Andrew Y. Ng, and Michael I. Jordan. "Latent dirichlet allocation." Journal of machine Learning research 3.Jan (2003): 993-1022.

[2] Van Den Oord, Aaron, et al. "Wavenet: A generative model for raw audio." arXiv preprint arXiv:1609.03499 (2016).

生成等领域，并且取得了较大的进展。

本章将重点介绍生成对抗网络（GAN）的概念，同时介绍其衍生版本DCGAN（Deep Convolutional GAN）的实现与应用。在后续的实例章节中，我们还会继续介绍相关的拓展应用。

8.1 何为生成对抗网络

在了解何为生成对抗网络之前，先了解下什么是生成模型（Generative Model）。第3章"自编码器（Autoencoder）的解码器（Decoder）"部分其实可以看成是一种生成模型，因为它能够从特征向量反向生成图片。不过其编码器（Encoder）输出的特征向量分布是未知的，所以我们不知道该输入什么东西到解码器，才能让它生成图片。为此，科学家在自编码器的基础上，加入一些限制使得特征向量符合标准正态分布（Standard Normal Distribution），这个方法称为变分自编码器（Variational Autoencoder，VAE）。最后，我们可以把随机的标准正态分布噪声输入到解码器中以生成图片，实现"无中生有"。生成模型的目的就是为了从潜变量中生成数据。

生成对抗网络（Generative Adversarial Networks，GAN）最初由 Ian Goodfellow 等人于2014年在论文 *Generative adversarial nets* 中提出[1,2]。近几年，GAN 在诸多领域都取得了较大的成功，比如生成高清图像、图片风格的转换、通过文本生成图片、对话系统，等等。作为一种生成模型，生成对抗网络借鉴了博弈论的概念，构建了包含两个子网络的架构。这两个子网络分别是生成器（Generator）和判别器（Discriminator），它们互相构成对抗关系。生成器通过学习训练，能够生成趋近于真实的数据样本，比如生成看起来真实但是实际并不存在的图片；而与之对抗相反的判别器，则负责判别某个数据样本是来自真实数据集，还是生成器生成的。在这种对抗关系下，生成器尝试欺骗判别器，而判别器则要"火眼金睛"地发现异同。在多次对抗后，生成器就学会了如何生成非常真实的图片，以欺骗判别器了。GAN 的成功开拓出了一种全新的训练方式，一举打破了过去传统的损失函数方法，让机器自己学习损失函数。

那么如何定义生成器生成的样本"看起来真实"呢？我们认为数据样本在高维空间中符合某种概率分布 $p_{data}(x)$，因而我们所希望的就是通过对抗学习，让生成器生成的样本分布 $p_{model}(x)$ 能够趋近真实的样本分布 $p_{data}(x)$。生成器生成的样本可以表示为 $x = G(z, \theta^{(G)})$，其中 $\theta^{(G)}$ 为生成器各层网络的参数，z 是随机噪声，也可以是具有一定结构的潜变量。判别器则输出样本是否为真的概率 $D(x, \theta^{(D)})$，其中 $\theta^{(D)}$ 为判别器

---

[1] Goodfellow, Ian, et al. "Generative adversarial nets." Advances in neural information processing systems. 2014.
[2] Goodfellow, Ian, Yoshua Bengio, and Aaron Courville. Deep learning. MIT press, 2016.

各层网络的参数。如果生成器能够完美地生成足够真实的样本，那么无论是真实样本还是生成样本，判别器输出的概率都将是 $\frac{1}{2}$ 上下，因为判别器无法判断真伪。

我们可以将生成对抗网络想象成一个零和游戏。定义一个价值函数 $V(\theta^{(G)}, \theta^{(D)})$，用来衡量判别器的优劣，同时用 $-V(\theta^{(G)}, \theta^{(D)})$ 来衡量生成器的好坏。在训练过程中，判别器通过更新自己的参数不断最大化价值函数，而生成器不断最小化这个价值函数。因此，这个优化价值函数的过程可以表示为一个极小化极大问题（Minimax Problem）：

$$\arg\min_G \max_D (V(\theta^{(G)}, \theta^{(D)}))$$

价值函数则定义为：

$$V(\theta^{(G)}, \theta^{(D)}) = E_{x \sim p_{data}} \log D(x) + E_{x \sim p_{model}} \log(1 - D(x))$$

通过理论的推导分析，可以得到这个极小化极大问题的全局最优点便是 $p_{data} = p_{model}$，详细的推导可以参见上述 Goodfellow 的论文。最初的生成对抗网络是 MLP 实现的，虽然理论上生成对抗网络能够收敛，但是实际训练中它的表现并不稳定，应用的范围也比较局限，往往是漫无目的地随机生成图片。

在后续的研究中，研究人员相继提出了可用于生成图片的深度卷积生成对抗网络（DCGAN，*Unsupervised Representation Learning with Deep Convolutional Generative Adversarial Networks*）[1]，可以指定生成相应类别图片的生成对抗网络（AC-GAN，*Conditional Image Synthesis With Auxiliary Classifier GANs*）[2]，根据文本生成图片的生成对抗网络（GAN-CLS，*Generative Adversarial Text to Image Synthesis*）[3]，等等。

8.2 深度卷积对抗生成网络

基于 MLP 的 GAN 在图像生成方面的表现虽然取得了较大的进展，但是并不优异。而我们知道卷积网络 CNN 在计算视觉领域取得了巨大的成功，因为卷积层能够过滤出图像的关键特征。研究者 Alec Radford 等人基于反卷积网络（Deconvolution，这里特指转置卷积，Transposed convolution，详见本书 4.7 节）提出了 DCGAN 的架构（如图

---

[1] Radford, Alec, Luke Metz, and Soumith Chintala. "Unsupervised representation learning with deep convolutional generative adversarial networks." arXiv preprint arXiv:1511.06434 (2015).

[2] Odena, Augustus, Christopher Olah, and Jonathon Shlens. "Conditional image synthesis with auxiliary classifier gans." ICML (2017).

[3] Reed, Scott, et al. "Generative adversarial text to image synthesis." ICML (2016).

8.1所示），DCGAN 相对稳定和优异的表现让它比基于 MLP 的 GAN 更受推崇[1]。

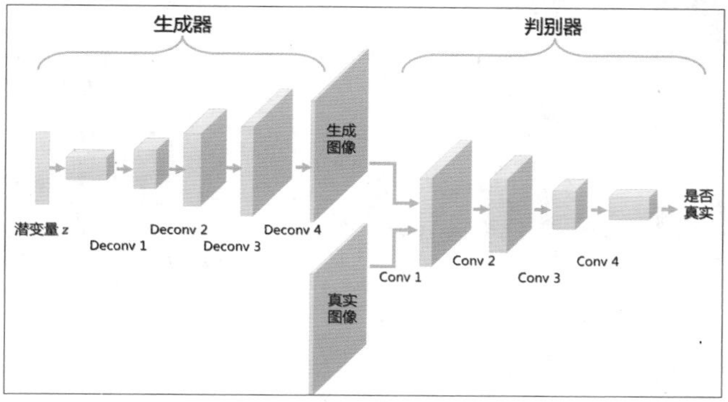

图 8.1　DCGAN 的网络结构

DCGAN 的生成器采用了带有一定步长的反卷积层，通过多层反卷积网络，逐渐增大矩阵尺寸，并丰富图像的细节。图 8.1 展示的是从 100 维的潜变量 z 开始，经过四个反卷积层，最终输出 64×64 的图片。判别器则为四层的卷积神经网络 CNN，输出层判定给定的图像是否真实。

虽然训练时 DCGAN 的输入 z 是随机噪声，但是训练完成后大家发现生成器为了生成真实图片，能让这些看似随机的噪声具备一定含义。研究者在论文中展示了 z 与生成器输出之间的结构性关系，比如修改一些值可以让生成的人脸笑起来。

因此噪声之间可以做插值（Interpolation），比如 z_1 生成了一组戴墨镜男性的人脸图片，z_2 生成了一组不戴墨镜的男性人脸图片，z_3 生成了不戴墨镜的女性人脸图片，而 $z_4 = z_1 - z_2 + z_3$ 所生成的则是带着墨镜的女性人脸图片，与此相类似的还有人脸表情的变化，如图8.2所示。由此我们可以看出，z 的各个维度可能表达了不同的含义，控制着输出结果的相应特征，这也是为什么现在 z 更多的被称为潜变量而不是噪声。在 AC-GAN 和 GAN-CLS 中，研究者都给 z 设定了一定的结构，通过将类别或者文本信息进行编码并加入 z 中来控制生成的图片。

8.3　实现人脸生成

本节将介绍一个使用 TensorLayer 根据 DCGAN 的结构实现 GAN 的例子，在这个例子中，我们采用的是人脸数据集 CelebA，此数据集是由刘子纬等在论文 *Deep learning face attributes in the wild* 中提出的[2]。DCGAN 在 CelebA 上训练的结果如图8.3所示，本

---

[1] Radford, Alec, Luke Metz, and Soumith Chintala. "Unsupervised representation learning with deep convolutional generative adversarial networks." arXiv preprint arXiv:1511.06434 (2015).
[2] Liu, Ziwei, et al. "Deep learning face attributes in the wild." ICCV (2015)

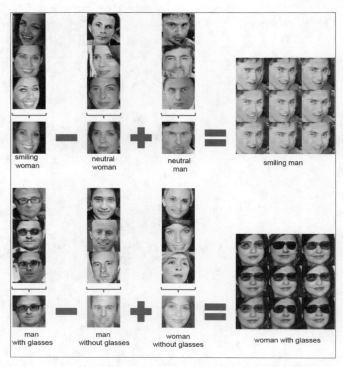

图 8.2　生成器的输入 z 与生成的图片具有一定的结构关系，比如对人脸表情和眼镜的控制

节接下来将围绕 TensorLayer 的 DCGAN 实现进一步介绍 GAN 的实现，以及 GAN 实现过程中的一些技巧[1],[2]。

本章代码请见：https://github.com/zsdonghao/dcgan。

在 DCGAN 的结构中，生成器由四层有一定步长的反卷积层构成，除了最后一层使用 Tanh 作为激活函数（所有图片数值范围设在 [-1,1]），前面均使用 ReLU 作为激活函数，亦可使用 LeakyReLU 避免过于稀疏的梯度；使用批归一化技术（Batch Normalization）归一中间隐藏层的输出[3]；在 DCGAN 中 z 是随机噪声，我们建议基于高斯分布（Gaussian Distribution）产生随机噪声，而不是均匀分布（Uniform Distribution），实际中我们通常使用标准正态分布（Standard Normal Distribution）；根据应用的需要，也可以将类别信息和文本信息编码进 z 之中；例子中并没有使用但是也可以添加 Dropout 以泛化生成器，或增加各个神经元的梯度，以加速训练；另外卷积核的大小、步长的大

---

[1] Chintala, Soumith. "Soumith/ganhacks." GitHub. GitHub, 16 Dec. 2016. Web. 25 June 2017.
[2] Dong, Hao. "Zsdonghao/dcgan." GitHub. GitHub, 27 May 2017. Web. 25 June 2017.
[3] Ioffe, Sergey, and Christian Szegedy. "Batch normalization: Accelerating deep network training by reducing internal covariate shift." International Conference on Machine Learning. 2015.

图 8.3 在人脸数据集上 DCGAN 的训练结果展示

小、中间隐藏层输出的尺寸大小均需要根据具体应用场景进行调整,在样例代码中最终输出图像大小为 64×64。生成器的定义如下:

```
def generator(inputs, is_train=True, reuse=False):
    # 图像尺寸,和中间层输出的尺寸
    s = 64
    s2, s4, s8, s16 = int(s/2), int(s/4), int(s/8), int(s/16)
    # 第一层卷积核数量
    gf_dim = 64
    # 输出通道数,RGB图为3,
    c_dim = 3
    # 批大小和参数初始化函数
    batch_size = 64
    w_init = tf.random_normal_initializer(stddev=0.02)
    gamma_init = tf.random_normal_initializer(1., 0.02)

    # 定义生成器的网络结构
    with tf.variable_scope("generator", reuse=reuse):
```

```
16          tl.layers.set_name_reuse(reuse)
17
18          # 输入层，输入为随机潜变量
19          net_in = InputLayer(inputs, name='g/in')
20          net_h0 = DenseLayer(net_in, gf_dim*8*s16*s16, W_init=w_init,
21                  act=tf.identity, name='g/h0/lin')
22          net_h0 = ReshapeLayer(net_h0, [-1, s16, s16, gf_dim*8],
23                  name='g/h0/res')
24          net_h0 = BatchNormLayer(net_h0, act=tf.nn.relu, is_train=is_train,
25                  gamma_init=gamma_init, name='g/h0/bn')
26
27          # 二维反卷积层，步长为(2,2)，过滤矩阵尺寸为(5,5)
28          # 输出是尺寸为图像的 1/8
29          net_h1 = DeConv2d(net_h0, gf_dim*4, (5, 5), (s8, s8), (2, 2),
30                  'SAME', batch_size=batch_size, W_init=w_init,
31                  name='g/h1/de2d')
32          net_h1 = BatchNormLayer(net_h1, act=tf.nn.relu, is_train=is_train,
33                  gamma_init=gamma_init, name='g/h1/bn')
34
35          # 第二个二维反卷积层，将输出尺寸增大为图像的1/4
36          net_h2 = DeConv2d(net_h1, gf_dim*2, (5, 5), (s4, s4), (2, 2),
37                  'SAME', batch_size=batch_size, W_init=w_init,
38                  name='g/h2/de2d')
39          net_h2 = BatchNormLayer(net_h2, act=tf.nn.relu, is_train=is_train,
40                  gamma_init=gamma_init, name='g/h2/bn')
41
42          # 第三个二维反卷积层，将输出尺寸增大为图像的1/2
43          net_h3 = DeConv2d(net_h2, gf_dim, (5, 5), (s2, s2), (2, 2), 'SAME',
44                  batch_size=batch_size, W_init=w_init, name='g/h3/de2d')
45          net_h3 = BatchNormLayer(net_h3, act=tf.nn.relu, is_train=is_train,
46                  gamma_init=gamma_init, name='g/h3/bn')
47
48          # 最后一个反卷积层，输出尺寸为图像大小，色系为RGB，即c_dim=3
49          net_h4 = DeConv2d(net_h3, c_dim, (5, 5), (s, s), (2, 2), 'SAME',
50                  batch_size=batch_size, W_init=w_init, name='g/h4/de2d')
51
52          logits = net_h4.outputs
```

```
53       # 最后一层使用Tanh作为激活函数
54       net_h4.outputs = tf.nn.tanh(net_h4.outputs)
55       return net_h4, logits
```

判别器则采用卷积网络（CNN）的结构，与生成器的结构相对应，判别器使用了四层卷积网络。值得注意的是，判别器中并没有池化层（Pooling），而是通过使用步长来降低每层输出的尺寸。判别器除最后一层外，均使用 LeakyReLU 作为激活函数，允许神经元在非激活状态下（小于 0）时依然有较小的梯度。

```
1    def discriminator(inputs, is_train=True, reuse=False):
2        # 第一层卷积核数量
3        df_dim = 64
4        # 参数初始化函数和激活函数
5        w_init = tf.random_normal_initializer(stddev=0.02)
6        gamma_init = tf.random_normal_initializer(1., 0.02)
7        lrelu = lambda x: tl.act.lrelu(x, 0.2)
8    
9        # 定义判别器的网络结构
10       with tf.variable_scope("discriminator", reuse=reuse):
11   
12           # 输入层，输入为图像，来自真实数据集或者生成器的输出
13           net_in = InputLayer(inputs, name='d/in')
14   
15           # 卷积层，过滤矩阵尺寸为(5,5)，步长为(2,2)
16           # 使用LeakyReLU作为激活函数
17           net_h0 = Conv2d(net_in, df_dim, (5, 5), (2, 2), act=lrelu,
18                   padding='SAME', W_init=w_init, name='d/h0/conv2d')
19   
20           net_h1 = Conv2d(net_h0, df_dim*2, (5, 5), (2, 2), act=None,
21                   padding='SAME', W_init=w_init, name='d/h1/conv2d')
22           net_h1 = BatchNormLayer(net_h1, act=lrelu,
23                   is_train=is_train, gamma_init=gamma_init, name='d/h1/bn')
24   
25           net_h2 = Conv2d(net_h1, df_dim*4, (5, 5), (2, 2), act=None,
26                   padding='SAME', W_init=w_init, name='d/h2/conv2d')
27           net_h2 = BatchNormLayer(net_h2, act=lrelu,
28                   is_train=is_train, gamma_init=gamma_init, name='d/h2/bn')
29   
```

```
30      net_h3 = Conv2d(net_h2, df_dim*8, (5, 5), (2, 2), act=None,
31              padding='SAME', W_init=w_init, name='d/h3/conv2d')
32      net_h3 = BatchNormLayer(net_h3, act=lrelu,
33              is_train=is_train, gamma_init=gamma_init, name='d/h3/bn')
34
35      net_h4 = FlattenLayer(net_h3, name='d/h4/flatten')
36
37      # 全连接层，输出图片为真假的概率
38      net_h4 = DenseLayer(net_h4, n_units=1, act=tf.identity,
39              W_init=w_init, name='d/h4/lin_sigmoid')
40      logits = net_h4.outputs
41      net_h4.outputs = tf.nn.sigmoid(net_h4.outputs)
42      return net_h4, logits
```

如上便是生成器和判别器结构的定义，接下来需要完成 DCGAN 整体结构，以及损失函数的定义。我们需要定义两个共享参数的生成器和两个共享参数的判别器：一个生成器用于在训练阶段生成图片，而另一个生成器则在完成训练后用于输出可视化的图片样本；一个判别器以真实图片作为输入，而另一个判别器则以生成器生成的假图片作为输入。需要注意的是，真实图片的样本集（mini-batch）和生成图片的样本集（mini-batch）必须各自分别进入判别器，不可以将真实图片和生成图片互相混杂组成一个样本集作为判别器的输入。实际使用的损失函数是根据判别器输出的结果定义的：判别器实际上是一个分类器，因此损失函数定义为是否能够准确判断真假图片；生成器的损失函数则定义为是否能够成功欺骗判别器。实现中均采用了 sigmoid_cross_entropy 函数计算损失函数，如此可以有效避免梯度过早消失的问题。在判别器中，我们将真实图片的标签设定为 "1"，生成图片的标签则为 "0"；在其他应用场景下，读者也可以采用更加平滑（Smooth）的标签，比如 0.7 和 0.3；如果数据集本身受到噪声的影响，则可以给标签添加适当的噪声。优化器则推荐使用 Adam[①]，生成器和判别器利用 Adam 均能达到较好的优化效果，另外判别器也可以使用随机梯度下降（Stochastic Gradient Descent）进行优化。

```
1  ##========================== 定义DCGAN整体结构
2  # 超参数
3  z_dim = 100
4  batch_size = 64
5  output_size = 64
```

[①] Kingma, Diederik, and Jimmy Ba. "Adam: A method for stochastic optimization." ICLR (2015).

```
6   c_dim = 3
7   learning_rate = 0.0002
8   beta1 = 0.5
9
10  # 输入随机潜变量
11  z = tf.placeholder(tf.float32, [batch_size, z_dim], name='z_noise')
12  # 真实图片
13  real_images =  tf.placeholder(tf.float32, [batch_size, output_size,
14                   output_size, c_dim], name='real_images')
15
16  # 创建生成器
17  net_g, g_logits = generator(z, is_train=True, reuse=False)
18  # 生成器2, 将其设定为非训练模式(is_train=False), 当模型完成学习训练后, 用其
19  # 生成图片样本, 检验训练成果
20  # 因为训练模式和非训练模式下, 批归一化的计算方式是不同的, 因此需要单独创建这
21  # 个生成器用于输出可视化效果
22  net_g2, g2_logits = generator(z, is_train=False, reuse=True)
23
24  # 创建判别器, 以生成器生成的图片作为输入
25  net_d, d_logits = discriminator(net_g.outputs, is_train=True, reuse=False)
26  # 判别器2, 复用上面的判别器的参数, 以真实图片作为输入
27  net_d2, d2_logits = discriminator(real_images, is_train=True, reuse=True)
28
29  ##========================= 定义损失函数和参数优化器
30  # 判别器对于真实图片的损失函数, 当输入为真实图片时, 判别器输出应该为1
31  d_loss_real = tl.cost.sigmoid_cross_entropy(d2_logits,
32                   tf.ones_like(d2_logits), name='dreal')
33
34  # 判别器对于生成器生成图片的损失函数, 当输入为假图片时, 判别器输出应该为0
35  d_loss_fake = tl.cost.sigmoid_cross_entropy(d_logits,
36                   tf.zeros_like(d_logits), name='dfake')
37
38  # 两项加和即为判别器整体损失函数
39  d_loss = d_loss_real + d_loss_fake
40
41  # 生成器的损失函数, 生成器为了能够欺骗判别器, 希望自己生成的假图片在判别器那
42  # 里可以判定为真, 即判别器输出为1
```

```
43    g_loss = tl.cost.sigmoid_cross_entropy(d_logits,
44                            tf.ones_like(d_logits), name='gfake')
45
46    # 使用Adam优化器，根据判别器和生成器的损失函数，优化网络参数
47    d_optim = tf.train.AdamOptimizer(learning_rate, beta1=beta1) \
48                            .minimize(d_loss, var_list=d_vars)
49    g_optim = tf.train.AdamOptimizer(learning_rate, beta1=beta1) \
50                            .minimize(g_loss, var_list=g_vars)
```

在实际训练过程中，判别器与生成器交替训练、交替更新。在训练过程中要注意避免判别器过于强势，如果判别器的损失函数降为 0，则意味着训练失败；正常情况下，判别器的损失函数和方差会逐渐下降。而对于生成器，如果生成器的损失函数稳定下降，则不一定是好事，有可能生成的图片依然不理想，但是生成器"找到了"判别器弱点，用这些并不理想的生成图片欺骗判别器，而判别器不幸中招。虽然生成器和判别器的训练应该相对均衡，但是我们也不建议通过设定标准来决定是训练生成器还是训练判别器。所谓设定标准是指，如果 $D\_loss > A$ 则训练生成器，如果 $G\_loss > B$ 则训练生成器，除非有足够的理由，我们不推荐这种机制，因为很难找到效果良好且具有通用性的标准值。也可以给生成器的隐藏层和真实图片手动添加一些噪声，让生成器和判别器更加鲁棒。

```
1   for epoch in range(1, 100):
2       for batch_images in all_images:
3           # 生成随机标准正态分布潜变量
4           batch_z = np.random.normal(loc=0.0, scale=1.0,
5                           size=(batch_size, z_dim)).astype(np.float32)
6           # 生成器和判别器交替训练
7           errD, _ = sess.run([d_loss, d_optim],
8                           feed_dict={z: batch_z, real_images: batch_images})
9           errG, _ = sess.run([g_loss, g_optim], feed_dict={z: batch_z})
```

8.4 还能做什么

DCGAN 的例子里，我们实现了"无中生有"，不过这只是 GAN 的冰山一角。本书实例部分将会讲解如何通过 GAN 来实现从文本生成图片（Text-to-Image）（实例三），以及超分辨率复原（Super-Resolution）（实例四）。除此以外，近年关于 GAN 的研究还有许多有趣的应用和进展，接下来我们将简单讨论几项比较有代表性的工作。

可控类别的图像生成： AC-GAN 由 Augustus Odena 等在论文 *Conditional Image Synthesis With Auxiliary Classifier GANs* 中提出[1]。最初的 GAN 只能漫无目的地生成图片，生成的图片并不可控。虽然潜变量 z 具备一定结构性信息，例如在上述生成人脸的应用中关于性别和眼镜的实验，但是我们无法直观地知道 z 的哪几个维度控制了性别和眼镜的信息。AC-GAN 支持可控类别的图片生成，例如通过潜变量控制生成器只生成热狗的图片，或者是苹果，或者是大海。与 DCGAN 不同，AC-GAN 生成器的输入由两部分组成：$c+z$。其中 c 代表类别（Class），而 z 则是我们熟悉的随机噪声，通过指定不同的 c 来控制生成器生成相应类别的图片。为了配合训练，AC-GAN 的判别器不仅要能够判断图片是否为真，还要能够判断生成的图片与 c 对应的类别是否相符。因此在 AC-GAN 中，通过判别器，生成器能够在数据分布上"标注"类别，生成器不再是根据 $P_{model}(x)$ 来生成样本，而是根据条件概率 $P_{model}(x|c)$ 来生成样本。

图像到图像转换： Image-to-Image Translation 是近年来非常火的话题，即输入一个图像输出另外一个图像，比如输入冬天的图片输出与之对应夏天的图片，输入黑白图片输出彩色图片，输入衣服的设计手稿输出最终成品效果，等等。*Image-to-Image Translation with Conditional Adversarial Networks* 一文通过使用——配对（Paired）好的数据做监督学习，实现了这种任务[2]。其模型是一个自编码器结构，输入不是随机噪声而是图片，它把图片编码后再解码出图片，模型参考本书第 11 章。它的科学意义在于我们可以在生成器中对不同的特征做出分解（Disentangle），而且可以对一类特征进行选择性替代。

不过配对好的数据非常难得，比如冬天转夏天的任务中，我们得有大量同一个地点同一个角度拍摄的冬天和夏天的配对图，可见监督学习方法很难大规模推广，所以大家开始研究通过非配对（Unpaired）数据实现相同的功能。非配对数据对于模型的设计和训练是一个很大的挑战，因为配对数据可以提供特征的对照信息，比较相应特征的异同，这些对照信息是非配对数据无法提供的。*Unsupervised Image-to-Image Translation with Generative Adversarial Networks* 一文尝试训练一个反向编码器，把图片编码成潜变量，再加入条件来生成图像，效果请见图8.4[3]。该方法甚至可以通过两段奥巴马和希拉里的演讲视频，成功学习出了他们头像的相互转换，不过这个方法的缺陷是使用了生成的图片来学习反向编码器，其反向得到的编码准确性一般，很难拓展到复杂的图像中。为此 *Unpaired Image-to-Image Translation using Cycle-Consistent Adversarial Networks* 直接训练两个自编码器结构的图像转换器，不存在学习反向编码器的问题。最终甚至可以实现斑马和普通马之间的相互转换[4]。

语义图像生成：

---

[1] Odena, Augustus, Christopher Olah, and Jonathon Shlens. "Conditional Image Synthesis With Auxiliary Classifier GANs." ICML (2016).
[2] Isola, Phillip, et al. "Image-to-image translation with conditional adversarial networks." CVPR (2017).
[3] Dong, Hao, et al. "Unsupervised image-to-image translation with generative adversarial networks." arXiv preprint

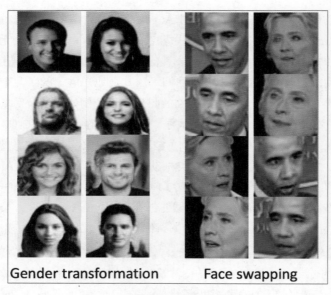

图 8.4 图像到图像转换例子

人类和机器的区别在于人类可以通过现有知识组合出新的知识，比如已知红色的桌子和白色的椅子，人类可以联想出白色的桌子是什么样的，而机器则做不到。GAN 的成功让这个任务变成了可能，在 *Semantic Image Synthesis via Adversarial Learning* 一文中，实现了类似的语义图像生成功能，如图8.5[①]所示。这项工作的意义在于我们不仅可以在生成模型中分解特征，而且还可以自动的标注并改变相应的特征值，它体现了生成模型的特征分解与抽取的能力。

为了实现文本改变图片，首先我们的生成器是一个全卷积网络，包含编码器、残差网络和解码器，其中编码器的末端合并了文本的嵌入向量以提供文本信息到生成器中。我们要实现的是输入需要被修改的图片到生成器中，输出被文本修改好的图片。我们的判别器是一个编码器，输出图片为真的概率，同理，判别器的末端合并了文本的嵌入向量。在训练过程中，判别器学会判别图片是否与文本相符，同时学会判别生成器输出的图片为假图。而生成器要学会当给定一张图片，输入任意语义相关文本时都要能输出可以欺骗判别器的图片。经过反复对抗训练，生成器学会了如何修改图片。

视频生成：比图片更近一步的便是视频生成，由 Carl Vondrick 等在论文 *Generating*

---

arXiv:1701.02676 (2017).

[④] Zhu, Jun-Yan, et al. "Unpaired image-to-image translation using cycle-consistent adversarial networks." ICCV (2017).

[①] Dong, Hao, et al. "Semantic Image Synthesis via Adversarial Learning." ICCV (2017).

图 8.5　语义图像生成（Semantic Image Synthesis）例子

videos with scene dynamics 中利用 VGAN 对视频生成进行了尝试[①]。在视频生成中，不仅需要考虑二维图像空间上的关联，还需要考虑视频时间上前后帧之间的关系。VGAN 采用了双数据流的结构（Two Steam Architecture），分别生成静止的背景（Static Background）和动态的前景（Moving Foreground），最后对两个数据流进行过滤（Mask），选择性结合二者。虽然 VGAN 在长度为 32 帧（约 1s）的视频生成上取得了一定的成果，但是其真实感仍有较大的提升空间。相信随着大量视频数据集的发布，例如 YouTube-8M，视频生成也将取得突破[②]。

文本生成：文本生成同样是一项极具挑战性的领域，虽然人类可以灵活运用语言，但是语言学家针对各种语言的研究从未停止过，语言本身有许多奥妙值得我们探索。Lantao Yu 等在 *SeqGAN: Sequence Generative Adversarial Nets with Policy Gradient* 中提出 SeqGAN，并在文本生成和音乐生成上进行了实验[③]。SeqGAN 结合 GAN 与增强学习（Reinforcement Learning）来实现时序（Sequence）的生成。原理上，SeqGAN 将生成器和蒙特卡洛搜索（Monte Carlo Search）结合用于生成时序。例如在文本生成中，一句话会包含若干个单词，每个单词都需要从词库中选择。SeqGAN 利用蒙特卡洛搜索选择价值（Value）较高的单词，前后选择的若干单词将组成一句完整的表述。而蒙特卡洛搜索所依赖的价值函数（Value Function）则是根据判别器的结果来计算的，越接近真实的文本，回报（Reward）越高。然而随着深度学习等人工智能技术在自然语言处理上的应用越来越广泛，学术界内新兴的深度学习阵营与传统的计算语言学阵营之间，也

[①] Vondrick, Carl, Hamed Pirsiavash, and Antonio Torralba. "Generating videos with scene dynamics." Advances In Neural Information Processing Systems. 2016.

[②] Abu-El-Haija, Sami, et al. "YouTube-8M: A large-scale video classification benchmark." arXiv preprint arXiv:1609.08675 (2016).

[③] Yu, Lantao, et al. "SeqGAN: Sequence Generative Adversarial Nets with Policy Gradient." AAAI. 2017.

掀起了关于自然语言处理研究思路的大争论。针对 Sai Rajeswar 等人的论文 *Adversarial Generation of Natural Language* 的争论中，Yann LeCun 和 Yoav Goldberg 等许多学者都参与其中[①]。但是笔者相信，无论是传统的计算语言学，还是新兴的深度学习，计算机科学都将为人类理解自己的语言提供强有力的帮助。

[①] Rajeswar, Sai, et al. "Adversarial Generation of Natural Language." arXiv preprint arXiv:1705.10929 (2017).

9

高级实现技巧

通过对前几章的学习，相信大家对 TensorFlow 和 TensorLayer 的使用已有了初步的了解。大家搭建一些常规网络应该不会遇到困难，不过对于复杂的任务来说，我们往往需要自定义一些功能。在开发过程中，为了节约时间，我们也有可能会和 TensorFlow 的其他库（Wrappers）一起使用（如 Keras、TF-Slim），多亏 TensorLayer 的灵活性，要做到这些并不困难。

- 本章经过 Github 用户 wagamamaz 的许可，将会借鉴她总结的一些技巧，具体请参考她的 Github 笔记：https://github.com/wagamamaz/tensorlayer-tricks。

注意：书籍里的知识更新是必然的，建议读者关注 wagamamaz 的 GitHub 笔记。

9.1 与其他框架对接

除了 TensorLayer 外，还存在很多优秀的 TensorFlow 库，如 Keras、Tflearn、TF-Slim 等，这些库都提供 tensor in tensor output 的网络搭建方式，其好处是我们可以用 `LambdaLayer` 来让 TensorLayer 和它们一起使用。当大家找到任何 TensorFlow 的模型代码，都可以直接把它变成 TensorLayer 的 layer。下面的例子中，我们将以 Keras 为例展示如何与其混合搭建网络。

- 与 Keras 对接的例子：https://github.com/zsdonghao/tensorlayer/blob/master/example/tutorial_keras.py

9.1.1 无参数层

首先我们来看一个最简单的例子，LambdaLayer 是 TensorLayer 提供的一个高阶函数层，它的使用方法是输入一个 tensor-in-tensor-output 的函数来构造一个有特性的模块，比如要实现 ReLU 层可以这么做：

```
1  net = ...
2  net = LambdaLayer(net, fn=tf.nn.relu, name='relu')
```

若输入的函数需要给定参数，比如 Leaky ReLU 中会有斜率，则可以这样做：

```
1  net = ...
2  net = LambdaLayer(net, fn=lambda x: tl.act.lrelu(x, 0.2), name='lb')
```

其中，*tl.act.lrelu* 是一个可自定义斜率的 Leaky ReLU 函数。

由于这两个例子不会产生任何模型参数，所以它们等同于：

```
1  net.outputs = tf.nn.relu(net.outputs)
2  net.outputs = tl.act.lrelu(net.outputs, 0.2)
```

9.1.2 有参数层

不过实践中一个 layer 往往会引入新模型参数，这里用 Keras 和 TensorLayer 复现第 2 章中多层感知器的例子：

```
1  from keras.layers import *
2  from tensorlayer.layers import *
3
4  x = tf.placeholder(tf.float32, shape=[None, 784])
5  y_ = tf.placeholder(tf.int64, shape=[None,])
6
7  def keras_block(x):
8      x = Dropout(0.8)(x)
9      x = Dense(800, activation='relu')(x)
10     x = Dropout(0.5)(x)
11     x = Dense(800, activation='relu')(x)
12     x = Dropout(0.5)(x)
```

```
13      logits = Dense(10, activation='linear')(x)
14      return logits
15
16  network = InputLayer(x, name='input')
17  network = LambdaLayer(network, fn=keras_block, name='keras')
```

`def keras_block(x)` 函数会产生新的模型参数，因为我们把 `LambdaLayer` 的名字设为 `keras`，所以所有参数的名字开头都带有 `keras/`，通过 `network.print_params()` 可以显示出来。剩余的训练代码功能和之前训练 MNIST 的例子类似。若有需要还可以把 `network` 继续输入到其他层中，可见 `LambdaLayer` 可以作为各种 TensorFlow 模型代码的连接器。

本书除了这个例子讲述如何与其他 TensorFlow 模型对接外，在第 11 章中还有与 TF-Slim 对接的例子，TF-Slim 是 Google 官方开发针对 CNN 开发的库，有大量预训练好的模型可供直接使用。

9.2 自定义层

科研人员往往会遇到现有层不能满足需求的情况，这时就需要定制自己的层。

9.2.1 无参数层

下面通过自定义一个层来实现输出是输入的两倍，代码中标为"(不变)"的是所有层都必须有，而且几乎不会变化的代码（一些特殊层如 `ConcatLayer` 则会不一样），自定义层时复制之即可。TensorLayer 中，每一个网络层（Layer Class）都有 `self.inputs` 和 `self.outputs`，所以当把前一层网络层输入到新一层时，前一层的输出就是新一层的输入，这里用 `self.inputs = layer.outputs` 实现。有了 `self.inputs` 之后，就可以对它进行操作以求出 `self.outputs`。这个例子中只需要把输入乘 2 后输出即可，用 `self.outputs = self.inputs * 2` 实现。

接着，我们要把所有层的输出列表、模型参数列表和 Dropout 参数字典都保存在这一层中，这里分别用 `list` 和 `dict` 函数实现了前面所有层信息的复制。最后，要把这一层新产生的内容保存到输出列表、模型参数列表和 dropout 参数字典中。由于 `DoubleLayer` 只对输出做了改变，所以只需要把 `self.outputs` 加入 `self.all_layers` 最后面即可。

```python
from tensorlayer.layers import Layer
class DoubleLayer(Layer):
    def __init__(
        self,
        layer = None,
        name ='double_layer',
    ):
        # 校验名字是否已被使用（不变）
        Layer.__init__(self, name=name)

        # 本层输入是上层的输出（不变）
        self.inputs = layer.outputs

        # 输出信息（自定义部分）
        print("  I am DoubleLayer")

        # 本层的功能实现（自定义部分）
        self.outputs = self.inputs * 2

        # 获取之前层的参数（不变）
        self.all_layers = list(layer.all_layers)
        self.all_params = list(layer.all_params)
        self.all_drop = dict(layer.all_drop)

        # 更新层的参数（自定义部分）
        self.all_layers.extend( [self.outputs] )
```

注意：最新版本的 TensorLayer 中，获取之前层的参数，可由 Layer 基类自动实现。

此外上面的 DoubleLayer 等同于如下的 LambdaLayer 的实现。实际使用中，为了开发效率，可以先用 LambdaLayer 实现自定义层，测试无误后再实现新层，以贡献到 TensorLayer Github 上。

```python
x = tf.placeholder(tf.float32, shape=[None, 1], name='x')
network = InputLayer(x, name='input_layer')
network = LambdaLayer(network, lambda x: 2*x, name='double_layer')
```

9.2.2 有参数层

接下来，我们实现一个简化版的 `DenseLayer`，与 `DoubleLayer` 不一样的地方只有标记为"自定义部分"的代码。在"本层的功能实现"中，先声明 Weight 和 Bias。使用 `tf.get_variable` 来声明参数相比 `tf.Variable` 的好处是它会先查看之前有没有这个名字的参数，若有则复用之，若无则新建之，而 `tf.Variable` 只会新建参数不能复用参数，所以为了参数复用（Reuse），TensorLayer 中的所有参数声明都使用 `tf.get_variable`。接下来的 `self.outputs = act(tf.matmul(self.inputs, W) + b)` 计算出网络的输出。在"更新层的参数"部分比 `DoubleLayer` 多了 `self.all_params.extend( [W, b] )`，这是为了把新定义的参数保存到该 layer 类中，以便之后通过 `network.all_params` 来查看该网络使用到的所有参数。

```
1  class MyDenseLayer(Layer):
2      def __init__(
3          self,
4          layer = None,
5          n_units = 100,
6          act = tf.nn.relu,
7          name ='simple_dense',
8      ):
9          # 校验名字是否已被使用（不变）
10         Layer.__init__(self, name=name)
11
12         # 本层输入是上层的输出（不变）
13         self.inputs = layer.outputs
14
15         # 输出信息（自定义部分）
16         print("  MyDenseLayer %s: %d, %s" % (self.name, n_units, act))
17
18         # 本层的功能实现（自定义部分）
19         n_in = int(self.inputs._shape[-1])   # 获取上一层输出的数量
20         with tf.variable_scope(name) as vs:
21             # 新建参数
22             W = tf.get_variable(name='W', shape=(n_in, n_units))
23             b = tf.get_variable(name='b', shape=(n_units))
24             # tensor操作
```

```
25          self.outputs = act(tf.matmul(self.inputs, W) + b)
26
27      # 获取之前层的参数（不变）
28      self.all_layers = list(layer.all_layers)
29      self.all_params = list(layer.all_params)
30      self.all_drop = dict(layer.all_drop)
31
32      # 更新层的参数（自定义部分）
33      self.all_layers.extend( [self.outputs] )
34      self.all_params.extend( [W, b] )
```

若在使用 TensorLayer 过程中觉得有一些层被遗漏了，非常欢迎在 Github Issues 中讨论，并发起 Push Request 以成为贡献者之一。

9.3 建立词汇表

涉及自然语言处理的应用基本都需要建立词汇表（Vocabulary），因为输入网络中只能是数字不能是单词，我们需要把单词和数字对应起来。建立词汇表的流程分为两步：（1）分词；（2）标记化（Tokenization）。下面是一个对英文句子做分词的简单例子，在这个例子中，有两个句子，分词过程中我们使用 `tl.nlp.process_sentence` 函数把英文句子的每一个单词分开，并在每个句子前后加入 `start_word` 和 `end_word`，以代表句子的开始符与结束符，在使用递归神经网络做编码任务时，往往会在输入整个句子之后输入结束符号，以让网络知道句子已经输入完毕；而在使用递归神经网络做解码任务时，往往会输入开始符让网络知道现在开始准备生成下一个单词了。

```
1  >>> captions = ["one two , three", "four five five"] # 2个句子
2  >>> processed_capts = []
3  >>> for c in captions:
4  >>>     c = tl.nlp.process_sentence(c, start_word="<S>", end_word="</S>")
5  >>>     processed_capts.append(c)
6  >>> print(processed_capts)
7  ...[['<S>', 'one', 'two', ',', 'three', '</S>'],
8     ['<S>', 'four', 'five', 'five', '</S>']]
```

注意，使用 `tl.nlp.process_sentence` 需要安装 NLTK 工具包，并下载 NLTK 数据，请参考：

- 安装 NLTK：http://www.nltk.org/install.html
- 安装 NLTK data：http://www.nltk.org/data.html

对于中文分词，可以使用结巴中文分词包：

- Jieba Github：https://github.com/fxsjy/jieba

分词完成后，把单词出现的次数做一个排序，然后按照顺序给每个单词分配一个整数 ID，以实现标记化。下面的例子中，我们把分词过后的句子输入到 `tl.nlp.create_vocab` 中，建立一个 vocab.txt 文件，每行保存一个单词及其出现的次数，出现次数多的单词会在文本的上方，而行号就是该单词的 ID 号了。

```
1  >>> tl.nlp.create_vocab(processed_capts,
2      word_counts_output_file='vocab.txt', min_word_count=1)
3  ...    [TL] Creating vocabulary.
4  ...    Total words: 8
5  ...    Words in vocabulary: 8
6  ...    Wrote vocabulary file: vocab.txt
```

打开 vocab.txt 可以看到如下内容，我们预留 0 为补零（Padding）所用，在下一小节将会介绍其作用。TensorLayer 使用 `<S>` 和 `</S>` 作为默认的句子开头与结尾标记符。

```
<PAD> 0
five 2
<S> 2
</S> 2
one 1
, 1
three 1
four 1
two 1
```

可以从 vocab.txt 上实例化一个词汇表类 vocab，它有 `vocab.id_to_word()` 和 `vocab.word_to_id()` 函数，用以把单词转为 ID，以及把 ID 转为单词。

```
1  >>> vocab = tl.nlp.Vocabulary('vocab.txt', start_word="<S>",
2      end_word="</S>", unk_word="<UNK>")
3  ... INFO:tensorflow:Initializing vocabulary from file: vocab.txt
```

```
4  ... [TL] Vocabulary from vocab.txt : <S> </S> <UNK>
5  ... vocabulary with 10 words (includes start_word, end_word, unk_word)
6  ...   start_id: 2
7  ...   end_id: 3
8  ...   unk_id: 9
9  ...   pad_id: 0
```

若某单词或 ID 在词汇表中存在，则可以实现如下转换：

```
1  >>> vocab.id_to_word(2)
2  ... 'one'
3  >>> vocab.word_to_id('one')
4  ... 2
```

若某单词在词汇表中不存在，则 vocab.word_to_id() 会输出一个比最大 ID 要大 1 的数值；若某 ID 在词汇表中不存在，则 vocab.id_to_word() 会输出未知（Unknow）标记符，TensorLayer 中使用 <UNK> 作为默认的未知标记符号。

```
1  >>> vocab.id_to_word(100)
2  ... '<UNK>'
3  >>> vocab.word_to_id('hahahaha')
4  ... 9
```

此外，可以通过 vocab.start_id、vocab.end_id、vocab.unk_id 和 vocab.pad_id 获取句子开始、句子结束和补零（默认为 0）的 ID。

9.4 补零与序列长度

假设要做一个句子分类器，实现输入句子以输出句子是贬义还是褒义。由于不同句子的长度是不一样的，所以若以 batch 来训练时，则一个 batch 中的句子长度将会不一样。递归神经网络需要知道一个 batch 中所有的句子长度才能知道何时停止递归，因此这时需要使用动态递归神经网络（Dynamic Recurrent Neural Network）。计算序列长度（Sequence Length）和对标记化句子补零（Zero Padding）都是使用动态递归神经网络时需要的。

序列长度指的是一个句子的长度，比如我们有三个句子 sequences = [[1,1,1,1,1],[2,2,2],[3,3]] 它们的序列长度分别为 5、3、2。不过训练网络时，若要求输入的句子长度是一样的，则必须通过补零（Zero-Padding）来把短句子变成和最长的句子一样的长度，实现代码如下所示。

```
1  >>> sequences = [[1,1,1,1,1],[2,2,2],[3,3]]
2  >>> sequences = tl.prepro.pad_sequences(sequences, maxlen=None,
3  ...                     dtype='int32', padding='post', truncating='pre',
   value=0.)
4  ... [[1 1 1 1 1]
5  ...  [2 2 2 0 0]
6  ...  [3 3 0 0 0]]
```

TensorLayer 提供了 `tl.layers.retrieve_seq_length_op2` 函数，以在 Numpy 或 Tensor 上自动计算出每一行句子的序列长度，实现例子如下所示。

```
1  >>> data = [[1,2,0,0,0],
2  ...         [1,2,3,0,0],
3  ...         [1,2,6,1,0]]
4  >>> o = tl.layers.retrieve_seq_length_op2(data)
5  >>> sess = tf.InteractiveSession()
6  >>> tl.layers.initialize_global_variables(sess)
7  >>> print(o.eval())
8  ... [2 3 4]
```

9.5 动态递归神经网络

如上一节所说，动态递归神经网络（Dynamic Recurrent Neural Network），往往是一个 batch 中的句子长度不固定时使用的。如下面 `input_seqs` 所示，为了输入不同长度的句子，`input_seqs` 第一个维度是 batch 的大小，而第二个维度设为 None 代表未知。当我们把它输入 Word embedding 层之后，输出变为 (batch_size, None, embedding_size)，每一个单词都由 embedding_size 个数值的向量来表达。若不了解词向量，请看第 5 章。

```
1  >>> batch_size = 32
2  >>> vocab_size = 5000
3  >>> embedding_size = 200
4  >>> input_seqs = tf.placeholder(dtype=tf.int64, shape=[batch_size, None],
5  ...                     name="input_seqs")
```

```
6   >>> network = tl.layers.EmbeddingInputlayer(
7   ...                inputs = input_seqs,
8   ...                vocabulary_size = vocab_size,
9   ...                embedding_size = embedding_size,
10  ...                name = 'seq_embedding')
11  >>> network.outputs.get_shape()
12  ...(32, ?, 200)
```

若要实现句子褒贬分类,则可以把每一个句子编码成一个固定长度向量的表达,使用 `DynamicRNNLayer` 并把 `return_last` 设为 `True`,以输出最后的一个隐状态(Hidden state)作为文本向量。最后如下所示,32 个句子变成 32 个长度为 256 的向量了。

```
1   >>> lstm_size = 256
2   >>> network = tl.layers.DynamicRNNLayer(network,
3   ...     cell_fn = tf.contrib.rnn.BasicLSTMCell,
4   ...     n_hidden = lstm_size,
5   ...     dropout = 0.7,
6   ...     n_layer = 2,
7   ...     sequence_length = tl.layers.retrieve_seq_length_op2(input_seqs),
8   ...     return_last = True,
9   ...     name = 'dynamic_rnn')
10  >>> network.outputs.get_shape()
11  ... (32, 256)
```

在 `DynamicRNNLayer` 中,有一个非常重要的输入参数是 `cell_init_args`,这个参数是直接作用在 `cell_fn` 上的。比如使用 LSTM 时,往往会设置 `cell_init_args={'state_is_tuple': True}` 以实现 Cell State 和 Hidden State 分开存储和返回;而在复用时,可以加入 `reuse` 为 `True`,如 `{'state_is_tuple': True, 'reuse': True}`。

9.6 实用小技巧

本节我们总结一比较使用的小技巧。

9.6.1 屏蔽显示

默认情况下 TensorLayer 每执行到一个神经网络层，就会有相应的神经网络层信息在命令窗（Terminal）中输出，这样设计的初衷是为了方便用户调试和设计神经网络，但对于非常深的网络，打印过多的信息到命令窗中并没有多大的作用，反而会干扰阅读其他信息输出。这时，可以使用 with tl.ops.suppress_stdout(): 来控制命令窗输出，在该 with 声明下执行的所有操作都不会被显示到命令窗中，例如：

```
1  print("这里会被输出")
2  with tl.ops.suppress_stdout():
3      print("这里不会被输出") # 这个地方的任何过程都不会显示到命令窗中
4  print("这里会被输出")
```

9.6.2 参数名字前缀

一个模型里可以用 TensorFlow 定义多个 variable scope，它可以让 with 声明下的模型参数名字前缀加上给定的字符串（string）。下面的例子中模型参数名字都以 MLP 开头。定义多个 variable scope 的好处是可以非常方便地获取不同区域内的参数。

```
1  def mlp(x, is_train=True, reuse=False):
2      with tf.variable_scope("MLP", reuse=reuse):
3          tl.layers.set_name_reuse(reuse)
4          net = InputLayer(x, name='in')
5          net = DropoutLayer(net, 0.8, True, is_train, name='drop1')
6          net = DenseLayer(net, n_units=800, act=tf.nn.relu, name='dense1')
7          net = DropoutLayer(net, 0.8, True, is_train, name='drop2')
8          net = DenseLayer(net, n_units=800, act=tf.nn.relu, name='dense2')
9          net = DropoutLayer(net, 0.8, True, is_train, name='drop3')
10         net = DenseLayer(net, n_units=10, act=tf.identity, name='out')
11         logits = net.outputs
12         net.outputs = tf.nn.sigmoid(net.outputs)
13         return net, logits
14 x = tf.placeholder(tf.float32, shape=[None, 784], name='x')
15 y_ = tf.placeholder(tf.int64, shape=[None, ], name='y_')
16 net_train, logits = mlp(x, is_train=True, reuse=False)
```

```
17   net_test, _ = mlp(x, is_train=False, reuse=True)
18   cost = tl.cost.cross_entropy(logits, y_, name='cost')
```

下面的例子使用 `get_variables_with_name` 来获取模型参数列表,输入的'MLP'是全局搜索时用的名字;第一个 True 是 `train_only`,意思是只获取可训练(Trainable)的参数;第二个 True 是 `printable`,即在命令窗口中打印出所有获取的参数信息,以方便调试。由于上面的模型是建立在 `tf.variable_scope("MLP", reuse=reuse)` 之下的,所有参数前缀都带有'MLP',所以这个命令相当于要获取整个模型的参数列表,作用与 `net_train.all_params` 一样。获取完参数,可以指定 TensorFlow 优化器(Optimizer)优化特定的参数,或者定义其他参数规则化(Weight Regularization)方法。

```
1   >>> train_vars = tl.layers.get_variables_with_name('MLP', True, True)
2   ... [*] geting variables with MLP
3   ... got    0: MLP/dense1/W:0    (784, 800)
4   ... got    1: MLP/dense1/b:0    (800,)
5   ... got    2: MLP/dense2/W:0    (800, 800)
6   ... got    3: MLP/dense2/b:0    (800,)
7   ... got    4: MLP/out/W:0       (800, 10)
8   ... got    5: MLP/out/b:0       (10,)
```

9.6.3 获取特定参数

若只想从上面的模型中获取第一层网络的模型参数列表,可以执行如下代码。这比从 `net_train.all_params` 上用 indexing 获取特定位置参数的方法更加方便直观。

```
1   >>> train_vars = tl.layers.get_variables_with_name('dense1', True, True)
2   ... [*] geting variables with dense1
3   ... got    0: MLP/dense1/W:0    (784, 800)
4   ... got    1: MLP/dense1/b:0    (800,)
```

获取完参数后,可以指定 TensorFlow 优化器(Optimizer)优化特定的参数,或者定义其他权值规则化(Weight regularization)方法。

```
1   train_op = tf.train.AdamOptimizer(learning_rate=0.0001
2                       ).minimize(cost, var_list=train_vars)
```

9.6.4 获取特定层输出

除了在全局中搜索参数列表，还可以从一个指定神经网络中搜索神经网络层输出列表。若想从上面的模型中取出所有 DenseLayer 的输出，则可以执行如下代码，然后根据需要使用网络的输出，定义激活值规则化（Activation outputs regularization）方法。而 net_train.all_layers 的神经网络层输出列表包含 Dropout 和输出层的输出。

```
>>> layers = tl.layers.get_layers_with_name(net_train, 'dense', True)
... [*] geting layers with dense
... got   0: MLP/dense1/Relu:0    (None, 800)
... got   1: MLP/dense2/Relu:0    (None, 800)
```

10

实例一：使用预训练卷积网络

10.1 高维特征表达

预训练的卷积神经网络（CNN）常常被用于把图像编码（Encode）成高维度的特征表达（Feature Representation），然后在特征表达上完成其他任务。最经典的例子是图片生成文字描述（Image Captioning），这个任务往往先在 ImageNet 上把 CNN 预训练好，然后取出 CNN 中间某层的输出作为递归神经网络（RNN）的输入，以让 RNN 解码（Decode）输出图片对应的描述文字。使用 ImageNet 的原因是，ImageNet 是一个有上百万张图片的数据集，物体种类有 1000 个，基本包含了日常生活中常见的物品，因此用它训练出来的 CNN 可以在复杂图片上实现非常好的特征提取，可参考第 4 章卷积神经网络。

在迁移学习（Transfer Learning）中，也往往先在大数据集预训练好模型后，再使用小数据做微调（Fine-Tune）。比如一家工厂想要训练一个包装盒分类器代替工人的手工分类，但我们只有数千张标记好的包装盒图片，若直接在这少量的包装盒图片上训练，则模型很容易引起过拟合（Overfitting），这时可以先用 ImageNet 预训练好 CNN 模型，再使用包装盒图片来对网络通过训练作出调整，这就是迁移学习的基本思想。这里需要注意的是，训练 ImageNet 的 CNN 网络最后一层输出 1000 个种类，若包装盒种类不是 1000 个，则最后一层的输出数量要替换成包装盒种类的数量。实践中往往只需要更新最后一层网络的参数即可。

不过由于 ImageNet 数据量非常大，而网络模型往往复杂，因此训练耗时非常大，在普通 GPU 上往往需要长达一个月的训练时间。此外训练中很多细节会影响最终的训练结果，对于普通开发者而言，自己在 ImageNet 上从零开始训练网络不太实际。因此，本章将教大家如何获取并加载第三方训练好的模型到 TensorLayer 中。我们先学习两个 VGG 的例子，然后介绍 Google 官方针对 CNN 开发的 Wrapper——TF-Slim，Google 使用它预训练好了包括各类 Inception、ResNet、MobileNet 和 VGG 等常用 CNN 模型，将学习如何把这些模型连接到 TensorLayer 中。

本章的代码可以在如下地址中找到：

- VGG16 代码: https://github.com/zsdonghao/tensorlayer/blob/master/example/ tutorial_vgg16.py
- VGG19 代码: https://github.com/zsdonghao/tensorlayer/blob/master/ example/tutorial_vgg19.py
- Inception V3 代码（结合 TF-Slim）: https://github.com/ zsdonghao/tensorlayer/blob/-master/example/tutorial_inceptionV3_tfslim.py

10.2 VGG 网络

在第 4 章中介绍过，VGG 网络是最经典的 CNN 模型之一，虽然现在它在 ImageNet 的准确度排行榜上已经不是第一了，但它已经能够胜任大部分图像相关的任务，现在很多优秀论文依然使用 VGG 作为图像的特征提取模块。本节我们先使用 TensorLayer 搭建 VGG16 和 VGG19 模型（16 和 19 分别代表的是网络的层数），然后从网上下载 VGG 模型参数，并把参数加载到 VGG 模型中，最后输入一张图片以测试模型的效果。

首先，我们来看看 TensorLayer 搭建的 VGG16 模型。下面的代码会得到最后的 network，这个网络输入的图片是 (224, 224, 3)，即长宽各 224 个像素。由于是 RGB 图，所以一共有 3 个通道（Channels），最终该网络由 13 层 CNN 和 3 层全连接层组成，输出 1000 个类的概率。我们看到输入图片（net_in.outputs）的 R、G 和 B 通道分别被减去 123.68,116.779 和 103.939，这是因为该网络的图片输入值范围是 0 至 255，而这 3 个值是 ImageNet RGB 的全局均值，使用减去全局均值作为数据归一化有利于网络训练稳定，因此使用过程中，我们也需要把图片减去相应的全局均值再将其输入到 VGG 中。

```
1   import tensorflow as tf
2   import tensorlayer as tl
3   from tensorlayer.layers import *
4
5   # CNN模块
```

```python
def conv_layers_simple_api(net_in):
    with tf.name_scope('preprocess') as scope:
        # 减去全局均值，做归一化
        mean = tf.constant([123.68, 116.779, 103.939], dtype=tf.float32,
                    shape=[1, 1, 1, 3], name='img_mean')
        net_in.outputs = net_in.outputs - mean
    """ conv1 """
    network = Conv2d(net_in, n_filter=64, filter_size=(3, 3),
            strides=(1, 1), act=tf.nn.relu,padding='SAME', name='conv1_1')
    network = Conv2d(network, n_filter=64, filter_size=(3, 3),
            strides=(1, 1), act=tf.nn.relu,padding='SAME', name='conv1_2')
    network = MaxPool2d(network, filter_size=(2, 2), strides=(2, 2),
            padding='SAME', name='pool1')
    """ conv2 """
    network = Conv2d(network, n_filter=128, filter_size=(3, 3),
            strides=(1, 1), act=tf.nn.relu, padding='SAME', name='conv2_1')
    network = Conv2d(network,n_filter=128, filter_size=(3, 3),
            strides=(1, 1), act=tf.nn.relu, padding='SAME', name='conv2_2')
    network = MaxPool2d(network, filter_size=(2, 2), strides=(2, 2),
            padding='SAME', name='pool2')
    """ conv3 """
    network = Conv2d(network, n_filter=256, filter_size=(3, 3),
            strides=(1, 1), act=tf.nn.relu, padding='SAME', name='conv3_1')
    network = Conv2d(network, n_filter=256, filter_size=(3, 3),
            strides=(1, 1), act=tf.nn.relu, padding='SAME', name='conv3_2')
    network = Conv2d(network, n_filter=256, filter_size=(3, 3),
            strides=(1, 1), act=tf.nn.relu, padding='SAME', name='conv3_3')
    network = MaxPool2d(network, filter_size=(2, 2), strides=(2, 2),
            padding='SAME', name='pool3')
    """ conv4 """
    network = Conv2d(network, n_filter=512, filter_size=(3, 3),
            strides=(1, 1), act=tf.nn.relu, padding='SAME', name='conv4_1')
    network = Conv2d(network, n_filter=512, filter_size=(3, 3),
            strides=(1, 1), act=tf.nn.relu, padding='SAME', name='conv4_2')
    network = Conv2d(network, n_filter=512, filter_size=(3, 3),
            strides=(1, 1), act=tf.nn.relu, padding='SAME', name='conv4_3')
    network = MaxPool2d(network, filter_size=(2, 2), strides=(2, 2),
```

```python
43              padding='SAME', name='pool4')
44      """ conv5 """
45      network = Conv2d(network, n_filter=512, filter_size=(3, 3),
46              strides=(1, 1), act=tf.nn.relu, padding='SAME', name='conv5_1')
47      network = Conv2d(network, n_filter=512, filter_size=(3, 3),
48              strides=(1, 1), act=tf.nn.relu, padding='SAME', name='conv5_2')
49      network = Conv2d(network, n_filter=512, filter_size=(3, 3),
50              strides=(1, 1), act=tf.nn.relu, padding='SAME', name='conv5_3')
51      network = MaxPool2d(network, filter_size=(2, 2), strides=(2, 2),
52              padding='SAME', name='pool5')
53      return network
54
55  # 全连接模块
56  def fc_layers(net):
57      net = FlattenLayer(net, name='flatten')
58      net = DenseLayer(net, n_units=4096, act=tf.nn.relu, name='fc1')
59      net = DenseLayer(net, n_units=4096, act=tf.nn.relu, name='fc2')
60      net = DenseLayer(net, n_units=1000, act=tf.identity, name='fc3')
61      return net
62
63  sess = tf.InteractiveSession()
64
65  # 图片输入
66  x = tf.placeholder(tf.float32, [None, 224, 224, 3])
67
68  # 完整的VGG16模型
69  net_in = InputLayer(x, name='input')
70  net_cnn = conv_layers_simple_api(net_in)
71  network = fc_layers(net_cnn)
```

我们输入大小为 (None, 224, 224, 3) 的 placeholder 到 InputLayer，然后输入到 CNN 模块和全连接模块，最后网络的输出是 (None, 1000)，None 代表输入的图片数量是任意值，下面的例子中只会输入一张图片。虽然这里定义输入图片数量可以为任意值，但实际使用中，由于内存的限制，每次输入的图片数量不能过大。

上面 def conv_layers_simple_api(net_in) 函数是使用简化版本 CNN API 实现的，对于习惯使用原生 TensorFlow API 的用户，我们接下来用专业版本 CNN API 重新实现一样的模型。这套专业版本 CNN API 的输入参数格式和原生 TensorFlow API（如

`tf.nn.conv2d` 和 `tf.nn.max_pool`）保持一致。哪套 API 比较好完全因人而异，若想把一套原生 TensorFlow 的代码翻译成 TensorLayer，则专业版本 CNN API 或许是一个好的选择。

```python
def conv_layers(net_in):
    with tf.name_scope('preprocess') as scope:
        # 减去全局均值
        mean = tf.constant([123.68, 116.779, 103.939], dtype=tf.float32,
            shape=[1, 1, 1, 3], name='img_mean')
        net_in.outputs = net_in.outputs - mean
    """ conv1 """
    network = Conv2dLayer(net_in, act=tf.nn.relu, shape=[3, 3, 3, 64],
                strides=[1, 1, 1, 1], padding='SAME', name ='conv1_1')
    network = Conv2dLayer(network, act=tf.nn.relu, shape=[3, 3, 64, 64],
                strides=[1, 1, 1, 1], padding='SAME', name='conv1_2')
    network = PoolLayer(network, ksize=[1, 2, 2, 1], strides=[1, 2, 2, 1],
                padding='SAME', pool = tf.nn.max_pool, name='pool1')
    """ conv2 """
    network = Conv2dLayer(network, act=tf.nn.relu, shape=[3, 3, 64, 128],
                strides=[1, 1, 1, 1], padding='SAME', name='conv2_1')
    network = Conv2dLayer(network, act=tf.nn.relu, shape=[3, 3, 128, 128],
                strides=[1, 1, 1, 1], padding='SAME', name ='conv2_2')
    network = PoolLayer(network, ksize=[1, 2, 2, 1], strides=[1, 2, 2, 1],
                padding='SAME', pool=tf.nn.max_pool, name='pool2')
    """ conv3 """
    network = Conv2dLayer(network, act=tf.nn.relu, shape=[3, 3, 128, 256],
                strides=[1, 1, 1, 1], padding='SAME', name='conv3_1')
    network = Conv2dLayer(network, act = tf.nn.relu, shape=[3, 3, 256, 256],
                strides=[1, 1, 1, 1], padding='SAME', name='conv3_2')
    network = Conv2dLayer(network, act = tf.nn.relu, shape=[3, 3, 256, 256],
                strides=[1, 1, 1, 1], padding='SAME', name ='conv3_3')
    network = PoolLayer(network, ksize=[1, 2, 2, 1], strides=[1, 2, 2, 1],
                padding='SAME', pool=tf.nn.max_pool, name='pool3')
    """ conv4 """
    network = Conv2dLayer(network, act=tf.nn.relu, shape=[3, 3, 256, 512],
                strides=[1, 1, 1, 1], padding='SAME', name='conv4_1')
    network = Conv2dLayer(network, act=tf.nn.relu, shape=[3, 3, 512, 512],
```

```
34                        strides=[1, 1, 1, 1], padding='SAME', name='conv4_2')
35         network = Conv2dLayer(network, act=tf.nn.relu, shape=[3, 3, 512, 512],
36                        strides=[1, 1, 1, 1], padding='SAME', name='conv4_3')
37         network = PoolLayer(network, ksize=[1, 2, 2, 1], strides=[1, 2, 2, 1],
38                        padding='SAME', pool=tf.nn.max_pool, name='pool4')
39         """ conv5 """
40         network = Conv2dLayer(network, act=tf.nn.relu, shape=[3, 3, 512, 512],
41                        strides=[1, 1, 1, 1], padding='SAME', name='conv5_1')
42         network = Conv2dLayer(network, act=tf.nn.relu, shape=[3, 3, 512, 512],
43                        strides=[1, 1, 1, 1], padding='SAME', name='conv5_2')
44         network = Conv2dLayer(network, act=tf.nn.relu, shape=[3, 3, 512, 512],
45                        strides=[1, 1, 1, 1], padding='SAME', name='conv5_3')
46         network = PoolLayer(network, ksize=[1, 2, 2, 1], strides=[1, 2, 2, 1],
47                        padding='SAME', pool=tf.nn.max_pool, name='pool5')
48         return network
```

定义好模型后,我们需要下载第三方训练好的模型参数,在这里请大家到多伦多大学网站上下载 `vgg16_weights.npz` 文件。此外大家还需要下载 TensorLayer Github 上 example 文件夹中的 data 文件夹,该文件夹的 `imagenet_classes.py` 中有 ImageNet 1000 个种类对应的英文含义,分别对应 VGG 网络最后一层输出 1000 个输出。下面的代码中,首先读取了 1000 个种类的英文列表,然后加载模型参数,最后把 data 文件夹中的 `laska.png` 图片输入网络以测试,显示出概率最高的 5 个结果(Top 5 results)。

- 多伦多大学网站 VGG16 下载:http://www.cs.toronto.edu/~frossard/post/vgg16/
- 测试图片下载(data 文件夹):https://github.com/zsdonghao/tensorlayer/tree/master/example/data

```
1   import os, sys, time
2   import numpy as np
3   from scipy.misc import imread, imresize
4
5   # 读取1000个种类的英文列表
6   from data.imagenet_classes import *
7
8   # 获取VGG网络输出
9   y = network.outputs
10  probs = tf.nn.softmax(y)
11
```

```
12  # 初始化参数
13  tl.layers.initialize_global_variables(sess)
14  network.print_params()
15  network.print_layers()
16
17  # 把训练好的VGG参数载入到模型中
18  npz = np.load('vgg16_weights.npz')
19  params = []
20  for val in sorted( npz.items() ):
21      print("  Loading %s" % str(val[1].shape))
22      params.append(val[1])
23  tl.files.assign_params(sess, params, network)
24
25  # 读取测试图片
26  img1 = imread('data/laska.png', mode='RGB')
27  img1 = imresize(img1, (224, 224))
28
29  # 输出概率最高的5个种类及其概率
30  start_time = time.time()
31  prob = sess.run(probs, feed_dict={x: [img1]})[0]
32  print("  End time : %.5s" % (time.time() - start_time))
33  preds = (np.argsort(prob)[::-1])[0:5]
34  for p in preds:
35      print(class_names[p], prob[p])
```

输出结果如下：

```
weasel 0.693386
polecat, fitch, foulmart, foumart, Mustela putorius 0.175388
mink 0.122086
black-footed ferret, ferret, Mustela nigripes 0.00887066
otter 0.000121083
```

相比 VGG16，VGG19 多了 3 层 CNN，在 ImageNet 上的准确度稍微高一点点，在 TensorLayer Github 中，我们有 VGG19 的例子。这个例子与 VGG16 类似，同样需要先下载第三方预训练模型参数，读取 ImageNet 种类英文列表，为了节省阅读时间，这里不展示 VGG19 的代码了。通过上面的例子，希望大家学会如何利用第三方训练的模型参数，其实我们只要定义好模型，并把模型参数以列表（list）形式与 `network.all_params` 中的模型参数一一对应，即可使用 `tl.files.assign_params` 函数把模型参数加载到 TensorLayer 的网络中去。

10.3 连接 TF-Slim

如之前所说，TF-Slim 是 Google 针对 CNN 专门开发的一个 Wrapper，提供大量常用预训练 CNN 网络。这些预训练好的 CNN 网络可以在 TensorFlow Github 上下载（https://github.com/tensorflow/models/tree/master/research/slim）。我们可以通过 `tl.layers.SlimNetsLayer` 把这些预训练好的模型连接到 TensorLayer 中使用。

在 VGG16 的例子中，虽然网络很深但也只有 16 层，不过现在学术界有时候使用更深的网络，比如 Residual Nets 甚至有 1000 层的，这时搭建网络不能通过手工一层层地写代码了，而往往是用 `for loop` 来实现的。对于一些非常复杂的网络，比如 Inception 的搭建难度会更大，若搭建过程中稍微出错，即使有预训练好的模型参数也加载不到网络中，这对大部分开发者来说会非常痛苦。幸运的是，既然 TF-Slim 已经提供了模型和预训练好的参数，我们可以直接拿来使用，连接到 TensorLayer 上，再根据任务需要连接到其他网络中去。

- 本节代码来自：https://github.com/zsdonghao/tensorlayer/blob/master/example/tutorial_inceptionV3_tfslim.py

首先载入该例子所需的函数，这里会发现，除了载入 ImageNet 每一类对应的英文含义，还从 TensorFlow 中载入了一些 TF-Slim 和 Inception 相关的函数。

```
1  import tensorflow as tf
2  import tensorlayer as tl
3  slim = tf.contrib.slim
4  from tensorflow.contrib.slim.python.slim.nets.inception_v3 \
5          import inception_v3_base, inception_v3, inception_v3_arg_scope
6  import skimage
7  import skimage.io
8  import skimage.transform
9  import time, os
10
11 from data.imagenet_classes import *
12 import numpy as np
```

Inception V3 模型和之前的 VGG 模型不同，它的输入图像大小是 (299, 299, 3)，而不是 VGG 的 (224, 224, 3)，此外图像数值的范围是 0 至 1，而不是 0 至 255，因此读取图片时，用 `def load_image(path)` 函数把图像数值调整到 0 和 1 之间，然后截取图片中心（Central Crop）部分，并把图片大小调整（Resize）到 299 × 299。需要注意的是，截取图片中心部分（Central Crop）对于图片大小不一致的数据集来说是非常常见的，因为在训练过程中往往会用随机截取（Random Crop）来保证训练图片大小一致并作为数据增强的手段。

```
1  def load_image(path):
2      # 载入图片
3      img = skimage.io.imread(path)
4      # 数值调整到0~1之间
5      img = img / 255.0
6      assert (0 <= img).all() and (img <= 1.0).all()
7      # 切割图片正中央的区域
8      short_edge = min(img.shape[:2])
9      yy = int((img.shape[0] - short_edge) / 2)
10     xx = int((img.shape[1] - short_edge) / 2)
11     crop_img = img[yy: yy + short_edge, xx: xx + short_edge]
12     # 调整大小
13     resized_img = skimage.transform.resize(crop_img, (299, 299))
14     return resized_img
15
16 # 测试图片可在如下链接中获取
17 # https://github.com/zsdonghao/tensorlayer/tree/master/example/data
18 img1 = load_image("data/puzzle.jpeg")
19 img1 = img1.reshape((1, 299, 299, 3))
```

这里是本章的重点，结合 TF-Slim 使用一行 `tl.layers.SlimNetsLayer` 代码即可实现非常复杂的 Inception V3 模型。我们会发现这里的 `num_classes` 是 1001，而不是 VGG 时的 1000，这是因为 TF-Slim 把空背景也作为一个类来训练 Inception V3。这个例子中我们不训练模型，所以 `is_training` 设为 `False`。

```
1  x = tf.placeholder(tf.float32, shape=[None, 299, 299, 3])
2  net_in = tl.layers.InputLayer(x, name='input_layer')
3  with slim.arg_scope(inception_v3_arg_scope()):
4      network = tl.layers.SlimNetsLayer(layer=net_in, slim_layer=inception_v3,
5                                        slim_args= {'num_classes' : 1001,
```

```
6                                          'is_training' : False},
7                                  name='InceptionV3')
```

模型参数方面，可以在 TF-Slim 的链接中下载到，然后运行如下代码把模型参数载入网络中。

- TF-Slim 模型链接：https://github.com/tensorflow/models/tree/master/research/slim

```
1   sess = tf.InteractiveSession()
2   network.print_params(False)
3
4   # 载入训练好的参数
5   saver = tf.train.Saver()
6   saver.restore(sess, "./inception_v3.ckpt")
7
8   # 获取网络输出
9   from scipy.misc import imread, imresize
10  y = network.outputs
11  probs = tf.nn.softmax(y)
```

最后，我们输入一张图片以测试效果。

```
1   def print_prob(prob):
2       synset = class_names
3       # 得到所有种类的概率
4       pred = np.argsort(prob)[::-1]
5       # 得到 top1 分类
6       top1 = synset[pred[0]]
7       print("Top1: ", top1, prob[pred[0]])
8       # 得到 top5 分类
9       top5 = [(synset[pred[i]], prob[pred[i]]) for i in range(5)]
10      print("Top5: ", top5)
11      return top1
12
13  # 输出概率最高的5个种类及其概率
14  start_time = time.time()
15  prob = sess.run(probs, feed_dict= {x : img1})
16  print("End time : %.5s" % (time.time() - start_time))
17  print_prob(prob[0][1:])
```

输出结果如下。

```
Top1:   jigsaw puzzle 0.99967
Top5:   [('jigsaw puzzle', 0.99966955),
         ('sock', 7.352975e-06),
         ('acorn', 6.1438341e-06),
         ('can opener, tin opener', 5.3175322e-06),
         ('rubber eraser, rubber, pencil eraser', 3.7719751e-06)]
```

11 实例二：图像语义分割及其医学图像应用

11.1 图像语义分割概述

计算机视觉（Computer Vision）的三大核心研究问题是：图像分类（Image Classification）、物体检测（Object Detection）和图像分割（Image Segmentation）。其中图像语义分割（Image Semantic Segmentation）的任务极具挑战性。图像语义分割作为计算机视觉中图像理解的重要一环，不仅在工业界的需求日益凸显，同时也是当下学术界的研究热点之一。图像语义分割可以说是图像理解的基本技术，例如，在自动驾驶系统（比如，街景的识别与理解）、无人机（比如，着陆点判断），以及医学图像等应用中举足轻重，并在很多领域具有广泛的应用价值。本质上说，图像语义分割包含了传统的图像分割和目标识别两个子任务，即我们需要将图像分割成一组具有一定语义含义的区块，并识别出每个区块的类别，最终得到一幅具有对图像中每个像素点进行语义标注的分割结果图。这么描述可能有些读者还是不明白图像语义分割的概念，简而言之，图像是由许多像素点（Pixel）组成的，而图像语义分割，顾名思义就是将像素点按照图像中表达语义的不同进行分类（Classification）。

图 11.1 取自图像分割领域的标准数据集之一的 PASCAL VOC[①]。其中左图为原始图像，右图是分割后的标记：绿色区域表示语义为"摩托车手"的图像像素区域，红色区域代表语义为"摩托车"的图像像素区域，黑色则表示"背景"。显然，在图像语义分

[①] http://host.robots.ox.ac.uk/pascal/VOC/

割任务中，其输入为一张 H×W×3 的 RGB 三通道彩色图像，输出的则对应是一个 H×W 矩阵，并且此矩阵的每一个值代表了原图中对应位置像素所表示的语义类别（Semantic label）。因此图像语义分割也称为"图像语义标注"（Image Semantic Labeling）、"像素语义标注"（Semantic Pixel Labeling）或"像素语义分组"（Semantic Pixel Grouping）[①]。

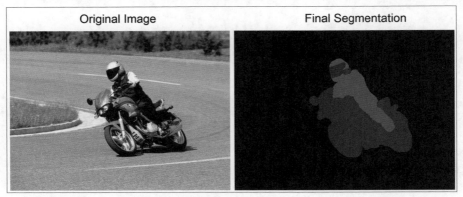

图 11.1　图像语义分割实例，左侧是原图，右侧是深度学习网络输出的语意分割的结果

然而图像语义分割并不像想象中的那么简单。例如在图 11.1 中，我们可以看到在摩托车手的安全帽的遮阳镜部分有一块区域被分割成了红色，和摩托车的后视镜部分被分割成了一块区域（其分割标记代表的是摩托车），这显然是不对的，可能是由于这块安全帽的部分像素值的分布接近于摩托车，所以算法被迷惑了，导致了分割误差。另外，摩托车的车把部分没有被识别出来，被包含在摩托车手的标记中，这可能是由于车把部分的区域过小导致了分割误差。另外一方面，安全帽本身算不算是摩托车手的一部分呢？如果不是，那么整个安全帽现在被标记为绿色是不是也不太合适呢？我们可以总结一下图像语义分割所面对的挑战。

- **物体层次**：同一物体，由于光照、视角、距离的不同，拍摄出的图像也会有很大不同。在医学图像中，同一器官，由于时间、扫描序列以及图像信噪比的差异，也会导致得到的图像有很大差别。

- **类别层次**：类别层次上所面临的难点主要来自于：类内物体之间的相异性和类间物体之间的相似性。

- **背景层次**：通常干净的背景有助于实现图像的语义分割，但实际场景中的背景往往是错综复杂的（或者是有噪声干扰的），这种复杂性和噪声也大大提升了图像语义分割的难度。

[①] https://zhuanlan.zhihu.com/p/21824299

11.1.1 传统图像分割算法简介

基于此篇综述[①]，我们将介绍几种常见的传统图像分割算法。

1. 阈值分割法（Threshold）

阈值分割法是图像分割领域最基础的方法之一，原理是根据图像中像素点的颜色或灰度值的不同而设定特定的阈值，对图像的像素点进行判别归类从而达到对图像的分割。拍电影特效时在绿色背景中分隔出前面的人物，可以使用这种方法。

这一方法成功与否的关键在于阈值的选取。最常见的阈值选取方法是统计灰度直方图，找到不同像素点组别间区别最大的数值作为阈值。选取阈值的其他方法还有比如：最小误差法、最大类间方差法、最大熵法等。阈值分割法的最大优势是：概念简单明了、计算复杂度小、运算效率高、运算速度快、占用内存小，等等。但是此方法明显对于图像中语意理解没有任何限制，故而导致分割效果往往不佳。

2. 区域生长法（Region Growing）

区域生长法是一种非常常用的半自动（Semi-Automated）图像分割方法。此方法是在图像中人工手动放置种子像素点，然后基于特定的生长准则，依次将种子点周围邻域内的像素点合并到种子点所定义的类别中。此方法较阈值分割法有比较好的语义理解，但是此方法的速度较慢，而且分割效果基于种子点的位置、生长准则和生长顺序。种子点的选取基于放置者的主观臆断，不够客观且分割结果难以复制。

3. 分水岭算法（Watershed Algorithm）

分水岭算法，是一种基于拓扑理论的数学形态学的分割方法，其基本思想是把图像看成测绘学上的拓扑地貌，图像中每一点像素的灰度值表示该点的海拔高度。图中的平坦区域梯度较小，构成盆地，边界处梯度较大构成分割盆地的山脊。分水岭算法的概念和形成可以通过模拟水的渗入过程来说明：在每一个局部极小值表面，刺穿一个小孔，水从最低洼的地方渗入，然后把整个模型慢慢浸入水中，随着浸入的加深，每一个局部极小值的影响域慢慢向外扩展，在两个集水盆汇合处构筑大坝，即形成分水岭。当水位到达最高山脊时，算法结束，每一个孤立的积水盆地构成一个分割区域。分水岭算法对微弱边缘具有良好的响应，图像中的噪声和目标区域内部的细节信息变化，都会产生过度分割的现象。为消除分水岭算法产生的过度分割，通常可以采用两种处理方法：一是利用先验知识去除无关边缘信息；二是修改梯度函数使得积水盆只响应想要探测的目标。单纯使用分水岭分割法，其精度往往不佳。

[①] 魏来. 图像语义分割综述. ojmhfvae7.bkt.clouddn.com/图像语义分割综述.pdf

4. 边缘检测法和主动轮廓模型（Edge Detection and Active Contour Model）

除了上述的基于图像区块的分割方法，还有一类方法是使用直接寻找目标区域边界的方法来达到图像分割的目的。

边缘检测法通过检测目标区域的边缘来进行分割，即检测灰度级或者结构具有突变的分界线，表明一个区域的终结，也是另一个区域开始。这种区域的不连续性被称为边缘。利用区域之间特征的不一致性，首先检测图像中的边缘，然后按一定策略连接成闭合的曲线，从而构成分割区域。对于阶跃状边缘，其对应了一阶导数的极值点或者二阶导数的过零点（零交叉点）。因此常用微分算子进行边缘检测。对于边缘的检测，需要借助边缘检测算子来进行，其中常用的边缘检测算子包括：Roberts 算子、Laplace 算子、Prewitt 算子、Sobel 算子、Rosonfeld 算子、Kirsch 算子和 Canny 算子等。在实际中各种微分算子常用小区域模板来表示，微分运算是利用模板和图像卷积来实现的。这些算子对噪声敏感，只适合于噪声较小不太复杂的图像。由于边缘和噪声都是灰度不连续点，在频域均为高频分量，直接采用微分运算难以克服噪声的影响，因此用微分算子检测边缘前往往要对图像进行平滑滤波。

主动轮廓模型有一个形象的别称：Snake，最初是在 20 世纪 80 年代提出的，实际上，其简而言之是一种基于能量泛函的分割方法。基本思想是使用连续曲线来表达目标边缘，并定义一个能量泛函使得其自变量包括边缘曲线，因此分割过程就转变为求解能量泛函的最小值的过程，一般可通过求解函数对应的欧拉方程来实现，能量达到最小时的曲线位置就是目标的轮廓所在。主动轮廓线模型描述的是一个自上而下的目标区域定位机制，通过人工或者其他自动化预处理在目标区域附近放置一个初始轮廓线（活动轮廓），在内部能量（内力）和外部能量（外力）的作用下使得这个活动轮廓形变并且向目标区域的边缘渐进，外部能量吸引活动轮廓朝物体边缘运动，而内部能量保持活动轮廓的光滑性和拓扑性，当能量达到最小时，活动轮廓收敛到所要检测的物体边缘。按照曲线表达方式的不同，活动轮廓模型大致可以分为两大类：参数活动轮廓模型和几何活动轮廓模型。主动轮廓模型的缺点是其能量方程依赖于曲线方程的参数化，不是曲线的本征表示，因此不能处理变形过程中的拓扑变化，从而不能用于检测多目标的情况。

5. 图论分割法（Graph Theory Based Segmentation）

基于图论的图像分割方法主要有：基于最小生成树的方法、最小化切割方法和谱方法等。其基本思想是将图像映射为带权无向图 $G =< V, E >$，无向图中每个节点 $N \in V$ 对应于图像中的每个像素，节点之间的边权值表示了相邻像素之间相应的灰度，颜色或纹理方面的非负相似度。而对图像的一个分割就是对图的一个剪切，被分割的每个区域对应着图中的一个子图。基于图论的方法本质上也是将图像分割问题转化为最优化问题，是一种点对聚类方法，而分割的最优原则就是使划分后的子图在内部保持相似度最大，而子图之间的相似度保持最小。基于图论的分割算法能将图像的局部特征和全局特征联系起来，考虑到图像的空间关联信息，更加符合语意学描述。同时该类方法具有快速、鲁棒、全局最优、抗噪性强、可扩展性好等优点。在此基础上，马尔可夫随机场（Markov Random Fields）和条件随机场（Conditional Random Fields）也被引入。马尔可夫随机场是无向的概率图论模型，简而言之是对像素赋予一个随机的值，然后通过概率的方式进行计算和分类。条件随机场是一种判别式概率无向图学习模型，是一种用于标注和切分有序数据的条件概率模型。

在各种传统图像分割算法的基础上，研究人员又提出了各种改进和混合方法。但是大部分全自动图像分割算法的准确率还有待提高，相对地，半自动分割算法对手动定义的信息要求比较高，往往分割结果的可复制性不高，且效率较低。

这些传统图像语义分割算法多是根据图像像素自身的低阶视觉信息来进行图像分割的。由于这样的方法没有算法训练阶段，或者训练集数目相对较少，因此往往其算法复杂度不高，在较困难的分割任务上，其分割效果不能令人满意。

在计算机视觉步入深度学习时代之后，语义分割同样也进入了全新的发展阶段，以全卷积神经网络（Fully convolutional networks，FCN）为代表的一系列基于卷积神经网络"训练"的语义分割方法相继提出，屡屡刷新分割精度。

11.1.2 损失函数与评估指标

评估指标对于图像语义分割算法的设计非常关键：1）显然评估指标可以用来衡量一个图像语义分割算法的优劣；2）某些评估指标可以被用作图像语义分割算法的损失函数（Cost Function），对图像语义分割模型进行优化。常见的图像语义分割算法的评估指标如下。

- **准确率**：准确率是最常见的一个图像语义分割算法的评估指标，表示了语义分割完成的正确性。准确率有几种表达形式：
- **Dice 系数**：将 S_1 和 S_2 看作像素的集合，S_1 是参考图像，S_2 是分割结果，则 $D(S_1, S_2) = \frac{2|S_1 \cap S_2|}{|S_1|+|S_2|} \equiv \frac{2TP}{2TP+FP+FN}$。其中 TP、FP、FN 分别代表的是"真阳性"，"假阳性"，"假阴性"的分割结果。如果考虑向量形式，则 Dice 系数定义为 $D_v(A_1, A_2) = \frac{2|A_1 \cdot A_2|}{|A_1|^2+|A_2|^2}$，其中 A_1 和 A_2 为二元向量，同时 Dice 系数又被称作 The Intersection Over The Mean（IOM）。

- **Jaccard 系数**：将 S_1 和 S_2 看作像素的集合，S_1 是参考图像，S_2 是分割结果，则 $J(S_1, S_2) = \frac{2|S_1 \cap S_2|}{2|S_1 \cup S_2|}$。Jaccard 系数又被称作 The Intersection Over The Union（IOU）。

- **稳定性**：稳定性用于测试图像语义分割算法在图像有噪声、有模糊或者有角度变换情况下分割结果的偏差。

- **速度**：语义分割算法的速度也是一个重要的衡量指标。有效的语义分割算法必须有较低的算法复杂度。

- **内存使用率**：语义分割算法的内存使用率是此算法能否在特定硬件下完成的重要指标。

关于这些损失函数与评估指标有两点需要注意：

（1）Dice 系数和 Jaccard 系数是线性相关的，即 $J = \frac{D}{2-D}$ 或者 $D = \frac{2J}{1+J}$。另外，如果我们先将分割结果的概率进行阈值处理使其变为二元向量形式，然后再求得 Dice（IOM）或者 Jaccard（IOU），则此时的 Dice 和 Jaccard 无法求导，这种情况得到的 Dice 和 Jaccard 只适合于对分割的最终结果进行定量，而不能拿来作为损失函数来使用。这种无法求导的 Dice 和 Jaccard 又被称作 Hard Dice 和 Hard Jaccard，反之，能求导的则被称作 Soft Dice 和 Soft Jaccard。

（2）在语义分割任务中，我们通常不直接使用交叉熵作为评估标准或者是损失函数，原因是：语义分割任务中，每一个类别所对应的像素数目往往差别很大（或者被称作类别不均匀），类别不均匀会影响交叉熵的计算，因为计算是基于像素的。然而，Dice 系数和 Jaccard 系数是基于整个分割区块的计算，所以将分割区域放大某个倍数（比如 10 倍），其最终的 Dice 系数和 Jaccard 系数和放大前应该是一样的。

11.2 医学图像分割概述

医学图像根据其采集时所使用的设备进行分类，包括常见的 X 射线成像（广泛应用于乳腺癌检查，即乳房 X 光摄影 Mamography）、电子计算机断层扫描（Computed Tomography，CT）、核磁共振成像技术（Magnetic Resonance Imaging，MRI）、正电子发射计算机断层扫描（Positron Emission Tomography，PET）、单光子辐射断层摄像（Single-Photon Emission Computed Tomography，SPECT）和超声（Ultrasound），以及其他众多新生医学图像采集模式。

医学图像分析（Medical Image Analysis）需要解决的问题主要可以分为三大类：医学图像重建、医学图像分割和医学图像配准。第一，图像在从医疗设备上采集后，往往不是直接以图片的形式存在（区别于照相机成像），需要一定的算法将采集的信号重建为我们可以理解的图像格式（如 MRI 采集的数据是频谱信息）；第二，图像分割的目的是提取医学图像中所包含的定量信息，同时也可以提供可视化的预处理。分割后的图像有非常广泛的实际意义和临床应用，比如：病变组织体积的定量分析、解剖结构的区分、治疗（比如放疗）的规划和手术定位和指导等。第三，图像配准关注与不同扫描序列所采集的图像的对准，以及在不同时间点所扫描的图像的互信息。本节仅以图像分割为例，介绍深度学习在医学图像分析方面的应用。

医学图像分割从本质上说是图像语义分割，我们首先想到的问题是：医学图像分割和传统的机器视觉问题中所广泛涉及的图像语义分割有什么区别，或者说有什么难点呢？

- **医学图像质量**：首先，由于医疗图像的采集方法的内部属性，一般而言，相比数字相机成像，医学图像的信噪比较低。同时，由于病患本身的影响，比如有些病患无法完全配合整个成像的过程，因此图像往往会伴随运动伪影。再则，由于图像扫描及成本的限制，扫描一般无法长时间进行，这也导致了图像的分辨率较低，图像中的纹理，以及边缘信息模糊。总而言之，医学图像的质量欠佳大大增加了其分析的难度。

- **多模态成像**：现今大部分的医学扫描往往都不是单模态的，多模态成像可以从不同的扫描序列中获取不同信息。多模态信息的提取需要不同模态间图像的配准和融合。

- **医学图像中的定量信息**：另外，医学图像往往不仅仅是表象上的像素信息，其底层往往蕴含了丰富的定量信息。比如，弥散张量成像（Diffusion Tensor Imaging，DTI）实际上描述的是水分子的运动。如果单纯考虑像素层面的分割则无法准确衡量其中的定量信息。

总而言之，医学图像在很多方面可以借鉴机器视觉所提出的方法，然而，对于特定的扫描序列或模态、特定的病患群体，往往需要更加仔细地设计分析算法，并且很难找到一种方法解决所有类似问题。比方说，一种传统的语义分割算法可以在电子计算机断层扫描中成功使用，但不一定可以生搬硬套到核磁共振图像上。相比传统的语义分割算法，深度学习在使用大量数据进行训练之后，往往其效力可以通过微调（Fine-Tuning）在不同扫描序列或者模态中使用。另外，基于深度学习的迁移学习（Transfer Learning）也是一个值得关注的方向。

11.3 全卷积神经网络和 U-Net 网络结构

全卷积神经网络（Fully convolutional networks，FCN）[1],[2]被应用在图像语义分割任务上是一项创举。全卷积神经网络提供了一种端到端（End-to-End）的像素级别的分割，其本质还是基于主流的卷积层和反卷积层来实现的。普通 CNN 分类器输入图像输出各个种类的概率值（如图11.2所示），图像分割用的 FCN 的目的是：输入是一张图片，输出也是一张图片（作为分割的结果），以学习像素到语义分割的映射。

它们的区别体现在网络中的解码部分，CNN 分类器把图像的高维特征输入到 MLP 中，计算方式不再采用卷积，所以丢失了空间信息。而 FCN 网络如图11.3所示，把 CNN 编码器输出的高维特征输入到 CNN 解码器中，解码器对高维特征做反卷积操作，而图 11.3 中，最后的输出层则为一个 21 通道（Channel）卷积输出（因为 PASCAL VOC 的数据中包含了 20 个物体类别和一个背景类别）。

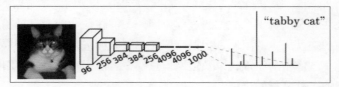

图 11.2 深度卷积神经网络进行图像分类（图像级别的分类）

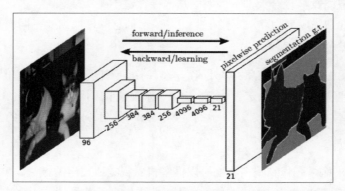

图 11.3 全卷积神经网络进行图像语义分割（像素级别的分类）

用于图像分割的 FCN 通常包括如下几部分。

- **卷积化（Convolutional）：** 卷积化就是将普通的分类网络，比如

---

[1] Jonathan Long, Evan Shelhamer, and Trevor Darrell. "Fully convolutional networks for semantic segmentation." Proceedings of the IEEE Conference on Computer Vision and Pattern Recognition. 2015.
[2] Evan Shelhamer, Jonathan Long, and Trevor Darrell. "Fully convolutional networks for semantic segmentation." IEEE transactions on pattern analysis and machine intelligence 39.4 (2017): 640-651.

VGG16、ResNet50/101 等网络丢弃全连接层，换上对应的卷积层即可。

- **上采样（Upsample）：** 此处的上采样即是常说的反卷积（Deconvolution）。然而，其本质是卷积的转置而不是求逆运算。为什么需要使用上采样呢？普通的卷积＋池化会缩小图片的长宽维度，为了得到和原图等大的分割图，我们需要上采样。基于反卷积的上采样和卷积类似，都是相乘相加的运算。只不过后者是多对一，前者是一对多。而反卷积的前向和后向传播，只用颠倒卷积的前后向传播即可。所以无论是优化还是后向传播算法都没有问题。

- **跨层连接（Skip Connections）：** 跨层连接的作用就在于优化细节结果，因为如果将编码之后的高维特征直接解码，则得到的结果是很粗糙的，所以我们需要将不同阶段编码的池化层输出的结果输入到解码阶段。

基于 FCN 的思想，研究人员提出了三种类似的架构：SegNet，DeconvNet 和 U-Net（如图11.4、图11.5和图11.6所示）。

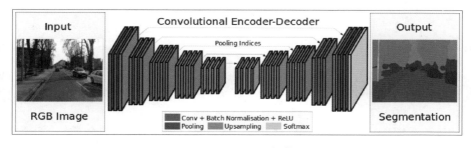

图 11.4 SegNet 架构

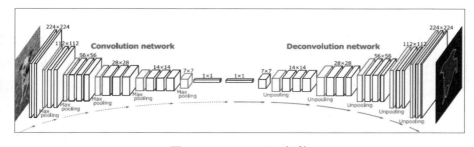

图 11.5 DeconvNet 架构

这些对称结构应用了自编码器的思维，先编码再解码。这样的结构主要使用了反卷积和上采样。通过实验结果证明这些 FCN 的变形能够得到较优的图像语义分割的结果。其中，U-Net 架构使用了跨层连接，已经在医学图像分割问题中得到了广泛的应用，并且取得了很好的效果。

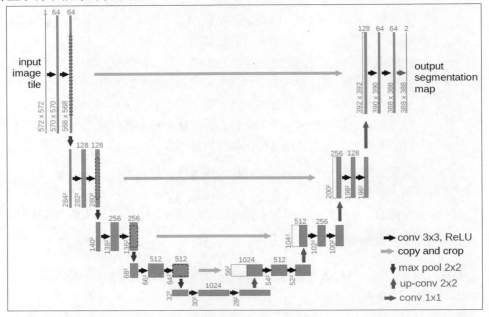

图 11.6　U-Net 架构

11.4　医学图像应用：实现脑部肿瘤分割

神经胶质瘤是一种最常见的脑部肿瘤，大致可以分类为高级别胶质瘤（也称恶性胶质瘤，标记为 HGG）和低级别胶质瘤（也称慢性胶质瘤，标记为 LGG）。高级别肿瘤，通常比低级别肿瘤生长和扩散得更迅速。核磁共振是一种有效检测大脑神经胶质瘤的成像方式，通常核磁共振可以通过调整其扫描参数得到不同的扫描序列，用于显示不同的图像对比度，这样可以使得癌变的不同组织在不同扫描序列下显示得更加清楚，如图 11.7 所示。一般常见的临床扫描序列包括 FLAIR、T1、T1c 和 T2 四种，其中 T1c 是通过 T1 扫描序列在注射了造影剂后进行的成像。在定性和定量分析癌变区域前，对脑部肿瘤的分割是一个项必不可少的工作。

本节基于 FLAIR、T1、T1c 和 T2 四种扫描序列得到的图像来进行脑部肿瘤的语义学分割，使用的数据是最新的 BRATS 2017 数据集[①]。

[①] Menze, Bjoern H., et al. "The multimodal brain tumor image segmentation benchmark (BRATS)." IEEE transactions on medical imaging 34.10 (2015): 1993-2024.

- 请下载本节代码：https://github.com/zsdonghao/u-net-brain-tumor

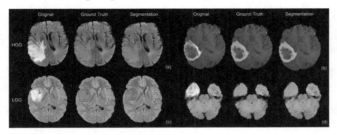

图 11.7 脑部肿瘤分割效果。(a) 整个肿瘤的区域（红色区域）的分割结果（HGG）；(b) 显影剂增强下的肿瘤区域（蓝色区域）的分割结果（HGG）；(c) 整个肿瘤的区域（红色区域）的分割结果（LGG）；(d) 肿瘤核心区域（红色区域）的分割结果（LGG）

11.4.1 数据与数据增强

脑部肿瘤核磁共振切面图，如图11.8所示。

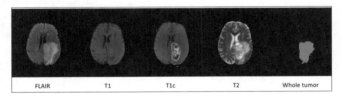

图 11.8 脑部肿瘤核磁共振切面图，从左到右分别是 FLAIR、T1、T1c、T2 扫描序列得到的图像以及手动分割的整个肿瘤的区域

- 在 BRATS 2017 训练集中，有 210 个病人为 HGG，75 个病人为 LGG。
- BRATS 在 2017 训练集中，每个病人使用了四种不同的核磁共振扫描序列进行扫描，即 FLAIR、T1、T1c 和 T2，如图 11.8 所示。
- 在 BRATS 2017 训练集中，每个病人的扫描图有对应的四种标记。

  - 标记 1：坏死区域和非显影剂增强肿瘤区域（Necrotic and Non-Enhancing Tumor）。
  - 标记 2：水肿区域（Edema）。
  - 标记 4：显影剂增强下的肿瘤区域（Enhancing tumor）。
  - 标记 0：背景（Background）。

运行本例需要先下载数据集，并把它放到其他代码旁。

- BRATS 2017 数据集下载：http://braintumorsegmentation.org

（注意：本数据集的下载需要向 BRATS 2017 的组织者申请，通过后即可下载，本书作者对本数据集没有任何发放下载的权利）。

```
1  data
2    -- Brats17TrainingData
3      -- train_dev_all
4  model.py
5  train.py
6  prepare_data_with_valid.py
```

下载好数据集后，只需如下运行，即可开始训练分割全部肿瘤。

```
python train.py
```

为了减轻数据读取的工作量，训练程序通过 `prepare_data_with_valid.py` 把训练集分成两部分：一部分作为训练集，一部分作为测试集。训练集和测试集都包括 HGG 和 LGG，所以最终模型是可以用到 HGG 或 LGG 上的。在读取数据的同时该代码把数据做了归一化，即将数据处理为 0 均值（Zero Mean）和单位方差（Unit Variance，方差为 1）[1]。大家可以通过如下代码把数据导入到训练程序中。另外，由于该数据集很大，一些读者的电脑可能会内存不足，所以默认情况下 `prepare_data_with_valid.py` 只会返回一半的数据，若读者希望使用全部数据，则把 `DATA_SIZE = 'half'` 改为 `all`。

```
1  import prepare_data_with_valid as dataset
2  X_train = dataset.X_train_input
3  y_train = dataset.X_train_target[:,:,:,np.newaxis]
4  X_test = dataset.X_dev_input
5  y_test = dataset.X_dev_target[:,:,:,np.newaxis]
```

由于医疗图像标记成本非常高，数据相对稀少，而脑癌图片的形态又非常的多样化，所以数据增强在该应用中就显得非常重要。除了使用常规的左右翻转、平移、切变、放大、缩小，我们实现了一种更高效的方法——Elastic 变换[2]，常规的方法并不会改变物体轮廓的形状，而 Elastic 变换能对图片做局部的非刚性变化，从而生成出形状多样化的数据，如图 11.9 所示。

下列代码显示了如何通过 TensorLayer 的函数实现带有 Elastic 变换的数据增强。

---

[1] Kamnitsas, Konstantinos, et al. "Efficient multi-scale 3D CNN with fully connected CRF for accurate brain lesion segmentation." Medical image analysis 36 (2017): 61-78.

[2] Simard, Patrice Y., David Steinkraus, and John C. Platt. "Best practices for convolutional neural networks applied to visual document analysis." ICDAR. Vol. 3. 2003.

```
1  def distort_imgs(data):
2      x1, x2, x3, x4, y = data
3      x1, x2, x3, x4, y = tl.prepro.flip_axis_multi([x1, x2, x3, x4, y],
4                          axis=1, is_random=True)
5      x1, x2, x3, x4, y = tl.prepro.elastic_transform_multi(
6                          [x1, x2, x3, x4, y], alpha=765,
7                          sigma=38, is_random=True)
8      x1, x2, x3, x4, y = tl.prepro.rotation_multi([x1, x2, x3, x4, y], rg=20,
9                          is_random=True, fill_mode='constant')
10     x1, x2, x3, x4, y = tl.prepro.shift_multi([x1, x2, x3, x4, y], wrg=0.10,
11                         hrg=0.10, is_random=True, fill_mode='constant')
12     x1, x2, x3, x4, y = tl.prepro.shear_multi([x1, x2, x3, x4, y], 0.05,
13                         is_random=True, fill_mode='constant')
14     x1, x2, x3, x4, y = tl.prepro.zoom_multi([x1, x2, x3, x4, y],
15                         zoom_range=[0.90, 1.10], is_random=True,
16                         fill_mode='constant')
17     return x1, x2, x3, x4, y
```

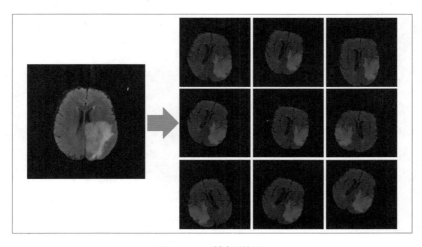

图 11.9 数据增强

定义函数如图 11.8 所示，显示一个数据的四种扫描图和肿瘤位置图。

```
1  def vis_imgs(X, y, path):
2      """ show one slice """
3      if y.ndim == 2:
4          y = y[:,:,np.newaxis]
```

```
5       assert X.ndim == 3
6       tl.vis.save_images(np.asarray([X[:,:,0,np.newaxis],
7           X[:,:,1,np.newaxis], X[:,:,2,np.newaxis],
8           X[:,:,3,np.newaxis], y]), size=(1, 5),
9           image_path=path)
```

使用 `vis_imgs` 函数，就可以如图 11.8 所示显示一个切面。

```
1   X = np.asarray(X_train[80])  # 维度为 (240, 240, 4)，共有四种扫描图
2   y = np.asarray(y_train[80])  # 维度为 (240, 240, 1)
3   nw, nh, nz = X.shape
4   vis_imgs(X, y, 'samples/{}/_train_im.png'.format(task))
```

也可以用 `vis_imgs` 函数，显示数据增强后的效果。

```
1   for i in range(10):
2       x_flair, x_t1, x_t1ce, x_t2, label = distort_imgs([X[:,:,0,np.newaxis],
3           X[:,:,1,np.newaxis], X[:,:,2,np.newaxis], X[:,:,3,np.newaxis], y])
4       X_dis = np.concatenate((x_flair, x_t1, x_t1ce, x_t2), axis=2)
5       vis_imgs(X_dis, label, 'samples/{}/_train_im_aug{}.png'.format(task, i))
```

11.4.2　U-Net 网络

这个应用中，输出的长宽和输入的长宽是一样的，因此使用 U-Net 输入 (batch_size, 240, 240, 4) 的数据，输出 (batch_size, 240, 240, 1) 的数据。网络设计如下，可以通过 `ConcatLayer` 来实现 Skip Connection，同时这里是本书第一次使用反卷积，通过使用 `DeConv2d` 实现了最常规的转置卷积（Transpose Convolution）。最后由于输出的是 0 或 1，所以输出层使用 Sigmoid 函数，下列代码在 `model.py` 中。

```
1   from tensorlayer.layers import *
2   def u_net(x, is_train=False, reuse=False, n_out=1):
3       _, nx, ny, nz = x.get_shape().as_list()
4       with tf.variable_scope("u_net", reuse=reuse):
5           tl.layers.set_name_reuse(reuse)
6           inputs = InputLayer(x, name='inputs')
7           conv1 = Conv2d(inputs, 64, (3, 3), act=tf.nn.relu, name='c1_1')
8           conv1 = Conv2d(conv1, 64, (3, 3), act=tf.nn.relu, name='c1_2')
9           pool1 = MaxPool2d(conv1, (2, 2), name='p1')
```

```
10      conv2 = Conv2d(pool1, 128, (3, 3), act=tf.nn.relu, name='c2_1')
11      conv2 = Conv2d(conv2, 128, (3, 3), act=tf.nn.relu, name='c2_2')
12      pool2 = MaxPool2d(conv2, (2, 2), name='p2')
13      conv3 = Conv2d(pool2, 256, (3, 3), act=tf.nn.relu, name='c3_1')
14      conv3 = Conv2d(conv3, 256, (3, 3), act=tf.nn.relu, name='c3_2')
15      pool3 = MaxPool2d(conv3, (2, 2), name='p3')
16      conv4 = Conv2d(pool3, 512, (3, 3), act=tf.nn.relu, name='c4_1')
17      conv4 = Conv2d(conv4, 512, (3, 3), act=tf.nn.relu, name='c4_2')
18      pool4 = MaxPool2d(conv4, (2, 2), name='p4')
19      conv5 = Conv2d(pool4, 1024, (3, 3), act=tf.nn.relu, name='c5_1')
20      conv5 = Conv2d(conv5, 1024, (3, 3), act=tf.nn.relu, name='c5_2')
21
22      up4 = DeConv2d(conv5, 512, (3, 3), (nx/8, ny/8), (2, 2), name='de4')
23      up4 = ConcatLayer([up4, conv4], 3, name='concat4')
24      conv4 = Conv2d(up4, 512, (3, 3), act=tf.nn.relu, name='uc4_1')
25      conv4 = Conv2d(conv4, 512, (3, 3), act=tf.nn.relu, name='uc4_2')
26      up3 = DeConv2d(conv4, 256, (3, 3), (nx/4, ny/4), (2, 2), name='de3')
27      up3 = ConcatLayer([up3, conv3], 3, name='concat3')
28      conv3 = Conv2d(up3, 256, (3, 3), act=tf.nn.relu, name='uc3_1')
29      conv3 = Conv2d(conv3, 256, (3, 3), act=tf.nn.relu, name='uc3_2')
30      up2 = DeConv2d(conv3, 128, (3, 3), (nx/2, ny/2), (2, 2), name='de2')
31      up2 = ConcatLayer([up2, conv2], 3, name='concat2')
32      conv2 = Conv2d(up2, 128, (3, 3), act=tf.nn.relu, name='uc2_1')
33      conv2 = Conv2d(conv2, 128, (3, 3), act=tf.nn.relu, name='uc2_2')
34      up1 = DeConv2d(conv2, 64, (3, 3), (nx/1, ny/1), (2, 2), name='de1')
35      up1 = ConcatLayer([up1, conv1] , 3, name='concat1')
36      conv1 = Conv2d(up1, 64, (3, 3), act=tf.nn.relu, name='uc1_1')
37      conv1 = Conv2d(conv1, 64, (3, 3), act=tf.nn.relu, name='uc1_2')
38      conv1 = Conv2d(conv1, n_out, (1, 1), act=tf.nn.sigmoid, name='uc1')
39  return conv1
```

11.4.3 损失函数

首先通过复用参数定义训练时和测试时的模型,虽然上面的模型并没有使用Dropout和批规范化（Batch Normalization）这类在训练和测试时不一样的层，即我们可以不复用模型参数，只定义一个模型，但因为在 `model.py` 中还提供一个带有批规范化（Batch

Normalization）的 U-Net，所以在这里还是分开训练和测试定义模型两次，这样当开发者想使用带有批规范化层的 U-Net 时，就不需要修改代码了。

```
## 图像输入和输出
batch_size = 10
t_image = tf.placeholder('float32', [batch_size, nw, nh, nz],
                        name='input_image')
t_seg = tf.placeholder('float32', [batch_size, nw, nh, 1],
                      name='target_segment')

## 训练模型
net = model.u_net(t_image, is_train=True, reuse=False, n_out=1)

## 测试模型
net_test = model.u_net(t_image, is_train=False, reuse=True, n_out=1)

## 训练损失函数和评估指标
out_seg = net.outputs
dice_loss = 1 - tl.cost.dice_coe(out_seg, t_seg, epsilon=1e-10)
iou_loss = tl.cost.iou_coe(out_seg, t_seg)
dice_hard = tl.cost.dice_hard_coe(out_seg, t_seg)
loss = dice_loss

## 测试损失函数和评估指标
test_out_seg = net_test.outputs
test_dice_loss = 1 - tl.cost.dice_coe(test_out_seg, t_seg, epsilon=1e-10)
test_iou_loss = tl.cost.iou_coe(test_out_seg, t_seg)
test_dice_hard = tl.cost.dice_hard_coe(test_out_seg, t_seg)
```

我们使用 Adam 优化器，学习率为 0.0001。

```
lr = 0.0001
beta1 = 0.9
t_vars = tl.layers.get_variables_with_name('u_net', True, True)
train_op = tf.train.AdamOptimizer(lr, beta1=beta1
                                 ).minimize(loss, var_list=t_vars)
```

11.4.4 开始训练

我们定义如下函数来保存 4 种扫描图、目标输出和网络输出，用以观察网络输出和目标输出之间的差距。与之前 vis_imgs 函数相比，只是多加了一个 y。

```
1  def vis_imgs2(X, y_, y, path):
2      if y.ndim == 2:
3          y = y[:,:,np.newaxis]
4      if y_.ndim == 2:
5          y_ = y_[:,:,np.newaxis]
6      assert X.ndim == 3
7      tl.vis.save_images(np.asarray([X[:,:,0,np.newaxis],
8          X[:,:,1,np.newaxis], X[:,:,2,np.newaxis],
9          X[:,:,3,np.newaxis], y_, y]), size=(1, 6),
10         image_path=path)
```

我们一共训练 100 个 Epoch，每更新 200 次显示一次在训练集上训练的信息。每个 Epoch 结束时，在测试集上做验证，并分别保存一张训练集和测试集的输出图片，以供观察效果。

```
1   n_epoch = 100
2   print_freq_step = 200
3
4   ## 初始化参数
5   tl.layers.initialize_global_variables(sess)
6
7   ## 开始训练循环
8   for epoch in range(0, n_epoch+1):
9       epoch_time = time.time()
10
11      ## 训练一个Epoch
12      total_dice, total_iou, total_dice_hard, n_batch = 0, 0, 0, 0
13      for batch in tl.iterate.minibatches(inputs=X_train, targets=y_train,
14                              batch_size=batch_size, shuffle=True):
15          images, labels = batch
16          step_time = time.time()
17
18          ## 对 Flair、T1、T1c、T2 和目标输出同步做数据增强
```

```
19          data = tl.prepro.threading_data([_ for _ in zip(
20                  images[:,:,:,0, np.newaxis], images[:,:,:,1, np.newaxis],
21                  images[:,:,:,2, np.newaxis], images[:,:,:,3, np.newaxis],
22                  labels)], fn=distort_imgs) # (10, 5, 240, 240, 1)
23          b_images = data[:,0:4,:,:,:]   # (10, 4, 240, 240, 1)
24          b_labels = data[:,4,:,:,:]
25          b_images = b_images.transpose((0,2,3,1,4))
26          b_images.shape = (batch_size, nw, nh, nz)
27
28          ## 更新网络
29          _, _dice, _iou, _diceh, out = sess.run([train_op,
30                  dice_loss, iou_loss, dice_hard, net.outputs],
31                  {t_image: b_images, t_seg: b_labels})
32          total_dice += _dice; total_iou += _iou; total_dice_hard += _diceh
33          n_batch += 1
34
35          ## 观察一次更新的结果
36          if n_batch % print_freq_step == 0:
37              print("Epoch %d step %d 1-dice: %f hard-dice: %f iou: %f took %
                    fs (2d with distortion)"
38                  % (epoch, n_batch, _dice, _diceh, _iou, time.time()-step_time))
39
40      ## 每个Epoch结束时，观察训练集上的损失值和评估指标，注：这里的值是图像使
41      ## 用了数据增强的
42      print(" ** Epoch [%d/%d] train 1-dice: %f hard-dice: %f iou: %f
43              took %fs (2d with distortion)" % (epoch, n_epoch,
44              total_dice/n_batch, total_dice_hard/n_batch,
45              total_iou/n_batch, time.time()-epoch_time))
46
47      ## 每个Epoch结束时，保存训练集上的一个结果图像
48      ## 包括4种扫描图、目标输出和网络输出
49      vis_imgs2(b_images[0], b_labels[0], out[0],
50                  "samples/{}/test_{}.png".format(task, epoch))
51
52      ## 每个Epoch结束时，在测试集上检验
53      total_dice, total_iou, total_dice_hard, n_batch = 0, 0, 0, 0
54      for batch in tl.iterate.minibatches(inputs=X_test, targets=y_test,
```

```
55                                batch_size=batch_size, shuffle=True):
56         b_images, b_labels = batch
57         _dice, _iou, _diceh, out = sess.run([test_dice_loss,
58                 test_iou_loss, test_dice_hard, net_test.outputs],
59                 {t_image: b_images, t_seg: b_labels})
60         total_dice += _dice; total_iou += _iou
61         total_dice_hard += _diceh; n_batch += 1
62
63     print(" **"+" "*17+"test 1-dice: %f hard-dice: %f iou: %f
64             (2d no distortion)" % (total_dice/n_batch,
65             total_dice_hard/n_batch, total_iou/n_batch))
66
67     ## 在每个Epoch结束时，保存测试集上的一个结果图像
68     ## 包括4种扫描图、目标输出和网络输出
69     vis_imgs2(b_images[0], b_labels[0], out[0],
70             "samples/{}/test_{}.png".format(task, epoch))
71
72     ## 在每个Epoch结束时，保存一次模型
73     tl.files.save_npz(net.all_params,
74             name=save_dir+'/u_net_{}.npz'.format(task), sess=sess)
```

12

实例三：由文本生成图像

在第 8 章中，我们介绍了生成对抗网络（GAN）的概念[1]。起初 GAN 主要应用在图像生成领域，然而最初利用 GAN 生成图像存在一个问题，比如 DCGAN 所生成的图像是随机的、不可控制的，因为生成器（Generator）的输入 z 是一组随机变量[2]。因此在后续的研究中，研究者们不断地摸索如何控制 GAN 生成的图像，将潜变量 z 结构化，同时让生成器能够根据不同的潜变量生成相对应的图像。比如显性地将类别信息集成到潜变量 z 之中，如"鸟"、"花"等，让生成器生成相对应的"鸟"和"花"的图像[3]。然而仅仅从类别生成图像依然是非常初步的工作，更为困难的问题是文本与图像的相互转换。进一步说，文本语义和视觉图像的结合需要更加强大的特征分解、选取与重组的能力，这也是文本与视觉跨模态研究的意义。

在近些年的研究中，从图像到文本这个问题取得了很大的进展，利用递归神经网络 RNN 和卷积神经网络 CNN，可以对给定的图片添加文本描述（Image Captioning）[4]，但是从文本生成图像一直存在较大的困难。随着 GAN 的提出，深度学习解决了从文本生成图像所必需的两个子问题：

- 其一是提取自然语言的表征（Representation），我们可以利用 RNN 将文本映射到向量空间；

---

[1] Goodfellow, Ian, et al. "Generative adversarial nets." Advances in neural information processing systems. 2014.

[2] Radford, Alec, Luke Metz, and Soumith Chintala. "Unsupervised representation learning with deep convolutional generative adversarial networks." arXiv preprint arXiv:1511.06434 (2015).

[3] Odena, Augustus, Christopher Olah, and Jonathon Shlens. "Conditional image synthesis with auxiliary classifier gans." arXiv preprint arXiv:1610.09585 (2016).

[4] Vinyals, Oriol, et al. "Show and tell: A neural image caption generator." Proceedings of the IEEE conference on computer vision and pattern recognition. 2015.

- 其二则是利用 GAN 实现图像的生成。文本与图像之间的互相转换是一个多模态问题（Multimodal Problem），因为文本与图像之间并不是一一对应的。自然语言本身存在很大的灵活性，文本对关键信息也有一定的选择性，对于同一张图片，我们可以用不同的语句进行描述；反之，同样的一句话，我们可以据此找到许多张不同的图片。

Reed 等研究人员在论文 *Generative Adversarial Text to Image Synthesis* 中基于 GAN 和 RNN 实现了从文本到图像的生成，该论文作为 GAN 的经典应用，本章将对该论文的理论部分进行讲解，同时结合 TensorLayer 介绍其代码实现[①]。

12.1 条件生成对抗网络之 GAN-CLS

在图像领域，生成器 $G(z)$ 以潜变量 z 作为输入生成图片。然而随机地生成图片并不是我们所希望的，我们更希望能够控制生成器所生成的图片。我们以 z 作为解决这个问题的切入点，如果给 z 植入一些结构性的辅助信息，直觉上也许我们是可以控制生成器的输出的。举个例子，将 z 特定的一些维度用来表示物体的种类，比如"鸟"，将另外一些维度用来表示颜色，比如"黑色"，那么此时生成器生成的应该是一张黑鸟的图片。然而文本的信息是复杂的，我们无法直接将这种特定的信息指定到某些维度之上。但是我们有 RNN 这个有力的工具，可以将文本信息编码成向量，用 $\varphi(t)$ 来表示文本向量，其中 t 是文本。因此，如图 12.1 中 GAN-CLS 的网络结构所示，生成器的输入有两个部分：一部分是基于标准正态分布随机向量，另一部分则是文本向量 $\varphi(t)$，因此生成器生成的图片 $\hat{x} = G(z, \varphi(t))$。同时，文本向量也植入了判别器的中间层中，以供判断图像与文本是否相符。除此之外，GAN-CLS 整体结构与 DCGAN 相似。

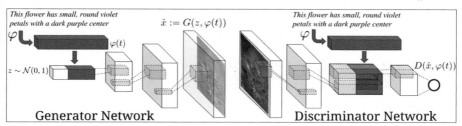

图 12.1　GAN-CLS 的网络结构。文本信息经过编码后植入到生成器和判别器之中

在最初的 GAN 中，判别器只需要判断图像是否真实。而在 GAN-CLS 中，除了判断图像是否真实外，还需要判断图像与文本是否匹配。因此，判别器应该判"真"的情况只有一种，则输入真实图像和相匹配的文本；而判别器需要判"假"的情况则包括：

[①] Reed, Scott, et al. "Generative Adversarial Text to Image Synthesis." arXiv preprint arXiv:1605.05396 (2016).

1）真实图像与不相匹配的文本；2）生成图像与相匹配的文本；3）生成图像与不相匹配的文本。最后一种情况可能会让训练过程变得非常复杂，因为其有无穷无尽种配对的方式，因此为了简化训练过程，在模型实现中只考虑了前两种情况。而生成器需要做的只是通过句子生成图片，尽可能地欺骗辨别器。算法 12.1 阐释了 GAN-CLS 的伪代码，其中 s_r, s_w, s_f 即对应了上述的三种情况。

算法 12.1：

（1）GAN-CLS 伪代码，其中 α 为步长，采用随机梯度下降法（Minibatch+SGD）更新模型

（2）输入：图片 x，与图片相匹配的文本 t，与图片不匹配的文本 $\hat{t}$，训练总步数 S

（3）　　for i = 1 to S do:

（4）　　　　$h = \varphi(t)$ # 将与图片匹配文本编码成文本向量（Encoding）

（5）　　　　$\hat{h} = \varphi(\hat{t})$ # 将与图片不匹配的文本编码成文本向量

（6）　　　　$z \sim N(0,1)^z$ # 生成随机噪声

（7）　　　　$\hat{x} = G(z, h)$ # 生成器生成图像

（8）　　　　$s_r = D(x, h)$ # 真实图像，和相匹配的文本向量

（9）　　　　$s_w = D(x, \hat{h})$ # 真实图像，和不相匹配的文本向量

（10）　　　$s_f = D(\hat{x}, h)$ # 生成图像，和相匹配的文本向量

（11）　　　$L_D = log(s_r) + 0.5 * (log(1 - s_w) + log(1 - s_f))$ # 判别器损失函数

（12）　　　$D = D - \alpha \frac{\partial L_D}{\partial D}$ # 更新判别器

（13）　　　$L_G = log(s_f)$ # 生成器损失函数

（14）　　　$G = G - \alpha \frac{\partial L_G}{\partial G}$ # 更新生成器

12.2　实现句子生成花朵图片

- 本章 GAN-CLS 代码请见：https://github.com/zsdonghao/text-to-image

将任意长度的句子映射到固定长度的向量空间：首先需要将每个单词映射到词向量空间，再利用 RNN 编码器将整句话映射到语义向量空间，请参考第 6 章多对一（Many to One）。在 TensorLayer 中我们利用 `EmbeddingInputLayer` 将每个单词映射到各自的词向量。除了文本，还需要给定字典的总词汇量以及每个词向量的维数。更多关于词向量的内容可以参见本书第 5 章。通过 `EmbeddingInputLayer`，我们将每个单词转换成了词向量，然而这各个词向量只包含了各个单词的含义，我们还需要使用 RNN 来编码

文本整体的语义。在本书第 6 章着重介绍了 RNN 的原理和作用，考虑到句子长短并不是固定的，因此采用了 `DynamicRNNLayer`。与 `RNNLayer` 需要固定的输入序列长度不同，`DynamicRNNLayer` 可以通过给定参数 `sequence_length` 来动态调整，因此更加适合不定长的文本。`DynamicRNNLayer` 支持自选 RNN 内核（Cell），在实例中我们采用了 LSTM。注意，本章实现的文本编码部分和 Reed 的原论文不一样。

文本编码模型如下：

```
1   def rnn_embed(inputs, is_train=True, reuse=False, return_embed=False):
2       with tf.variable_scope("rnnftxt", reuse=reuse):
3           tl.layers.set_name_reuse(reuse)
4           # 将每个单词转换成词向量
5           network = EmbeddingInputlayer(
6               inputs = inputs,
7               vocabulary_size = vocab_size,
8               embedding_size = word_embedding_size,
9               E_init = tf.random_normal_initializer(stddev=0.02),
10              name = 'rnn/wordembed')
11          # 将任意句子编码到一个固定长度的句子特征向量
12          network = DynamicRNNLayer(network,
13              cell_fn = tf.contrib.rnn.BasicLSTMCell,
14              cell_init_args = {'state_is_tuple' : True, 'reuse': reuse},
15              n_hidden = rnn_hidden_size,
16              initializer = tf.random_normal_initializer(stddev=0.02),
17              sequence_length = tl.layers.retrieve_seq_length_op2(inputs),
18              return_last = True,
19              name = 'rnn/dynamic')
20          return network
```

接下来是 GAN-CLS 生成器的实现，GAN 的生成器以"随机噪声 + 文本向量"为输入，生成 64×64 的图片。图片的尺寸和网络中间层的大小可以根据应用需求调整扩大。首先通过 `InputLayer` 分别将随机噪声和文本向量 $\varphi(t)$ 输入网络，再通过 `ConcatLayer` 将二者合并，作为生成器的输入。与第 8 章中 DCGAN 的实现不同，在 GAN-CLS 的实例中我们并没有使用 `DeConv2d`，而是使用了 `Conv2d+UpSampling2dLayer` 来实现缩放卷积（Resize-Convolution）。`DeConv2d` 通过 `padding` 和 `strides` 不断扩大中间层输出的大小；而 `Conv2d+UpSampling2dLayer` 中，`Conv2d` 就是普通的卷积层，通过基于 `tf.image.resize_images` 的 `UpSampling2dLayer` 将中间层输出扩大。从原理上两种方法对于生成器都是适用的，但在实践中的表现可能有所不同，需要针对应用的特点进行选择。对于生成器，我们既希望它能够生成符合文本描述的图片，同时也希望它能够生成更加多样的图片。生成器在训练过程中可能出现趋同现象，输入中的随机噪声可以在一定程度上让生成器的结果更具多样性，但除此以外，我们也可以在网络结构中添加其他随机因素用来防止趋同。更多关于缩放卷积的内容，请参考本书第 13 章。

生成器模型实现如下，网络在最开始的地方把噪声和 rnn_embed 输出的文本向量相融合，在解码过程中使用了两个残差模块（Residual Block），它的输出和输入大小是一样的，在模块的最后，它把模块的输入和输出通过 ElementwiseLayer 和 tf.add 实现点对点相加输出。这样做的好处是在不增加网络输出大小的情况下，能让网络更深，从而让网络有更强的表达能力。

```python
def generator_txt2img_resnet(input_z, t_txt=None, is_train=True,
                             reuse=False, batch_size=batch_size):
    # 图像尺寸，和中间层输出的尺寸
    s = 64
    s2, s4, s8, s16 = int(s/2), int(s/4), int(s/8), int(s/16)
    # 第一层卷积核数量
    gf_dim = 128
    # 参数初始化函数
    w_init = tf.random_normal_initializer(stddev=0.02)
    gamma_init = tf.random_normal_initializer(1., 0.02)

    with tf.variable_scope("generator", reuse=reuse):
        tl.layers.set_name_reuse(reuse)
        # 输入标准正态分布噪声
        net_in = InputLayer(input_z, name='g_inputz')
        # 输入句子特征向量
        net_txt = InputLayer(t_txt, name='g_input_txt')
        net_txt = DenseLayer(net_txt, n_units=t_dim,
                act=lambda x: tl.act.lrelu(x, 0.2),
                W_init=w_init, name='g_reduce_text/dense')
        # 把句子特征和噪声融合
        net_in = ConcatLayer([net_in, net_txt],
                concat_dim=1, name='g_concat_z_txt')
        net_h0 = DenseLayer(net_in, gf_dim*8*s16*s16, act=tf.identity,
                W_init=w_init, b_init=None, name='g_h0/dense')
        net_h0 = BatchNormLayer(net_h0, is_train=is_train,
```

```
27              gamma_init=gamma_init, name='g_h0/bn')
28      net_h0 = ReshapeLayer(net_h0, [-1, s16, s16, gf_dim*8],
29              name='g_h0/reshape')
30      # 第一个残差模块
31      net = Conv2d(net_h0, gf_dim*2, (1, 1), (1, 1), padding='VALID',
32              act=None, W_init=w_init, b_init=None, name='g_h1_res/c')
33      net = BatchNormLayer(net, act=tf.nn.relu, is_train=is_train,
34              gamma_init=gamma_init, name='g_h1_res/bn')
35      net = Conv2d(net, gf_dim*2, (3, 3), (1, 1), padding='SAME',
36              act=None, W_init=w_init, b_init=None, name='g_h1_res/c2')
37      net = BatchNormLayer(net, act=tf.nn.relu, is_train=is_train,
38              gamma_init=gamma_init, name='g_h1_res/bn2')
39      net = Conv2d(net, gf_dim*8, (3, 3), (1, 1), padding='SAME',
40              act=None, W_init=w_init, b_init=None, name='g_h1_res/c3')
41      net = BatchNormLayer(net, is_train=is_train,
42              gamma_init=gamma_init, name='g_h1_res/bn3')
43      net_h1 = ElementwiseLayer(layer=[net_h0, net],
44              combine_fn=tf.add, name='g_h1_res/add')
45      net_h1.outputs = tf.nn.relu(net_h1.outputs)
46      # 第一次缩放卷积
47      net_h2 = UpSampling2dLayer(net_h1, size=[s8, s8], is_scale=False,
48              method=1, align_corners=False, name='g_h2/upsample2d')
49      net_h2 = Conv2d(net_h2, gf_dim*4, (3, 3), (1, 1), padding='SAME',
50              act=None, W_init=w_init, b_init=None, name='g_h2/c')
51      net_h2 = BatchNormLayer(net_h2, is_train=is_train,
52              gamma_init=gamma_init, name='g_h2/bn')
53      # 第二个残差模块
54      net = Conv2d(net_h2, gf_dim, (1, 1), (1, 1), padding='VALID',
55              act=None, W_init=w_init, b_init=None, name='g_h3_res/c')
56      net = BatchNormLayer(net, act=tf.nn.relu, is_train=is_train,
57              gamma_init=gamma_init, name='g_h3_res/bn')
58      net = Conv2d(net, gf_dim, (3, 3), (1, 1), padding='SAME',
59              act=None, W_init=w_init, b_init=None, name='g_h3_res/c2')
60      net = BatchNormLayer(net, act=tf.nn.relu, is_train=is_train,
61              gamma_init=gamma_init, name='g_h3_res/bn2')
62      net = Conv2d(net, gf_dim*4, (3, 3), (1, 1), padding='SAME',
63              act=None, W_init=w_init, b_init=None, name='g_h3_res/c3')
```

```
64          net = BatchNormLayer(net, is_train=is_train,
65                  gamma_init=gamma_init, name='g_h3_res/bn3')
66          net_h3 = ElementwiseLayer(layer=[net_h2, net],
67                  combine_fn=tf.add, name='g_h3/add')
68          net_h3.outputs = tf.nn.relu(net_h3.outputs)
69          # 第二次缩放卷积
70          net_h4 = UpSampling2dLayer(net_h3, size=[s4, s4], is_scale=False,
71                  method=1, align_corners=False, name='g_h4/upsample2d')
72          net_h4 = Conv2d(net_h4, gf_dim*2, (3, 3), (1, 1), padding='SAME',
73                  act=None, W_init=w_init, b_init=None, name='g_h4/c')
74          net_h4 = BatchNormLayer(net_h4, act=tf.nn.relu,
75                  is_train=is_train, gamma_init=gamma_init, name='g_h4/bn')
76          # 第三次缩放卷积
77          net_h5 = UpSampling2dLayer(net_h4, size=[s2, s2], is_scale=False,
78                  method=1, align_corners=False, name='g_h5/upsample2d')
79          net_h5 = Conv2d(net_h5, gf_dim, (3, 3), (1, 1), padding='SAME',
80                  act=None, W_init=w_init, b_init=None, name='g_h5/c')
81          net_h5 = BatchNormLayer(net_h5, act=tf.nn.relu,
82                  is_train=is_train, gamma_init=gamma_init, name='g_h5/bn')
83          # 第四次缩放卷积
84          net_ho = UpSampling2dLayer(net_h5, size=[s, s], is_scale=False,
85                  method=1, align_corners=False, name='g_ho/upsample2d')
86          net_ho = Conv2d(net_ho, c_dim, (3, 3), (1, 1), padding='SAME',
87                  act=None, W_init=w_init, name='g_ho/c')
88          # 输出图像数值范围为[-1, 1]
89          logits = net_ho.outputs
90          net_ho.outputs = tf.nn.tanh(net_ho.outputs)
91      return net_ho, logits
```

与 DCGAN 相似，GAN-CLS 的判别器主要基于卷积层 `Conv2d`。但为了判断文本与图像是否相符，在中间层需要将文本向量 $\varphi(t)$ 通过 `ExpandDimsLayer` 和 `TileLayer` 把维度变成三维后，再和 CNN 输出合并。

```
1   def discriminator_txt2img_resnet(input_images, t_txt=None,
2                                    is_train=True, reuse=False):
3       # 第一层卷积核数量
4       df_dim = 64
5       # 图像尺寸，和中间层输出的尺寸
```

```
6      s = 64
7      s2, s4, s8, s16 = int(s/2), int(s/4), int(s/8), int(s/16)
8      # 参数初始化函数
9      w_init = tf.random_normal_initializer(stddev=0.02)
10     gamma_init=tf.random_normal_initializer(1., 0.02)
11     # LeakyReLU激活函数
12     lrelu = lambda x: tl.act.lrelu(x, 0.2)
13     with tf.variable_scope("discriminator", reuse=reuse):
14         tl.layers.set_name_reuse(reuse)
15         # 输入图片以编码
16         net_in = InputLayer(input_images, name='d_input/images')
17         net_h0 = Conv2d(net_in, df_dim, (4, 4), (2, 2), act=lrelu,
18                 padding='SAME', W_init=w_init, name='d_h0/conv2d')
19         net_h1 = Conv2d(net_h0, df_dim*2, (4, 4), (2, 2), act=None,
20                 padding='SAME', W_init=w_init, b_init=None,
21                 name='d_h1/conv2d')
22         net_h1 = BatchNormLayer(net_h1, act=lrelu, is_train=is_train,
23                 gamma_init=gamma_init, name='d_h1/bn')
24         net_h2 = Conv2d(net_h1, df_dim*4, (4, 4), (2, 2), act=None,
25                 padding='SAME', W_init=w_init, b_init=None,
26                 name='d_h2/conv2d')
27         net_h2 = BatchNormLayer(net_h2, act=lrelu, is_train=is_train,
28                 gamma_init=gamma_init, name='d_h2/bn')
29         net_h3 = Conv2d(net_h2, df_dim*8, (4, 4), (2, 2), act=None,
30                 padding='SAME', W_init=w_init, b_init=None,
31                 name='d_h3/conv2d')
32         net_h3 = BatchNormLayer(net_h3, is_train=is_train,
33                 gamma_init=gamma_init, name='d_h3/bn')
34         # 残差模块
35         net = Conv2d(net_h3, df_dim*2, (1, 1), (1, 1), act=None,
36                 padding='VALID', W_init=w_init, b_init=None,
37                 name='d_h4_res/conv2d')
38         net = BatchNormLayer(net, act=lrelu, is_train=is_train,
39                 gamma_init=gamma_init, name='d_h4_res/bn')
40         net = Conv2d(net, df_dim*2, (3, 3), (1, 1), act=None,
41                 padding='SAME', W_init=w_init, b_init=None,
42                 name='d_h4_res/conv2d2')
```

```python
            net = BatchNormLayer(net, act=lrelu, is_train=is_train,
                    gamma_init=gamma_init, name='d_h4_res/bn2')
            net = Conv2d(net, df_dim*8, (3, 3), (1, 1), act=None,
                    padding='SAME', W_init=w_init, b_init=None,
                    name='d_h4_res/conv2d3')
            net = BatchNormLayer(net, is_train=is_train,
                    gamma_init=gamma_init, name='d_h4_res/bn3')
            net_h4 = ElementwiseLayer(layer=[net_h3, net],
                    combine_fn=tf.add, name='d_h4/add')
            net_h4.outputs = tl.act.lrelu(net_h4.outputs, 0.2)
            # 输入句子特征向量
            net_txt = InputLayer(t_txt, name='d_input_txt')
            net_txt = DenseLayer(net_txt, n_units=t_dim,
                    act=lrelu, W_init=w_init, name='d_reduce_txt/dense')
            # 把句子特征向量复制放大为三维Tensor, 使其维度能和图片特征维度连接
            net_txt = ExpandDimsLayer(net_txt, 1, name='d_txt/expanddim1')
            net_txt = ExpandDimsLayer(net_txt, 1, name='d_txt/expanddim2')
            net_txt = TileLayer(net_txt, [1, 4, 4, 1], name='d_txt/tile')
            # 句子特征和图片特征融合
            net_h4_concat = ConcatLayer([net_h4, net_txt],
                        concat_dim=3, name='d_h3_concat')
            # 对融合特征做卷积
            net_h4 = Conv2d(net_h4_concat, df_dim*8, (1, 1), (1, 1),
                    padding='VALID', W_init=w_init, b_init=None,
                    name='d_h3/conv2d_2')
            net_h4 = BatchNormLayer(net_h4, act=lrelu, is_train=is_train,
                    gamma_init=gamma_init, name='d_h3/bn_2')
            # 输出一个真假概率
            net_ho = Conv2d(net_h4, 1, (s16, s16), (s16, s16), padding='VALID',
                    W_init=w_init, name='d_ho/conv2d')

            logits = net_ho.outputs
            net_ho.outputs = tf.nn.sigmoid(net_ho.outputs)
        return net_ho, logits
```

本实例使用了牛津大学花朵的数据集 (http://www.robots.ox.ac.uk/~vgg/data/flowers/

102/)[1]，包括花朵的图像以及相对应的文本。需要注意的是，我们会单独训练 RNN 编码器，以实现文本到图像的映射（Text to Image Mapping）。我们利用 rnn_embed 文本编码器输出的向量和 cnn_encoder 图片编码器输出的向量，让相符的图片和文本向量的余弦相似性（Cosine Similarity）最大化，让不相符的图片和文本向量的余弦相似性最小化。这样一来，在给定一个文本时，RNN 编码器的输出会和相似图片的 CNN 编码器输出非常相似，所以 RNN 编码器具备了良好的表达能力。

```
1   ###====================== 定义模型
2   # 输入真实图片
3   t_real_image = tf.placeholder('float32',
4             [batch_size, image_size, image_size, 3], name = 'real_image')
5   # 输入真实但错误的图片
6   t_wrong_image = tf.placeholder('float32',
7             [batch_size ,image_size, image_size, 3], name = 'wrong_image')
8   # 输入相符的文本
9   t_real_caption = tf.placeholder(dtype=tf.int64, shape=[batch_size, None],
10            name='real_caption_input')
11  # 输入不符的文本
12  t_wrong_caption = tf.placeholder(dtype=tf.int64, shape=[batch_size, None],
13            name='wrong_caption_input')
14  # 输入噪声
15  t_z = tf.placeholder(tf.float32, [batch_size, z_dim], name='z_noise')
16
17  # 训练RNN实现文本与图片的映射的模型
18  net_cnn = cnn_encoder(t_real_image, is_train=True, reuse=False)
19  x = net_cnn.outputs
20  v = rnn_embed(t_real_caption, is_train=True, reuse=False).outputs
21  x_w = cnn_encoder(t_wrong_image, is_train=True, reuse=True).outputs
22  v_w = rnn_embed(t_wrong_caption, is_train=True, reuse=True).outputs
23
24  # 学习文本与图片的映射时，使用余弦相似性作为损失函数
25  alpha = 0.2
26  rnn_loss = tf.reduce_mean(tf.maximum(0., alpha - cosine_similarity(x, v) + \
27                          cosine_similarity(x, v_w))) + \
28           tf.reduce_mean(tf.maximum(0., alpha - cosine_similarity(x, v) + \
```

---

[1] Nilsback, M-E., and Andrew Zisserman. "A visual vocabulary for flower classification." Computer Vision and Pattern Recognition, 2006 IEEE Computer Society Conference on. Vol. 2. IEEE, 2006.

```python
                                        cosine_similarity(x_w, v)))

# 文本到句子的GAN模型
generator_txt2img = model.generator_txt2img_resnet
discriminator_txt2img = model.discriminator_txt2img_resnet

net_rnn = rnn_embed(t_real_caption, is_train=False, reuse=True)
net_fake_image, _ = generator_txt2img(t_z,
        net_rnn.outputs,
        is_train=True, reuse=False, batch_size=batch_size)
net_d, disc_fake_image_logits = discriminator_txt2img(
        net_fake_image.outputs,
        net_rnn.outputs,
        is_train=True, reuse=False)
_, disc_real_image_logits = discriminator_txt2img(
        t_real_image, net_rnn.outputs, is_train=True, reuse=True)
_, disc_mismatch_logits = discriminator_txt2img(
        t_real_image,
        rnn_embed(t_wrong_caption, is_train=False, reuse=True).outputs,
        is_train=True, reuse=True)

# 测试模型，用以在训练过程中输出结果
net_g, _ = generator_txt2img(t_z,
        rnn_embed(t_real_caption, is_train=False, reuse=True).outputs,
        is_train=False, reuse=True, batch_size=batch_size)

# 生成器和判别器的损失函数
d_loss1 = tl.cost.sigmoid_cross_entropy(disc_real_image_logits,
                        tf.ones_like(disc_real_image_logits),
                        name='d1')
d_loss2 = tl.cost.sigmoid_cross_entropy(disc_mismatch_logits,
                        tf.zeros_like(disc_mismatch_logits),
                        name='d2')
d_loss3 = tl.cost.sigmoid_cross_entropy(disc_fake_image_logits,
                        tf.zeros_like(disc_fake_image_logits),
                        name='d3')
d_loss = d_loss1 + (d_loss2 + d_loss3) * 0.5
```

```
66  g_loss = tl.cost.sigmoid_cross_entropy(disc_fake_image_logits,
67                          tf.ones_like(disc_fake_image_logits),
68                          name='g')
```

在对抗学习时，学习率每隔 100 个 Epoch 降低 50%。RNN 编码器和 CNN 编码器同时更新，使用截断反向传播（Truncated Backpropagation）方法以防止梯度爆炸。我们统一采用 AdamOptimizer 优化参数。

```
1   ####====================== 定义优化器
2   # 每隔100个Epoch，学习率下降50%
3   lr = 0.0002
4   lr_decay = 0.5
5   decay_every = 100
6   beta1 = 0.5
7
8   # 训练文本与图片的CNN编码器和RNN编码器参数
9   cnn_vars = tl.layers.get_variables_with_name('cnn', True, True)
10  rnn_vars = tl.layers.get_variables_with_name('rnn', True, True)
11
12  # 生成器和判别器参数
13  d_vars = tl.layers.get_variables_with_name('discriminator', True, True)
14  g_vars = tl.layers.get_variables_with_name('generator', True, True)
15
16  # 对抗学习的优化器
17  with tf.variable_scope('learning_rate'):
18      lr_v = tf.Variable(lr, trainable=False)
19  d_optim = tf.train.AdamOptimizer(lr_v, beta1=beta1)
20          .minimize(d_loss, var_list=d_vars )
21  g_optim = tf.train.AdamOptimizer(lr_v, beta1=beta1)
22          .minimize(g_loss, var_list=g_vars )
23
24  # 训练文本与图片映射时，同时更新CNN编码器
25  grads, _ = tf.clip_by_global_norm(
26              tf.gradients(rnn_loss, rnn_vars + cnn_vars), 10)
27  optimizer = tf.train.AdamOptimizer(lr_v, beta1=beta1)
28  rnn_optim = optimizer.apply_gradients(zip(grads, rnn_vars + cnn_vars))
```

在开始训练之前，sample_sentence 定义了 8 个句子，用于在训练过程中实时输

出中间结果。

```
1  sess = tf.Session(config=tf.ConfigProto(allow_soft_placement=True))
2  tl.layers.initialize_global_variables(sess)
3
4  # 种子句子，用以在训练过程中生成图片以作观察
5  sample_size = batch_size
6  sample_seed = np.random.normal(loc=0.0, scale=1.0,
7              size=(sample_size, z_dim)).astype(np.float32)
8  n = int(sample_size/ni)
9  sample_sentence = \
10 ["the flower shown has yellow anther red pistil and bright
11             red petals."] * n + \
12 ["this flower has petals that are yellow, white and purple and
13             has dark lines"] * n + \
14 ["the petals on this flower are white with a yellow center"] * n + \
15 ["this flower has a lot of small round pink petals."] * n + \
16 ["this flower is orange in color, and has petals that are ruffled
17             and rounded."] * n + \
18 ["the flower has yellow petals and the center of it is brown."] * n + \
19 ["this flower has petals that are blue and white."] * n + \
20 ["these white flowers have petals that start off white in color and end in a
21             white towards the tips."] * n
22
23 for i, sentence in enumerate(sample_sentence):
24     print("seed: %s" % sentence)
25     sentence = preprocess_caption(sentence)
26     sample_sentence[i] = [vocab.word_to_id(word) for word in \
27         nltk.tokenize.word_tokenize(sentence)] + [vocab.end_id]
28
29 sample_sentence = tl.prepro.pad_sequences(sample_sentence, padding='post')
```

训练代码如下，代码在训练开始的 50 个 Epoch，RNN 会被更新，之后 RNN 参数将会被固定，只训练生成器和判别器。每隔 `print_freq` 个 Epoch 使用种子句子生成一批图片，保存下来以供观察训练效果。

```
1  n_epoch = 600
2  print_freq = 5
```

```python
3   n_batch_epoch = int(n_images_train / batch_size)
4
5   for epoch in range(0, n_epoch+1):
6       start_time = time.time()
7
8       if epoch !=0 and (epoch % decay_every == 0):
9           new_lr_decay = lr_decay ** (epoch // decay_every)
10          sess.run(tf.assign(lr_v, lr * new_lr_decay))
11          log = " ** new learning rate: %f" % (lr * new_lr_decay)
12          print(log)
13      elif epoch == 0:
14          log = " ** init lr: %f  decay_every_epoch: %d, lr_decay: %f" % \
15              (lr, decay_every, lr_decay)
16          print(log)
17
18      for step in range(n_batch_epoch):
19          step_time = time.time()
20          # 匹配的句子
21          idexs = get_random_int(min=0, max=n_captions_train-1,
22              number=batch_size)
23          b_real_caption = captions_ids_train[idexs]
24          b_real_caption = tl.prepro.pad_sequences(
25              b_real_caption, padding='post')
26
27          # 匹配的真实图片
28          b_real_images = images_train[np.floor(np.asarray(idexs
29              ).astype('float') / n_captions_per_image).astype('int')]
30          # 不匹配的文本
31          idexs = get_random_int(min=0, max=n_captions_train-1,
32              number=batch_size)
33          b_wrong_caption = captions_ids_train[idexs]
34          b_wrong_caption = tl.prepro.pad_sequences(b_wrong_caption,
35              padding='post')
36
37          # 不匹配的真实图片
38          idexs2 = get_random_int(min=0, max=n_images_train-1,
39              number=batch_size)
```

```
40            b_wrong_images = images_train[idexs2]
41
42            # 标准正态分布噪声
43            b_z = np.random.normal(loc=0.0, scale=1.0,
44                    size=(sample_size, z_dim)).astype(np.float32)
45
46            # 图片的数据增强
47            b_real_images = threading_data(b_real_images, prepro_img,
48                        mode='train')
49            b_wrong_images = threading_data(b_wrong_images, prepro_img,
50                        mode='train')
51
52            # 在前50个Epoch更新RNN编码器以实现文本与图片映射（Text-to-image mapping）
53            if epoch < 50:
54                errRNN, _ = sess.run([rnn_loss, rnn_optim], feed_dict={
55                        t_real_image : b_real_images,
56                        t_wrong_image : b_wrong_images,
57                        t_real_caption : b_real_caption,
58                        t_wrong_caption : b_wrong_caption})
59            else:
60                errRNN = 0
61
62            # 更新判别器
63            errD, _ = sess.run([d_loss, d_optim], feed_dict={
64                        t_real_image : b_real_images,
65                        t_wrong_caption : b_wrong_caption,
66                        t_real_caption : b_real_caption,
67                        t_z : b_z})
68            # 更新生成器
69            errG, _ = sess.run([g_loss, g_optim], feed_dict={
70                        t_real_caption : b_real_caption,
71                        t_z : b_z})
72        # 保存生成的图片
73        if (epoch + 1) % print_freq == 0:
74            print(" ** Epoch %d took %fs" % (epoch, time.time()-start_time))
75            img_gen, rnn_out = sess.run([net_g.outputs, net_rnn.outputs],
```

```
                    feed_dict={t_real_caption : sample_sentence,
                                t_z : sample_seed})

       save_images(img_gen, [ni, ni], 'image_{:02d}.png'.format(epoch))
```

最后,在牛津大学花朵数据集上训练的生成器效果如图12.2所示。

- the flower shown has yellow anther red pistil and bright red petals.
- this flower has petals that are yellow, white and purple and has dark lines
- the petals on this flower are white with a yellow center
- this flower has a lot of small round pink petals.
- this flower is orange in color, and has petals that are ruffled and rounded.
- the flower has yellow petals and the center of it is brown
- this flower has petals that are blue and white.
- these white flowers have petals that start off white in color and end in a white towards the tips.

图12.2　GAN-CLS在牛津大学花朵数据集上的训练结果

13

实例四：超高分辨率复原

13.1 什么是超高分辨率复原

超高分辨率复原（Super-Resolution，SR）的目的是把低像素图片（Low-Resolution，LR）转换成高像素图片（High-Resolution，HR），比如把 300×500 的图片以长宽各放大 4 倍生成出 1200×2000 的图片。虽然非神经网络技术也有很多图像复原的技术，但效果比不上近年来基于深度学习的超高分辨率复原技术。两位帝国理工博士毕业生创建的 Magic Pony 公司是做超高分辨率复原的破局者，后来在公司创立两年时被 Twitter 以 1.5 亿美元收购，外界猜想这项技术不仅可以大大节约 Twitter 的图片传输和存储资源，还能把低清视频专为高清视频以提高 Twitter 的内容丰富度。

Twitter Magic Pony 发表的论文 *Photo-Realistic Single Image Super-Resolution Using a Generative Adversarial Network* 使用对抗学习的方法，结合像素均方误差、VGG 高维特征均方误差和对抗损失来训练深度卷积网络以实现超分辨率复原，该方法简称为 SRGAN。本章将教会大家该算法的设计思路和实现方式。图 13.1 展示了 SRGAN 的效果，Ground Truth（GT）图像表示的是高清原图，而 Bicubic 是一种常用的插值方法，在这里作为一个基线以供比较。可以发现 SRGAN 的效果与 Bicubic 相比，可以恢复出更加清晰更加真实的细节。

- 本章代码请见：https://github.com/zsdonghao/SRGAN

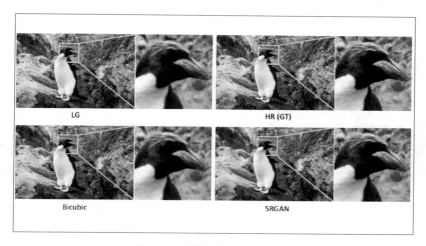

图 13.1　超分辨率复原效果

13.2　网络结构

如图 13.2 所示，SRGAN 的生成器和之前介绍的 DCGAN 和 GAN-CLS 很不一样，网络输入并没有引入任何随机变量，而是直接输入图片然后输出图片，其结构类似于自编码器。生成器首先把输入的图像编码成高维特征然后经过残差网络（Residual Network）对特征进行处理，最后解码出复原的高像素图像。

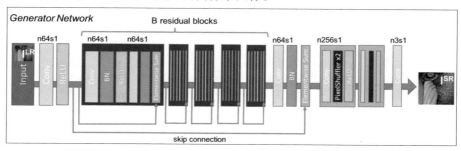

图 13.2　生成器 (图来自 SRGAN 原文)

我们发现，这个网络中没有使用常见的反卷积层，而是使用子像素卷积（Sub-Pixel Convolution，SPC），子像素卷积中没有任何的参数，它只是把上一层卷积层的输出重新排列，作者在 "Is the Deconvolution Layer the Same as a Convolutional Layer?" 一文中证明了使用子像素卷积和普通卷积的等同性。具体证明细节本章不展开讨论，大家只要知道子像素卷积的最大好处是效率高。SRGAN 原文实现了长宽像素各放大 4 倍，则输出图像像素总和将是输入图像像素总和的 16 倍。

除了子像素卷积和反卷积外，目前还有一种很常用的方法叫缩放卷积（Resize-

Convolution），我们已经在第 12 章使用了，该方法先通过插值法把特征图（Feature Maps）变大然后再对其进行卷积操作，这相当于通过插值层和卷积层代替了反卷积层。缩放卷积的好处是可以降低生成图像中棋盘格子状的伪影（Checkerboard Artifacts），如图13.3所示，原因在下文中有非常详细的讨论。

图 13.3　棋盘格子状伪影（Checkerboard Artifacts）

- *Deconvolution and Checkerboard Artifacts*：http://distill.pub/2016/deconv-checkerboard/

缩放卷积的 TensorLayer 实现见第 12 章，简单代码实现如下。

```
1  n = ...
2
3  n = UpSampling2dLayer(n, size=[128, 128], is_scale=False,
4                       method=1, name='up')
5  n = Conv2d(n, 32, (3, 3), (1, 1), padding='SAME', name='conv2d')
6  n = BatchNormLayer(n, act=tf.nn.relu, is_train=is_train, name='bn')
7
8  n = UpSampling2dLayer(n, size=[256, 256], is_scale=False,
9                       method=1, name='up2')
10 n = Conv2d(n, 32, (3, 3), (1, 1), padding='SAME', name='conv2d2')
11 n = BatchNormLayer(n, act=tf.nn.relu, is_train=is_train, name='bn2')
12
13 n = ...
```

　　本章将使用 SRGAN 原文的子像素卷积，当然使用普通的反卷积或者缩放卷积都只是细节问题，并不会影响图片生成。生成器模型定义如下。在训练过程中，我们输入和输出的图片幅度都在 [-1, 1] 之间，其目的和 DCGAN 与 GAN-CLS 一样，都是为了网络稳定。然而训练过程中，输入图片的大小为 96×96，输出图片大小为 384×384，但这不意味着训练完成后，我们使用时就只能输入 96×96 的图片了，而事实上由于该网络为全卷积网络（Fully Convolutional Networks，FCN），所以可以输入任意大小的图片，来输出长宽像素各变大 4 倍的图片。简单来说，就像边缘提取算法并不会要求输入图片的尺寸一样，同理卷积层只是用卷积核（Filter）对输入图片做卷积操作输出特征图

（Feature Map），若输入图像变大则输出图像变大，由于整个网络都只有卷积操作，没有任何全连接层，所以全卷积网络训练完后可以用于任何尺寸的输入。

生成器定义如下：

```
1   def SRGAN_g(t_image, is_train=False, reuse=False):
2
3       # 参数初始化函数
4       w_init = tf.random_normal_initializer(stddev=0.02)
5       b_init = None
6       g_init = tf.random_normal_initializer(1., 0.02)
7
8       with tf.variable_scope("SRGAN_g", reuse=reuse) as vs:
9           tl.layers.set_name_reuse(reuse)
10
11          # 编码阶段（Encode）
12          n = InputLayer(t_image, name='in')
13          n = Conv2d(n, 64, (3, 3), (1, 1), act=tf.nn.relu,
14                  padding='SAME', W_init=w_init, name='n64s1/c')
15          temp = n
16
17          # 残差网络（Residual Blocks）
18          for i in range(16):
19              nn = Conv2d(n, 64, (3, 3), (1, 1), act=None, padding='SAME',
20                      W_init=w_init, b_init=b_init, name='n64s1/c1/%s' % i)
21              nn = BatchNormLayer(nn, act=tf.nn.relu, is_train=is_train,
22                      gamma_init=g_init, name='n64s1/b1/%s' % i)
23              nn = Conv2d(nn, 64, (3, 3), (1, 1), act=None, padding='SAME',
24                      W_init=w_init, b_init=b_init, name='n64s1/c2/%s' % i)
25              nn = BatchNormLayer(nn, is_train=is_train, gamma_init=g_init,
26                      name='n64s1/b2/%s' % i)
27              nn = ElementwiseLayer([n, nn], tf.add, 'b_res_add/%s' % i)
28              n = nn
29
30          n = Conv2d(n, 64, (3, 3), (1, 1), act=None, padding='SAME',
31                  W_init=w_init, b_init=b_init, name='n64s1/c/m')
32          n = BatchNormLayer(n, is_train=is_train, gamma_init=g_init,
33                  name='n64s1/b/m')
```

```
34          n = ElementwiseLayer([n, temp], tf.add, 'add3')
35
36          # 解码阶段(Decode)
37          n = Conv2d(n, 256, (3, 3), (1, 1), act=None, padding='SAME',
38                  W_init=w_init, name='n256s1/1')
39          n = SubpixelConv2d(n, scale=2, n_out_channel=None,
40                  act=tf.nn.relu, name='pixelshufflerx2/1')
41
42          n = Conv2d(n, 256, (3, 3), (1, 1), act=None, padding='SAME',
43                  W_init=w_init, name='n256s1/2')
44          n = SubpixelConv2d(n, scale=2, n_out_channel=None,
45                  act=tf.nn.relu, name='pixelshufflerx2/2')
46
47          # 最后卷积输出RGB 3个通道
48          n = Conv2d(n, 3, (1, 1), (1, 1), act=tf.nn.tanh,
49                  padding='SAME', W_init=w_init, name='out')
50          return n
```

13.3 联合损失函数

生成器的结构与自编码器类似，最容易让人想到的损失函数就是像素均方误差（Pixel-Wise Mean Squared Error），把训练集中的高清原图缩小作为输入，然后计算输出图像和高清原图的像素间均方误差。这个方法有一定的效果，且比 Bicubic 插值法效果要好一些，不过若把输出的图片放大看，就会发现输出图像依然是非常模糊的。这样的结果是非常合理的，毕竟像素均方误差只是一种暴力方法，它并不能"智能"地学会各种物品的细节。为此 SRGAN 一文引入 VGG 高维特征均方误差和对抗损失，结合像素均方误差一起来训练生成器。

在第 10 章我们讲过，预训练好的卷积神经网络（CNN）常常被用于把图像编码（Encode）成高维度的特征表达（Feature Representation），然后在特征表达上做其他任务。在这个任务中，我们使用在 ImageNet 预训练好的 VGG19 网络提取出生成图像和高清原图的高维特征，并求出它们高维特征的均方误差。由于这些高维特征可以表达非常高级的内容，比如猫的鼻子、狗的尾巴、飞机的翅膀等，这相比简单对比像素来说具有更加真实的对比能力，因此 VGG 高维特征均方误差能让输出图像更为真实，这里称之为感知损失（Perceptrons Loss）。这是迁移学习思想的一个成功应用实例。

这里使用的 VGG19 模型请参考如下代码，我们使用 VGG19 在 conv4 位置的输出来计算均方误差，该位置的输出维度为 [14,14,512]，即一张图片输入后能得到 14 × 14 × 512 个特征值。

- VGG19 例子代码：https://github.com/zsdonghao/tensorlayer/blob/master/example/tutorial_vgg19.py

```
1  def Vgg19_simple_api(rgb, reuse):
2      """建立VGG19模型，输入 [0, 1] 范围的RGB图片placeholder """
3      VGG_MEAN = [103.939, 116.779, 123.68]
4      with tf.variable_scope("VGG19", reuse=reuse) as vs:
5          start_time = time.time()
6          print("build model started")
7          rgb_scaled = rgb * 255.0
8          # 由于该网络原本是用BGR图片训练的，所以这里把RGB格式转换成BGR格式
9          red, green, blue = tf.split(rgb_scaled, 3, 3)
10         assert red.get_shape().as_list()[1:] == [224, 224, 1]
11         assert green.get_shape().as_list()[1:] == [224, 224, 1]
12         assert blue.get_shape().as_list()[1:] == [224, 224, 1]
13
14         bgr = tf.concat([blue - VGG_MEAN[0],
15             green - VGG_MEAN[1], red - VGG_MEAN[2], ], axis=3)
16         assert bgr.get_shape().as_list()[1:] == [224, 224, 3]
17
18         """ input layer """
19         net_in = InputLayer(bgr, name='input')
20         """ conv1 """
21         network = Conv2d(net_in, n_filter=64, filter_size=(3, 3),
22             strides=(1, 1), act=tf.nn.relu,padding='SAME', name='c11')
23         network = Conv2d(network, n_filter=64, filter_size=(3, 3),
24             strides=(1, 1), act=tf.nn.relu,padding='SAME', name='c12')
25         network = MaxPool2d(network, filter_size=(2, 2), strides=(2, 2),
26             padding='SAME', name='pool1')
27         """ conv2 """
28         network = Conv2d(network, n_filter=128, filter_size=(3, 3),
29             strides=(1, 1), act=tf.nn.relu,padding='SAME', name='c21')
30         network = Conv2d(network, n_filter=128, filter_size=(3, 3),
31             strides=(1, 1), act=tf.nn.relu,padding='SAME', name='c22')
```

```python
network = MaxPool2d(network, filter_size=(2, 2), strides=(2, 2),
    padding='SAME', name='pool2')
""" conv3 """
network = Conv2d(network, n_filter=256, filter_size=(3, 3),
    strides=(1, 1), act=tf.nn.relu,padding='SAME', name='c31')
network = Conv2d(network, n_filter=256, filter_size=(3, 3),
    strides=(1, 1), act=tf.nn.relu,padding='SAME', name='c32')
network = Conv2d(network, n_filter=256, filter_size=(3, 3),
    strides=(1, 1), act=tf.nn.relu,padding='SAME', name='c33')
network = Conv2d(network, n_filter=256, filter_size=(3, 3),
    strides=(1, 1), act=tf.nn.relu,padding='SAME', name='c34')
network = MaxPool2d(network, filter_size=(2, 2), strides=(2, 2),
    padding='SAME', name='pool3')
""" conv4 """
network = Conv2d(network, n_filter=512, filter_size=(3, 3),
    strides=(1, 1), act=tf.nn.relu,padding='SAME', name='c41')
network = Conv2d(network, n_filter=512, filter_size=(3, 3),
    strides=(1, 1), act=tf.nn.relu,padding='SAME', name='c42')
network = Conv2d(network, n_filter=512, filter_size=(3, 3),
    strides=(1, 1), act=tf.nn.relu,padding='SAME', name='c43')
network = Conv2d(network, n_filter=512, filter_size=(3, 3),
    strides=(1, 1), act=tf.nn.relu,padding='SAME', name='c44')
network = MaxPool2d(network, filter_size=(2, 2), strides=(2, 2),
    padding='SAME', name='pool4')

# 我们返回 conv4 位置的高维特征，其输出大小：
[batch_size, 14, 14, 512]
conv = network

""" conv5 """
network = Conv2d(network, n_filter=512, filter_size=(3, 3),
    strides=(1, 1), act=tf.nn.relu,padding='SAME', name='c51')
network = Conv2d(network, n_filter=512, filter_size=(3, 3),
    strides=(1, 1), act=tf.nn.relu,padding='SAME', name='c52')
network = Conv2d(network, n_filter=512, filter_size=(3, 3),
    strides=(1, 1), act=tf.nn.relu,padding='SAME', name='c53')
network = Conv2d(network, n_filter=512, filter_size=(3, 3),
```

```
69              strides=(1, 1), act=tf.nn.relu,padding='SAME', name='c54')
70         network = MaxPool2d(network, filter_size=(2, 2), strides=(2, 2),
71              padding='SAME', name='pool5')
72         """ fc 6~8 """
73         network = FlattenLayer(network, name='flatten')
74         network = DenseLayer(network, 4096, act=tf.nn.relu, name='fc6')
75         network = DenseLayer(network, 4096, act=tf.nn.relu, name='fc7')
76         network = DenseLayer(network, 1000, act=tf.identity, name='fc8')
77         print("build model finished: %fs" % (time.time() - start_time))
78         return network, conv
```

除了使用 VGG 特征，SRGAN 最为重要的一个贡献是使用了对抗学习来让生成器学会何为"真实"，进一步引导生成器输出更加真实的图片。引入判别器（Discriminator）来判断生成的图像和高像素原图，让生成器尽其可能地"欺骗"它，这和 DCGAN 的判别器原理是一样的。SRGAN 原文的判别器参数很多，对 GPU 内存有较高要求，这里我们自己搭建一个参数较小的判别器如下，网络最后输出图片为真的概率。

```
1  def SRGAN_d(input_images, is_train=True, reuse=False):
2      # 第一层卷积核数量
3      df_dim = 64
4      # LeakyReLU激活函数
5      lrelu = lambda x: tl.act.lrelu(x, 0.2)
6      # 参数初始化函数
7      w_init = tf.random_normal_initializer(stddev=0.02)
8      b_init = None
9      gamma_init=tf.random_normal_initializer(1., 0.02)
10
11     with tf.variable_scope("SRGAN_d", reuse=reuse):
12         tl.layers.set_name_reuse(reuse)
13         net_in = InputLayer(input_images, name='input/images')
14         net_h0 = Conv2d(net_in, df_dim, (4, 4), (2, 2), act=lrelu,
15              padding='SAME', W_init=w_init, name='h0/c')
16
17         net_h1 = Conv2d(net_h0, df_dim*2, (4, 4), (2, 2), act=None,
18              padding='SAME', W_init=w_init, b_init=b_init, name='h1/c')
19         net_h1 = BatchNormLayer(net_h1, act=lrelu, is_train=is_train,
20              gamma_init=gamma_init, name='h1/bn')
21         net_h2 = Conv2d(net_h1, df_dim*4, (4, 4), (2, 2), act=None,
```

```
                    padding='SAME', W_init=w_init, b_init=b_init, name='h2/c')
    net_h2 = BatchNormLayer(net_h2, act=lrelu, is_train=is_train,
                    gamma_init=gamma_init, name='h2/bn')
    net_h3 = Conv2d(net_h2, df_dim*8, (4, 4), (2, 2), act=None,
                    padding='SAME', W_init=w_init, b_init=b_init, name='h3/c')
    net_h3 = BatchNormLayer(net_h3, act=lrelu, is_train=is_train,
                    gamma_init=gamma_init, name='h3/bn')
    net_h4 = Conv2d(net_h3, df_dim*16, (4, 4), (2, 2), act=None,
                    padding='SAME', W_init=w_init, b_init=b_init, name='h4/c')
    net_h4 = BatchNormLayer(net_h4, act=lrelu, is_train=is_train,
                    gamma_init=gamma_init, name='h4/bn')
    net_h5 = Conv2d(net_h4, df_dim*32, (4, 4), (2, 2), act=None,
                    padding='SAME', W_init=w_init, b_init=b_init, name='h5/c')
    net_h5 = BatchNormLayer(net_h5, act=lrelu, is_train=is_train,
                    gamma_init=gamma_init, name='h5/bn')
    net_h6 = Conv2d(net_h5, df_dim*16, (1, 1), (1, 1), act=None,
                    padding='SAME', W_init=w_init, b_init=b_init, name='h6/c')
    net_h6 = BatchNormLayer(net_h6, act=lrelu, is_train=is_train,
                    gamma_init=gamma_init, name='h6/bn')
    net_h7 = Conv2d(net_h6, df_dim*8, (1, 1), (1, 1), act=None,
                    padding='SAME', W_init=w_init, b_init=b_init, name='h7/c')
    net_h7 = BatchNormLayer(net_h7, is_train=is_train,
                    gamma_init=gamma_init, name='h7/bn')

    net = Conv2d(net_h7, df_dim*2, (1, 1), (1, 1), act=None,
                    padding='SAME', W_init=w_init, b_init=b_init, name='res/c')
    net = BatchNormLayer(net, act=lrelu, is_train=is_train,
                    gamma_init=gamma_init, name='res/bn')
    net = Conv2d(net, df_dim*2, (3, 3), (1, 1), act=None,
                    padding='SAME', W_init=w_init, b_init=b_init, name='res/c2')
    net = BatchNormLayer(net, act=lrelu, is_train=is_train,
                    gamma_init=gamma_init, name='res/bn2')
    net = Conv2d(net, df_dim*8, (3, 3), (1, 1), act=None,
                    padding='SAME', W_init=w_init, b_init=b_init, name='res/c3')
    net = BatchNormLayer(net, is_train=is_train,
                    gamma_init=gamma_init, name='res/bn3')
    net_h8 = ElementwiseLayer(layer=[net_h7, net],
```

```
59                    combine_fn=tf.add, name='res/add')
60            net_h8.outputs = tl.act.lrelu(net_h8.outputs, 0.2)
61
62            net_ho = FlattenLayer(net_h8, name='ho/flatten')
63            net_ho = DenseLayer(net_ho, n_units=1, act=tf.identity,
64                    W_init = w_init, name='ho/dense')
65            logits = net_ho.outputs
66            net_ho.outputs = tf.nn.sigmoid(net_ho.outputs)
67
68        return net_ho, logits
```

最后结合这三类损失计算方法，我们使用联合损失函数来训练生成器，实验表明，若不使用 VGG 高维特征均方差，棋盘格子状伪影会很明显。

13.4 训练网络

由于这个方法涉及了三个损失函数，因此想让训练稳定就需要技巧。若三个损失值来回跳动则很难让训练收敛，首先只使用像素均方误差来训练生成器，让生成器能达到一个基本的性能，文中把这一步称为生成器的初始化，这样做的目的是为了避免三个损失函数一起训练时出现剧烈跳动的现象，也能防止生成器进入不希望得到的局部最优解（Local Optima）。初始化完成后，再用联合损失函数训练生成器和判别器，这时生成器的对抗损失值要乘以一个非常小的系数（本例中为 1e-3），这是因为另外两个损失值相对对抗损失来说比较小，乘以小系数后才能与另外两个损失值平衡，达到三个损失函数对网络训练的贡献平衡。

定义超参数。

```
1  batch_size = 16      # 批大小
2  lr_init = 1e-4       # 学习率
3  beta1 = 0.9          # Adam的beta1
4  ni = int(np.sqrt(batch_size))    # 保存16张图片时，我们可以存为4×4的格子图。
```

初始化生成器时只用像素均方误差，使用学习率 lr_init（1e-4）训练 100 个 Epoch：

```
1  n_epoch_init = 100
```

对抗训练时，使用 lr_init（1e-4）训练 500 个 Epoch，然后把学习率降低到 lr_init 的 10%，然后 1e-5 再训练 500 个 epoch：

```
1  n_epoch = 1000
2  lr_decay = 0.1
3  decay_every = 500
```

SRGAN 原文从 ImageNet 中随机选取了 350 万张图片作为训练集，考虑到读者的硬件和时间资源，我们这里使用 DIV2K 数据集中 Bicubic downscaling x4 的图像作为训练集：

- DIV2K - bicubic downscaling x4 competition：http://www.vision.ee.ethz.ch/ntire17/

下载数据集完毕后，设置数据集路径，以及该路径下有所有训练集图像的原文件。当然读者也可以使用自己的训练集，把自己的图片放到一个文件夹中，设置路径指向自己的文件夹。

```
1  hr_img_path = 'data2017/DIV2K_train_HR/'
```

需要注意的是，训练集的图片并不要求是 384×384 大小，DIV2K 数据集的图片长和宽是不固定的，通常在 1000～2000 之间，训练时我们随机从图片中截取 384×384 的子图像（Sub-Image），如图13.4所示，一个原图可以得到非常多的子图像。若使用自己的数据集训练，如果原图太小，则子图像数量有限；如果原图太大，则子图像能包含的区域信息就相对很少了。

图 13.4　获取子图像

接着建立三个文件夹：samples/srgan_ginit 和 samples/srgan_gan 分别保存的是初始化训练生成器时和联合训练时的临时效果图，以供观察训练进度；checkpoint

文件夹用以保存训练模型。

```
1  save_dir_ginit = "samples/srgan_ginit"
2  save_dir_gan = "samples/srgan_gan"
3  tl.files.exists_or_mkdir(save_dir_ginit)
4  tl.files.exists_or_mkdir(save_dir_gan)
5
6  checkpoint_dir = "checkpoint"
7  tl.files.exists_or_mkdir(checkpoint_dir)
```

由于DIV2K训练集只有800张图片，所以可以把它们全部放入内存中。

```
1  def read_all_imgs(img_list, path='', n_threads=32):
2      """ 多线程读取图片 """
3      imgs = []
4      for idx in range(0, len(img_list), n_threads):
5          b_imgs_list = img_list[idx : idx + n_threads]
6          b_imgs = tl.prepro.threading_data(b_imgs_list,
7                  fn=get_imgs_fn, path=path)
8          imgs.extend(b_imgs)
9          print('read %d from %s' % (len(imgs), path))
10     return imgs
11
12 # 获取hr_img_path路径下的png文件名列表
13 train_hr_img_list = sorted(tl.files.load_file_list(path=hr_img_path,
14         regx='.*.png', printable=False))
15
16 # 多线程读取hr_img_path路径下的图片
17 train_hr_imgs = read_all_imgs(train_hr_img_list,
18         path=hr_img_path, n_threads=32)
```

训练时，把模型输入定义为 [batch_size, 96, 96, 3]，输出定义为 [batch_size, 384, 384, 3]，然后建立生成器和判别器的模型，这里和 DCGAN 类似。

```
1  t_image = tf.placeholder('float32', [batch_size, 96, 96, 3], name='input')
2  t_target_image = tf.placeholder('float32',
3          [batch_size, 384, 384, 3], name='target')
4
5  net_g = SRGAN_g(t_image, is_train=True, reuse=False)
```

```
6  net_d, logits_real = SRGAN_d(t_target_image, is_train=True, reuse=False)
7  _,     logits_fake = SRGAN_d(net_g.outputs, is_train=True, reuse=True)
```

使用 VGG 高维特征均方差时，由于我们使用的 VGG 是基于输入 224×224 的图像训练的，所以需要把 384×384 的图像缩小为 224×224 再输入 VGG 网络中。另外由于生成图像和原高清子图像数值范围是 [-1,1]，在输入 VGG 前要把数值范围调为 [0,1]。从下面代码中，得到 vgg_target_emb 和 vgg_predict_emb，它们的 outputs 就是原高清子图像和生成图像的 VGG 高维特征。

```
1  t_target_image_224 = tf.image.resize_images(t_target_image, size=[224, 224],
2                                             method=0, align_corners=False)
3  t_predict_image_224 = tf.image.resize_images(net_g.outputs, size=[224, 224],
4                                              method=0, align_corners=False)
5
6  net_vgg, vgg_target_emb = Vgg19_simple_api((t_target_image_224+1)/2,
7                                             reuse=False)
8  _, vgg_predict_emb = Vgg19_simple_api((t_predict_image_224+1)/2, reuse=True)
```

为了测试临时效果，我们复用生成器的参数，把 is_train 设为 False，使用 net_g_test 在训练过程中生成临时效果图，以供观察训练进度。

```
1  # 测试使用的生成器
2  net_g_test = SRGAN_g(t_image, is_train=False, reuse=True)
```

判别器的损失函数和 DCGAN 一样，都是希望判断生成图为假图，原高清子图像为真图。

```
1  d_loss1 = tl.cost.sigmoid_cross_entropy(logits_real,
2              tf.ones_like(logits_real), name='d1')
3  d_loss2 = tl.cost.sigmoid_cross_entropy(logits_fake,
4              tf.zeros_like(logits_fake), name='d2')
5  d_loss = d_loss1 + d_loss2
```

生成器的损失函数有三种，对抗损失乘以小系数 1e-3、VGG 高维特征均方差乘以小系数 2e-6，以达到三个函数在联合训练时的平衡。

```
1  g_gan_loss = 1e-3 * tl.cost.sigmoid_cross_entropy(logits_fake,
2                       tf.ones_like(logits_fake), name='g')
3  mse_loss = tl.cost.mean_squared_error(net_g.outputs ,
```

```
                                    t_target_image, is_mean=True)
5  vgg_loss = 2e-6 * tl.cost.mean_squared_error(vgg_predict_emb.outputs,
6                                   vgg_target_emb.outputs, is_mean=True)
7
8  g_loss = mse_loss + vgg_loss + g_gan_loss
```

获取生成器和判别器的参数列表。

```
1  g_vars = tl.layers.get_variables_with_name('SRGAN_g', True, True)
2  d_vars = tl.layers.get_variables_with_name('SRGAN_d', True, True)
```

定义可调节的学习率。

```
1  with tf.variable_scope('learning_rate'):
2      lr_v = tf.Variable(lr_init, trainable=False)
```

预训练生成器时,我们只用像素均方差来更新生成器参数。

```
1  g_optim_init = tf.train.AdamOptimizer(lr_v, beta1=beta1
2                        ).minimize(mse_loss, var_list=g_vars)
```

对抗训练时,生成器使用联合损失函数。

```
1  g_optim = tf.train.AdamOptimizer(lr_v, beta1=beta1
2                        ).minimize(g_loss, var_list=g_vars)
3  d_optim = tf.train.AdamOptimizer(lr_v, beta1=beta1
4                        ).minimize(d_loss, var_list=d_vars)
```

开始训练之前,我们先加载预训练好的 VGG19 网络。

```
1   sess = tf.Session(config=tf.ConfigProto(
2       allow_soft_placement=True, log_device_placement=False))
3   tl.layers.initialize_global_variables(sess)
4   vgg19_npy_path = "vgg19.npy"
5   if not os.path.isfile(vgg19_npy_path):
6       print("Please download vgg19.npz from : \
7            https://github.com/machrisaa/tensorflow-vgg")
8       exit()
9   npz = np.load(vgg19_npy_path, encoding='latin1').item()
10
11  params = []
```

```
12  for val in sorted( npz.items() ):
13      W = np.asarray(val[1][0])
14      b = np.asarray(val[1][1])
15      print("  Loading %s: %s, %s" % (val[0], W.shape, b.shape))
16      params.extend([W, b])
17  tl.files.assign_params(sess, params, net_vgg)
```

使用 16 张训练集图片作为种子图片，以观察训练过程中的效果。sample_imgs 是训练集前 16 张图像，而这里的 tl.prepro.threading_data(sample_imgs, fn=crop_sub_imgs_fn, is_random=False) 会把 sample_imgs 全部图像的正中间切出一个 384×384 子图像，并保证数值范围在 [-1, 1]，用 downsample_fn 函数得到 16 张用 Bicubic 缩小的 96×96 的图像，数值范围为 [-1, 1]。这里的 16 张缩小图 sample_imgs_96 将会在训练过程中用来生成 16 张 384×384 图，用以和 16 张原高清子图像 sample_imgs_384 做对比观察。

```
1   def crop_sub_imgs_fn(x, is_random=True):
2       x = crop(x, wrg=384, hrg=384, is_random=is_random)
3       x = x / (255. / 2.)
4       x = x - 1.
5       return x
6
7   def downsample_fn(x):
8       x = imresize(x, size=[96, 96], interp='bicubic', mode=None)
9       x = x / (255. / 2.)
10      x = x - 1.
11      return x
12
13  sample_imgs = train_hr_imgs[0:batch_size]
14  sample_imgs_384 = tl.prepro.threading_data(sample_imgs,
15          fn=crop_sub_imgs_fn, is_random=False)
16  print('sample HR sub-image:',sample_imgs_384.shape,
17          sample_imgs_384.min(), sample_imgs_384.max())
18  sample_imgs_96 = tl.prepro.threading_data(sample_imgs_384, fn=downsample_fn)
19  print('sample LR sub-image:', sample_imgs_96.shape,
20          sample_imgs_96.min(), sample_imgs_96.max())
21  tl.vis.save_images(sample_imgs_96, [ni, ni],
22          save_dir_ginit+'/_train_sample_96.png')
```

```
23    tl.vis.save_images(sample_imgs_384, [ni, ni],
24            save_dir_ginit+'/_train_sample_384.png')
25    tl.vis.save_images(sample_imgs_96, [ni, ni],
26            save_dir_gan+'/_train_sample_96.png')
27    tl.vis.save_images(sample_imgs_384, [ni, ni],
28            save_dir_gan+'/_train_sample_384.png')
```

初始化训练生成器的代码如下，使用固定的学习率（1e-4）训练 100 个 Epoch，每 10 个 Epoch 用之前准备的 16 张子图像 sample_imgs_96 生成图像和其原图 sample_imgs_384 做比较。

```
1   # 使用固定的1e-4学习率
2   sess.run(tf.assign(lr_v, lr_init))
3   for epoch in range(0, n_epoch_init+1):
4       epoch_time = time.time()
5       total_mse_loss, n_iter = 0, 0
6       # 训练一个Epoch
7       for idx in range(0, len(train_hr_imgs), batch_size):
8           step_time = time.time()
9           # 获取16张384x384子图像，并用Bicubic得到16张96x96的缩小图
10          b_imgs_384 = tl.prepro.threading_data(
11                  train_hr_imgs[idx : idx + batch_size],
12                  fn=crop_sub_imgs_fn, is_random=True)
13          b_imgs_96 = tl.prepro.threading_data(b_imgs_384, fn=downsample_fn)
14          # 使用像素均方差更新生成器
15          errM, _ = sess.run([mse_loss, g_optim_init],
16                  {t_image: b_imgs_96, t_target_image: b_imgs_384})
17          # 显示每次更新的像素均方差
18          print("Epoch [%2d/%2d] %4d time: %4.4fs, mse: %.8f " %
19                  (epoch, n_epoch_init, n_iter, time.time() - step_time, errM))
20          total_mse_loss += errM
21          n_iter += 1
22      # 显示一个Epoch的平均像素均方差
23      log = "[*] Epoch: [%2d/%2d] time: %4.4fs, mse: %.8f" %
24              (epoch, n_epoch_init, time.time() - epoch_time,
25              total_mse_loss/n_iter)
26      print(log)
27
```

```
28      # 每10个Epoch, 保存模型并生成子图像用以观察训练进度
29      if (epoch != 0) and (epoch % 10 == 0):
30          out = sess.run(net_g_test.outputs, {t_image: sample_imgs_96})
31          print("[*] save images")
32          tl.vis.save_images(out, [ni, ni],
33              save_dir_ginit+'/train_%d.png' % epoch)
34          tl.files.save_npz(net_g.all_params,
35              name=checkpoint_dir+'/g_srgan_init.npz', sess=sess)
```

初始化训练完成后，开始联合训练，代码如下。先用 1e-4 的学习率训练 500 个 Epoch，然后用 1e-5 的学习率再训练 500 个 Epoch。此外与初始化训练一样，每 10 个 Epoch 用之前准备的 16 张子图像 sample_imgs_96 生成图像和其原图 sample_imgs_384 做比较。

```
1   for epoch in range(0, n_epoch+1):
2       # 更新学习率
3       if epoch !=0 and (epoch % decay_every == 0):
4           new_lr_decay = lr_decay ** (epoch // decay_every)
5           sess.run(tf.assign(lr_v, lr_init * new_lr_decay))
6           log = " ** new learning rate: %f (for GAN)"
7                   % (lr_init * new_lr_decay)
8           print(log)
9       elif epoch == 0:
10          sess.run(tf.assign(lr_v, lr_init))
11          log = " ** init lr: %f  decay_every_init: %d, lr_decay:
12                  %f (for GAN)" % (lr_init, decay_every, lr_decay)
13          print(log)
14
15      epoch_time = time.time()
16      total_d_loss, total_g_loss, n_iter = 0, 0, 0
17      # 训练一个Epoch
18      for idx in range(0, len(train_hr_imgs), batch_size):
19          step_time = time.time()
20          # 获取16张384x384子图像, 并用Bicubic得到16张96x96的缩小图
21          b_imgs_384 = tl.prepro.threading_data(
22              train_hr_imgs[idx : idx + batch_size],
23              fn=crop_sub_imgs_fn, is_random=True)
24          b_imgs_96 = tl.prepro.threading_data(b_imgs_384, fn=downsample_fn)
```

```
25              # 更新判别器
26              errD, _ = sess.run([d_loss, d_optim],
27                      {t_image: b_imgs_96, t_target_image: b_imgs_384})
28              # 更新生成器
29              errG, errM, errV, errA, _ = sess.run([g_loss, mse_loss, vgg_loss,
30                      g_gan_loss, g_optim], {t_image: b_imgs_96, t_target_image:
                        b_imgs_384})
31              # 显示一次更新的损失值
32              print("Epoch [%2d/%2d] %4d time: %4.4fs, d_loss: %.8f
33                      g_loss: %.8f (mse: %.6f vgg: %.6f adv: %.6f)"
34                      % (epoch, n_epoch, n_iter, time.time() - step_time,
35                      errD, errG, errM, errV, errA))
36              total_d_loss += errD
37              total_g_loss += errG
38              n_iter += 1
39          # 显示一个Epoch的平均损失值
40          log = "[*] Epoch: [%2d/%2d] time: %4.4fs, d_loss: %.8f g_loss: %.8f"
41                  % (epoch, n_epoch, time.time() - epoch_time,
42                  total_d_loss/n_iter, total_g_loss/n_iter)
43          print(log)
44
45          # 每10个Epoch，保存模型并生成子图像用以观察训练进度
46          if (epoch != 0) and (epoch % 10 == 0):
47              out = sess.run(net_g_test.outputs, {t_image: sample_imgs_96})
48              print("[*] save images")
49              tl.vis.save_images(out, [ni, ni],
50                  save_dir_gan+'/train_%d.png' % epoch)
51              tl.files.save_npz(net_g.all_params,
52                  name=checkpoint_dir+'/g_srgan.npz', sess=sess)
53              tl.files.save_npz(net_d.all_params,
54                  name=checkpoint_dir+'/d_srgan.npz', sess=sess)
```

13.5 使用测试

一个测试效果图，如图13.5所示。

虽然训练中我们输入生成器的图片分辨率为 96×96，生成器输出的图片分辨率为

384×384，但由于生成器是全卷积网络（Fully Convolutional Networks，FCN），所以我们可以输入任意大小的图片，来输出长宽像素各变大 4 倍的图片。不过需要注意的是，由于计算机内存的限制，我们不能输入过大的图片，通常情况下我们输入长宽为 800 以下的图片。下面的例子中，根据一张任意大小的图像定义 placeholder，把该图像数值缩放为 [-1,1]，然后输入到生成器中得到图片分辨率长宽各放大 4 倍的图像。

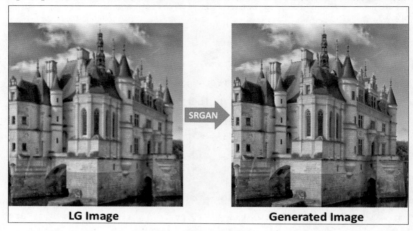

图 13.5　一个测试效果图

首先建立文件夹保存测试结果图片，所有结果都将保存到 save_dir 路径下。

```
1  save_dir = "samples/evaluate"
2  tl.files.exists_or_mkdir(save_dir)
```

这里的 valid_lr_img 是一张你想要用来测试的图片，若图片值范围在 [0,255] 可通过如下代码把数值转换为 [-1, 1]，这是因为我们的生成网络训练时是使用 [-1, 1] 输入的。valid_hr_img 是 valid_lr_img 的高像素图像（若有的话），用以和生成图像作对比。

```
1  valid_lr_img = (valid_lr_img / 127.5) - 1
2  valid_hr_img = ... # 已知的高像素图像
```

我们要根据测试图片的大小来定义 placeholder，然后根据输入图片的大小来定义生成器模型。

```
1  size = valid_lr_img.shape
2  t_image = tf.placeholder('float32', [None, size[0], size[1], size[2]],
3                  name='input_image')
4  net_g = SRGAN_g(t_image, is_train=False, reuse=False)
```

加载训练好的生成器模型参数。

```
1  sess = tf.Session(config=tf.ConfigProto(
2          allow_soft_placement=True, log_device_placement=False))
3  tl.layers.initialize_global_variables(sess)
4  tl.files.load_and_assign_npz(sess=sess,
5          name=checkpoint_dir+'/g_srgan.npz', network=net_g)
```

输入低像素图片 valid_lr_img，生成高像素高清图片。

```
1  out = sess.run(net_g.outputs, {t_image: [valid_lr_img]})
```

保存输入网络的低像素图片（LR）、高像素原图（HR）和网络生成的图片，以供对比。

```
1  print("LR size: %s /  generated HR size: %s" % (size, out.shape))
2  print("[*] save images")
3  tl.vis.save_image(out[0], save_dir+'/valid_gen.png')
4  tl.vis.save_image(valid_lr_img, save_dir+'/valid_lr.png')
5  tl.vis.save_image(valid_hr_img, save_dir+'/valid_hr.png')
```

生成并保存 Bicubic 插值法的结果，以供对比。

```
1  out_bicu = scipy.misc.imresize(valid_lr_img, [size[0]*4, size[1]*4],
2          interp='bicubic', mode=None)
3  tl.vis.save_image(out_bicu, save_dir+'/valid_bicubic.png')
```

评估生成模型效果非常困难，它不像分类器模型那样可以直接通过准确度来评估好坏。目前主要使用 MOS、PSNR、SSIM 甚至人工打分的方法来评估生成图片的效果，本章不做更多关于评估方法的讨论，若您有兴趣可查看相关论文。

14

实例五：文本反垃圾

14.1 任务场景

文本反垃圾是网络社区应用非常常见的任务。因为各种利益关系，网络社区通常都难以避免地会涌入大量骚扰、色情、诈骗等垃圾信息，扰乱社区秩序，伤害用户体验。这些信息往往隐晦、多变，传统规则系统如正则表达式匹配关键词难以应对。通常情况下，文本反垃圾离不开用户行为分析，本章只针对文本内容部分进行讨论。

为了躲避平台监测，垃圾文本常常会使用火星文等方式对关键词进行隐藏。例如：

渴望 先 极限 激情 忄生 燃烧 加 浽 黴 信 lovexxxx521
亲爱 的 看 頭潒 约

垃圾文本通常还会备有多个联系方式进行用户导流。识别异常联系方式是反垃圾的一项重要工作，但是传统的识别方法依赖大量策略，攻防压力大，也容易被突破。例如：

自啪 试平 n 罗辽 嫘研 危性 xxxx447
自啪 试平 n 罗辽 嫘研 危性 xxxxx11118

在这个实例中，我们将使用 TensorLayer 来训练一个垃圾文本分类器，并介绍如何通过 TensorFlow Serving 来提供高性能服务，实现产品化部署。这个分类器将解决以上几个难题，我们不再担心垃圾文本有多么隐晦，也不再关心它们用的哪国语言或有多少种联系方式。

- 本章代码和数据请见：https://github.com/pakrchen/text-antispam。

14.2 网络结构

文本分类必然要先解决文本表征问题。文本表征在自然语言处理任务中扮演着重要的角色。它的目标是将不定长文本（句子、段落、文章）映射成固定长度的向量。文本向量的质量会直接影响下游模型的性能。神经网络模型的文本表征工作通常分为两步，首先将单词映射成词向量，然后将词向量组合起来。有多种模型能够将词向量组合成文本向量，例如词袋模型（Neural Bag-of-Words，NBOW）、递归神经网络（Recurrent Neural Network，RNN）和卷积神经网络（Convolutional Neural Network，CNN）[1]。这些模型接受由一组词向量组成的文本序列作为输入，然后将文本的语义信息表示成一个固定长度的向量。NBOW 模型的优点是简单快速，配合多层全连接网络能实现不逊于 RNN 和 CNN 的分类效果，缺点是向量线性相加必然会丢失很多词与词相关信息，无法更精细地表达句子的语义。CNN 在语言模型训练中也被广泛使用，这里卷积的作用变成了从句子中提取出局部的语义组合信息，多个卷积核则用来保证提取的语义组合的多样性。如图14.1所示，RNN 常用于处理时间序列数据，它能够接受任意长度的输入，是自然语言处理最受欢迎的架构之一，在短文本分类中，相比 NBOW 和 CNN 的缺点是需要的计算时间更长。

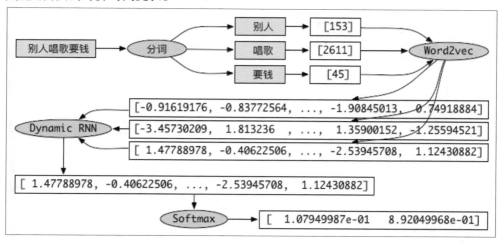

图 14.1　Word2vec 与 Dynamic RNN

实例中我们使用 RNN 来表征文本，将输入的文本序列通过一个 RNN 层映射成固

---

[1] Pengfei Liu, Xipeng Qiu, Xuanjing Huang. "Recurrent Neural Network for Text Classification with Multi-Task Learning." arXiv preprint arXiv:1605.05101 (2016).

定长度的向量，然后将文本向量输入到一个 Softmax 层进行分类。本章结尾我们会再简单介绍由 NBOW 和多层感知机（Multilayer Perceptron，MLP）组成的分类器和 CNN 分类器。实际分类结果中，以上三种分类器的准确率都能达到 97% 以上。相比之前训练的 SVM 分类器所达到的 93% 左右的准确率，基于神经网络的垃圾文本分类器表现出非常优秀的性能。

14.3 词的向量表示

在第 5 章我们讲过，最简单的词表示方法是 One-hot Representation，即把每个词表示为一个很长的向量，这个向量的维度是词表的大小，其中只有一个维度的值为 1，其余都为 0，这个维度就代表了当前的词。这种表示方法非常简洁，但是容易造成维数灾难，并且无法描述词与词之间的关系。还有一种表示方法是 Distributed Representation，如 Word2vec。这种方法把词表示成一种稠密、低维的实数向量。该向量可以表示一个词在一个 N 维空间中的位置，并且相似词在空间中的位置相近。由于训练的时候就利用了单词的上下文，因此 Word2vec 训练出来的词向量天然带有一些句法和语义特征。它的每一维表示词语的一个潜在特征，可以通过空间距离来描述词与词之间的相似性。

比较有代表性的 Word2vec 模型有 CBOW 模型和 Skip-Gram 模型，两种模型的数学推导过程见第 5 章的 5.2 节。图 14.2 演示了 Skip-Gram 模型的训练过程[①]。

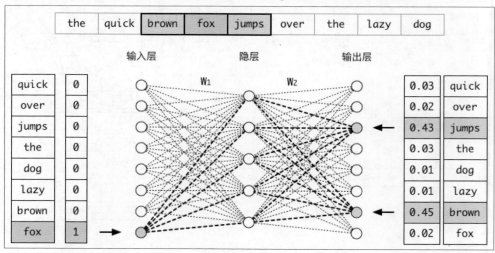

图 14.2　Word2vec 训练过程

[①] Xin Rong. "Word2vec Parameter Learning Explained." arXiv preprint arXiv:1411.2738 (2016).

假设我们的窗口取 1，通过滑动窗口我们得到 (fox, brown)、(fox, jumps) 等输入输出对，经过足够多次的迭代后，当我们再次输入 fox 时，jumps 和 brown 的概率会明显高于其他词。在输入层与隐层之间的矩阵 $W1$ 存储着每一个单词的词向量，从输入层到隐层之间的计算就是取出单词的词向量[1]。因为训练的目标是相似词得到相似上下文，所以相似词在隐层的输出（即其词向量）优化过程中会越来越接近。训练完成后我们把 $W1$（词向量集合）保存起来用于后续的任务。

14.4 Dynamic RNN 分类器

在第 6 章我们讲过传统神经网络如 MLP 受限于固定大小的输入，以及静态的输入输出关系，在动态系统建模任务中会遇到比较大的困难。传统神经网络假设所有输入都互相独立，其有向无环的神经网络的各层神经元不会互相作用，不好处理前后输入有关联的问题。但是现实生活中很多问题都是以动态系统的方式呈现的，一件事物的现状往往依托于它之前的状态。虽然也能通过将一长段时间分成多个同等长度的时间窗口来计算时间窗口内的相关内容，但是这个时间窗的依赖与变化都太多，大小并不好取。目前常用的一种 RNN 是 LSTM，它与标准 RNN 的不同之处是隐层单元的计算函数更加复杂（见第 6 章），使得 RNN 的记忆能力变得更强。

在训练 RNN 的时候我们会遇到另一个问题。不定长序列的长度有可能范围很广，Static RNN 由于只构建一次 Graph，训练前需要对所有输入进行 Padding 以确保整个迭代过程中每个 Batch 的长度一致，这样输入的长度就取决于训练集最长的一个序列，导致许多计算资源浪费在 Padding 部分。Dynamic RNN 实现了 Graph 动态生成，因此不同 Batch 的长度可以不同，并且可以跳过 Padding 部分的计算。这样每一个 Batch 的数据在输入前只需 Padding 到该 Batch 最长序列的长度，并且根据序列实际长度中止计算，从而减少空间和计算量。

图14.3演示了 Dynamic RNN 分类器的训练过程，Sequence 1、2、3 作为一个 Batch 输入到网络中，这个 Batch 最长的长度是 6，因此左方 RNN Graph 展开后如右方所示是一个有着 6 个隐层的网络，每一层的输出会和下一个词一起作为输入进入到下一层[2]。第 1 个序列的长度为 6，因此我们取第 6 个输出作为这个序列的 Embedding 输入到 Softmax 层进行分类。第 2 个序列的长度为 3，因此我们在计算到第 3 个输出时就停止计算，取第 3 个输出作为这个序列的 Embedding 输入到 Softmax 层进行后续的计算。依次类推，

---

[1] Chris McCormick. "Word2Vec Tutorial - The Skip-Gram Model." mccormickml.com/2016/04/19/word2vec-tutorial-the-skip-gram-model (2016).
[2] Chunting Zhou, Chonglin Sun, Zhiyuan Liu, Francis C.M. Lau. "A C-LSTM Neural Network for Text Classification." arXiv preprint arXiv:1511.08630 (2015).

第 3 个序列取第 5 个输出作为 Softmax 层的输入，完成一次前向与后向传播。

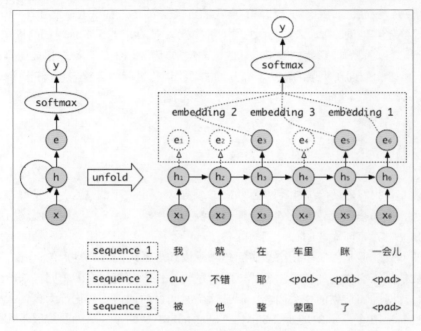

图 14.3 Dynamic RNN 训练过程

14.5 训练网络

网络的训练分为两段：一段是词向量的训练，一段是分类器的训练。训练好的词向量在分类器的训练过程中不会再更新。

14.5.1 训练词向量

本例 Word2vec 训练集的大部分内容都是短文本，经过了基本的特殊字符处理和分词。关于分词，由于用户多样的聊天习惯，文本中会出现大量新词或者火星文，垃圾文本更有各种只可意会不可言传的词出现，因此好的分词器还有赖于新词发现，这是另外一个话题了。因为分词的实现不是本章的重点，所以例子中所有涉及分词的部分都会使用 Python 上流行的开源分词器结巴分词（Jieba）。作为一款优秀的分词器，它用来训练是完全不成问题的。

正样本示例：

得 我 就 在 车 里 咪 一会
auv 不错 耶
不 忘 初 心 方 得 始 终 你 的 面 相 是 有 志 向 的 人

负样本示例：

帅 哥哥 约 吗 v 信 xx88775 么 么 哒 你 懂 的
想 在 这里 有个 故事 xxxxx2587
不再 珈 皦 信 xxx885 无 需要 低线 得 唠嗑

  首先加载训练数据。例子中词向量的训练集和接下来分类器所用的训练集是一样的，但是实际场景中词向量的训练集一般比分类器的大很多。因为词向量的训练集是无须打标签的数据，这使得我们可以利用更大规模的文本数据信息，对于接下来分类器处理未被标识过的数据非常有帮助。例如"加我微信 xxxxx 有福利"的变种"加我潋信 xxxxx 有福利"，这里"微信"和"潋信"是相似的，经过训练，"微信"和"潋信"在空间中的距离也会比较接近。实例中，经过 Word2vec 训练之后，我们得到"微信"、"危性"、"潋信"、"微仦"这几个词在空间上是相近的。也就是说，如果"加我微信 xxxxx 有福利"被标记为负样本，那么"加我潋信 xxxxx 有福利"也很有可能被判定为垃圾文本。

```
1  import collections, logging, os, tarfile
2  import tensorflow as tf
3  import tensorlayer as tl
4
5  def load_dataset():
6      """加载训练数据
7      Args:
8          files: 词向量训练数据集合
9              得 我 就 在 车里 咪 一会
10             终于 知道 哪里 感觉 不 对 了
11             ...
12     Returns:
13         [得 我 就 在 车里 咪 一会 终于 知道 哪里 感觉 不 对 了...]
14     """
15     prj = "https://github.com/pakrchen/text-antispam"
16     if not os.path.exists('data/msglog'):
17         tl.files.maybe_download_and_extract(
```

```
18                 'msglog.tar.gz',
19                 'data',
20                 prj + '/raw/master/word2vec/data/')
21      tarfile.open('data/msglog.tar.gz', 'r').extractall('data')
22      files = ['data/msglog/msgpass.log.seg', 'data/msglog/msgspam.log.seg']
23      words = []
24      for file in files:
25          f = open(file)
26          for line in f:
27              for word in line.strip().split(' '):
28                  if word != '' :
29                      words.append(word)
30          f.close()
31      return words
```

为了尽可能不丢失关键信息,我们希望所有词频不小于 3 的词都加入训练。同时词频小于 3 的词统一用 UNK 代替,这样只出现一两次的异常联系方式也能加入训练,提高模型的泛化能力。

```
1   def get_vocabulary_size(words, min_freq=3):
2       """获取词频不小于min_freq的单词数量
3       小于min_freq的单词统一用UNK(unknown)表示
4       Args:
5           words: 训练词表
6               [得 我 就 在 车里 咪 一会 终于 知道 哪里 感觉 不 对 了...]
7           min_freq: 最低词频
8       Return:
9           size: 词频不小于min_freq的单词数量
10      """
11      size = 1 # 为UNK预留
12      counts = collections.Counter(words).most_common()
13      for word, c in counts:
14          if c >= min_freq:
15              size += 1
16      return size
```

在训练过程中,我们不时地要将训练状态进行保存。tf.train.Saver 是 Tensor-Flow 自带的模型存储方式,可以非常方便地保存当前模型的变量或者导入之前训练好的变量。

```
1  def save_checkpoint(ckpt_file_path):
2      """保存模型训练状态
3      将会产生以下文件：
4          checkpoint
5          model_name.ckpt.data-?????-of-?????
6          model_name.ckpt.index
7          model_name.ckpt.meta
8      Args:
9          ckpt_file_path: 储存训练状态的文件路径
10     """
11     path = os.path.dirname(os.path.abspath(ckpt_file_path))
12     if os.path.isdir(path) == False:
13         logging.warning('(%s) not exists, making directories...', path)
14         os.makedirs(path)
15     tf.train.Saver().save(sess, ckpt_file_path+'.ckpt')
16
17 def load_checkpoint(ckpt_file_path):
18     """恢复模型训练状态
19     默认TensorFlow Session将从ckpt_file_path.ckpt中恢复所保存的训练状态
20     Args:
21         ckpt_file_path: 储存训练状态的文件路径
22     """
23     ckpt  = ckpt_file_path + '.ckpt'
24     index = ckpt + ".index"
25     meta  = ckpt + ".meta"
26     if os.path.isfile(index) and os.path.isfile(meta):
27         tf.train.Saver().restore(sess, ckpt)
```

我们还需要将词向量保存下来用于后续分类器的训练以及再往后的线上服务。如图 14.2 所示，词向量保存在隐层的 $W1$ 矩阵中。输入一个 One-hot Representation 表示的词与隐层矩阵相乘，输出的就是这个词的词向量，如图14.4所示。我们将词与向量一一映射导出到一个.npy 文件中。

$$[0\ 0\ 0\ 1\ 0] \times \begin{bmatrix} -0.916 & -0.837 & 0.184 \\ 2.372 & 0.706 & 1.124 \\ 1.464 & -0.688 & 1.304 \\ -0.466 & -1.457 & 0.249 \\ -0.506 & 0.539 & 0.088 \end{bmatrix} = [-0.466\ \ -1.457\ \ 0.249]$$

图 14.4　隐层矩阵存储着词向量

```
1   def save_embedding(dictionary, network, embedding_file_path):
2       """保存词向量
3       将训练好的词向量保存到embedding_file_path.npy文件中
4       Args:
5           dictionary: 单词与单词ID映射表
6               {'UNK': 0, '你': 1, '我': 2, ..., '小姐姐': 2546, ...}
7           network: 默认TensorFlow Session所初始化的网络结构
8               network = tl.layers.InputLayer(x, name='input_layer')
9               ...
10          embedding_file_path: 储存词向量的文件路径
11      Returns:
12          单词与向量映射表以npy格式保存在embedding_file_path.npy文件中
13          {'关注': [-0.91619176, -0.83772564, ..., 0.74918884], ...}
14      """
15      words, ids = zip(*dictionary.items())
16      params = network.normalized_embeddings
17      embeddings = tf.nn.embedding_lookup(
18          params, tf.constant(ids, dtype=tf.int32)).eval()
19      wv = dict(zip(words, embeddings))
20      path = os.path.dirname(os.path.abspath(embedding_file_path))
21      if os.path.isdir(path) == False:
22          logging.warning('(%s) not exists, making directories...', path)
23          os.makedirs(path)
24      tl.files.save_any_to_npy(save_dict=wv, name=embedding_file_path+'.npy')
```

这里使用 Skip-Gram 模型进行训练。Word2vec 的训练过程相当于解决一个多分类问题[1]。我们希望学习一个函数 F(x,y) 来表示输入属于特定类别的概率。这意味着对于每个训练样例，我们都要对所有词计算其为给定单词上下文的概率并更新权重，这种穷举的训练方法计算量太大了。在第 5.2 节我们介绍过，Negative Sampling 方法通过选取少量的负采样进行权重更新，将每次训练需要计算的类别数量减少到 `num_skips` 加

---

[1] Tomas Mikolov, Kai Chen, Greg Corrado, Jeffrey Dean. "Efficient Estimation of Word Representations in Vector Space." arXiv preprint arXiv:1301.3781 (2013).

14 实例五：文本反垃圾

num_sampled 之和，使得训练的时间复杂度一下子降低了许多。

```python
def train(model_name):
    """训练词向量
    Args:
        corpus_file：文件内容已经经过分词。
            得 我 就 在 车里 咪 一会
            终于 知道 哪里 感觉 不 对 了
            ...
        model_name：模型名称，用于生成保存训练状态和词向量的文件名
    Returns:
        输出训练状态以及训练后的词向量文件
    """
    words           = load_dataset()
    data_size       = len(words)
    vocabulary_size = get_vocabulary_size(words, min_freq=3)
    batch_size      = 500   # 一次Forword运算以及BP运算中所需要的训练样本数目
    embedding_size  = 200   # 词向量维度
    skip_window     = 5     # 上下文窗口，单词前后各取五个词
    num_skips       = 10    # 从窗口中选取多少个预测对
    num_sampled     = 64    # 负采样个数
    learning_rate   = 0.1   # 学习率
    n_epoch         = 10    # 所有样本重复训练10次
    num_steps       = int((data_size/batch_size) * n_epoch) # 总迭代次数

    data, count, dictionary, reverse_dictionary = \
        tl.nlp.build_words_dataset(words, vocabulary_size)
    train_inputs = tf.placeholder(tf.int32, shape=[batch_size])
    train_labels = tf.placeholder(tf.int32, shape=[batch_size, 1])

    with tf.device('/cpu:0'):
        emb_net = tl.layers.Word2vecEmbeddingInputlayer(
            inputs          = train_inputs,
            train_labels    = train_labels,
            vocabulary_size = vocabulary_size,
            embedding_size  = embedding_size,
            num_sampled     = num_sampled)
        loss = emb_net.nce_cost
```

```
37              optimizer = tf.train.GradientDescentOptimizer(learning_rate) \
38                              .minimize(loss)
39
40      tl.layers.initialize_global_variables(sess)
41      ckpt_file_path = "checkpoint/" + model_name
42      load_checkpoint(ckpt_file_path)
43
44      step = data_index = 0
45      while (step < num_steps):
46          batch_inputs, batch_labels, data_index = \
47              tl.nlp.generate_skip_gram_batch(data=data,
48                                              batch_size=batch_size,
49                                              num_skips=num_skips,
50                                              skip_window=skip_window,
51                                              data_index=data_index)
52          feed_dict = {train_inputs: batch_inputs, train_labels: batch_labels}
53          _, loss_val = sess.run([optimizer, loss], feed_dict=feed_dict)
54          if (step != 0) and (step % 2000) == 0:
55              logging.info("(%d/%d) loss: %f.", step, num_steps, loss_val)
56              save_checkpoint(ckpt_file_path)
57              embedding_file_path = "output/" + model_name
58              save_embedding(dictionary, emb_net, embedding_file_path)
59          step += 1
60
61  if __name__ == '__main__':
62      fmt = "%(asctime)s %(levelname)s %(message)s"
63      logging.basicConfig(format=fmt, level=logging.INFO)
64
65      sess = tf.InteractiveSession() # 默认TensorFlow Session
66      train('model_word2vec_200')
67      sess.close()
```

14.5.2 文本的表示

训练好词向量后，我们将每一行文本转化成词向量序列。分别将正负样本保存到 sample_seq_pass.npz 和 sample_seq_spam.npz 中。

```
1   import numpy as np
2   import tensorlayer as tl
3
4   wv = tl.files.load_npy_to_any(name='./output/model_word2vec_200.npy')
5   for label in ["pass", "spam"]:
6       samples = []
7       inp = "data/msglog/msg" + label + ".log.seg"
8       outp = "output/sample_seq_" + label
9       f = open(inp)
10      for line in f:
11          words = line.strip().split(' ')
12          text_sequence = []
13          for word in words:
14              try:
15                  text_sequence.append(wv[word])
16              except KeyError:
17                  text_sequence.append(wv['UNK'])
18          samples.append(text_sequence)
19
20      if label == "spam":
21          labels = np.zeros(len(samples))
22      elif label == "pass":
23          labels = np.ones(len(samples))
24
25      np.savez(outp, x=samples, y=labels)
26      f.close()
```

14.5.3 训练分类器

我们使用 Dynamic RNN 实现不定长文本序列分类。首先加载数据，通过 `sklearn` 库的 `train_test_split` 方法将样本按照要求的比例切分成训练集和测试集。

```
1   import logging, math, os, random, sys, shutil, time
2   import numpy as np
3   import tensorflow as tf
4   import tensorlayer as tl
5   from tensorflow.python.saved_model import builder as saved_model_builder
```

```
6   from tensorflow.python.saved_model import signature_constants
7   from tensorflow.python.saved_model import signature_def_utils
8   from tensorflow.python.saved_model import tag_constants
9   from tensorflow.python.saved_model import utils
10  from tensorflow.python.util import compat
11  from sklearn.model_selection import train_test_split
12
13  def load_dataset(files, test_size=0.2):
14      """加载样本并取test_size的比例做测试集
15      Args:
16          files: 样本文件目录集合
17                 样本文件是包含了样本特征向量与标签的npy文件
18          test_size: float
19                 0.0到1.0之间，代表数据集中有多少比例抽做测试集
20      Returns:
21          X_train, y_train: 训练集特征列表和标签列表
22          X_test, y_test: 测试集特征列表和标签列表
23      """
24      x = []
25      y = []
26      for file in files:
27          data = np.load(file)
28          if x == [] or y == []:
29              x = data['x']
30              y = data['y']
31          else:
32              x = np.append(x, data['x'], axis=0)
33              y = np.append(y, data['y'], axis=0)
34
35      x_train, x_test, y_train, y_test = train_test_split(
36          x, y, test_size=test_size)
37      return x_train, y_train, x_test, y_test
```

为了防止过拟合，我们对 DynamicRNNLayer 的输入与输出都做了 Dropout 操作。参数 keep 决定了输入或输出的保留比例。通过配置 keep 参数我们可以在训练的时候打开 Dropout，在服务的时候关闭它。TensorFlow 的 tf.nn.dropout 操作会根据 keep 值自动调整激活的神经元的输出权重，使得我们无须在 keep 改变时手动调节输出权重。

```python
def network(x, keep=0.8):
    """定义网络结构
    Args:
        x: Input Placeholder
        keep: DynamicRNNLayer输入与输出神经元激活比例
            keep=1.0: 关闭Dropout
    Returns:
        network: 定义好的网络结构
    """
    n_hidden = 64 # hidden layer num of features
    network = tl.layers.InputLayer(x, name='input_layer')
    network = tl.layers.DynamicRNNLayer(network,
            cell_fn         = tf.contrib.rnn.BasicLSTMCell,
            n_hidden        = n_hidden,
            dropout         = keep,
            sequence_length = tl.layers.retrieve_seq_length_op(x),
            return_seq_2d   = True,
            return_last     = True,
            name            = 'dynamic_rnn')
    network = tl.layers.DenseLayer(network, n_units=2,
                                act=tf.identity, name="output")
    network.outputs_op = tf.argmax(tf.nn.softmax(network.outputs), 1)
    return network
```

同样我们需要定时保存训练状态。

```python
def load_checkpoint(sess, ckpt_file):
    """恢复模型训练状态
    必须在tf.global_variables_initializer()之后
    """
    index = ckpt_file + ".index"
    meta  = ckpt_file + ".meta"
    if os.path.isfile(index) and os.path.isfile(meta):
        tf.train.Saver().restore(sess, ckpt_file)

def save_checkpoint(sess, ckpt_file):
    """保存模型训练状态
    """
```

```python
13      path = os.path.dirname(os.path.abspath(ckpt_file))
14      if os.path.isdir(path) == False:
15          logging.warning('(%s) not exists, making directories...', path)
16          os.makedirs(path)
17      tf.train.Saver().save(sess, ckpt_file)
```

例子中每一次迭代,我们给网络输入 128 条文本序列。根据预测结果与标签的差异,网络不断优化权重,减小损失,逐步提高分类的准确性。

```python
1   def train(sess, x, network):
2       """训练网络
3       Args:
4           sess: TensorFlow Session
5           x: Input placeholder
6           network: Network
7       """
8       learning_rate = 0.1
9       n_classes     = 1
10      y         = tf.placeholder(tf.int64, [None, ], name="labels")
11      cost      = tl.cost.cross_entropy(network.outputs, y, 'xentropy')
12      optimizer = tf.train.AdamOptimizer(learning_rate=learning_rate) \
13                      .minimize(cost)
14      correct   = tf.equal(network.outputs_op, y)
15      accuracy  = tf.reduce_mean(tf.cast(correct, tf.float32))
16
17      # 使用TensorBoard可视化loss与准确率: `tensorboard --logdir=./logs`
18      tf.summary.scalar('loss', cost)
19      tf.summary.scalar('accuracy', accuracy)
20      merged = tf.summary.merge_all()
21      writter_train = tf.summary.FileWriter('./logs/train', sess.graph)
22      writter_test  = tf.summary.FileWriter('./logs/test')
23
24      x_train, y_train, x_test, y_test = load_dataset(
25          ["../word2vec/output/sample_seq_pass.npz",
26          "../word2vec/output/sample_seq_spam.npz"])
27
28      sess.run(tf.global_variables_initializer())
29      load_checkpoint(sess, ckpt_file)
```

```python
n_epoch       = 2
batch_size    = 128
test_size     = 1280
display_step  = 10
step          = 0
total_step    = math.ceil(len(x_train) / batch_size) * n_epoch
logging.info("batch_size: %d", batch_size)
logging.info("Start training the network...")
for epoch in range(n_epoch):
    for batch_x, batch_y in tl.iterate.minibatches(
            x_train, y_train, batch_size, shuffle=True):
        start_time = time.time()
        max_seq_len = max([len(d) for d in batch_x])
        for i,d in enumerate(batch_x):
            batch_x[i] += \
                [np.zeros(200) for i in range(max_seq_len - len(d))]
        batch_x = list(batch_x)

        feed_dict = {x: batch_x, y: batch_y}
        sess.run(optimizer, feed_dict)

        # TensorBoard打点
        summary = sess.run(merged, feed_dict)
        writter_train.add_summary(summary, step)

        # 计算测试集准确率
        start = random.randint(0, len(x_test)-test_size)
        test_data  = x_test[start:(start+test_size)]
        test_label = y_test[start:(start+test_size)]
        max_seq_len = max([len(d) for d in test_data])
        for i,d in enumerate(test_data):
            test_data[i] += \
                [np.zeros(200) for i in range(max_seq_len - len(d))]
        test_data = list(test_data)
        summary = sess.run(merged, {x: test_data, y: test_label})
        writter_test.add_summary(summary, step)
```

```
67
68                    # 每十步输出loss值与准确率
69                    if step == 0 or (step + 1) % display_step == 0:
70                        logging.info("Epoch %d/%d Step %d/%d took %fs",
71                                     epoch + 1, n_epoch, step + 1, total_step,
72                                     time.time() - start_time)
73                        loss = sess.run(cost, feed_dict=feed_dict)
74                        acc  = sess.run(accuracy, feed_dict=feed_dict)
75                        logging.info("Minibatch Loss= " + "{:.6f}".format(loss) +
76                                     ", Training Accuracy= " + "{:.5f}".format(acc))
77                        save_checkpoint(sess, ckpt_file)
78
79                    step += 1
```

我们在训练过程中使用 TensorBoard 将 Loss 和 Accuracy 的变化可视化。如图14.5所示，在 100 步后，训练集与测试集的准确率都从最开始的 50% 左右上升到了 95% 以上。

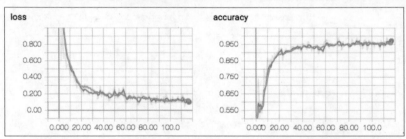

图 14.5　使用 TensorBoard 监控 Loss 和 Accuracy

14.5.4　模型导出

TensorFlow 的 SavedModel 模块 `tensorflow.python.saved_model` 提供了一种跨语言格式来保存和恢复训练后的 TensorFlow 模型。它使用方法签名来定义 Graph 的输入和输出，使上层系统能够更方便地生成、调用或转换 TensorFlow 模型。SavedModelBuilder 类提供保存 Graphs、Variables 及 Assets 的方法。所保存的 Graphs 必须标注用途标签。在这个实例中我们打算将模型用于服务而非训练，因此我们用 SavedModel 预定义好 `tag_constant.Serving` 标签。

为了方便构建签名，SavedModel 提供了 `signature_def_utils` API。我们通过 `signature_def_utils.build_signature_def` 方法来构建 `predict_signature`。一个 `predict_signature` 至少包含以下参数：

- inputs = {'x': tensor_info_x} 指定输入的 tensor 信息

- outputs = {'y': tensor_info_y} 指定输出的 tensor 信息

- method_name = signature_constants.PREDICT_METHOD_NAME

method_name 定义方法名，它的值应该是 `tensorflow/serving/predict`、`tensorflow/serving/classify` 和 `tensorflow/serving/regress` 三者之一。Builder 标签用来明确 Meta Graph 被加载的方式，只接受 `serve` 和 `train` 两种类型。接下来我们就要使用 TensorFlow 的 SavedModelBuilder 类来导出模型了。

```
 1  def export(model_version, model_dir, sess, x, y_op):
 2      """导出tensorflow_serving可用的模型
 3      """
 4      if model_version <= 0:
 5          logging.warning('Please specify a positive value for version.')
 6          sys.exit()
 7
 8      path = os.path.dirname(os.path.abspath(model_dir))
 9      if os.path.isdir(path) == False:
10          logging.warning('(%s) not exists, making directories...', path)
11          os.makedirs(path)
12
13      export_path = os.path.join(
14          compat.as_bytes(model_dir),
15          compat.as_bytes(str(model_version)))
16
17      if os.path.isdir(export_path) == True:
18          logging.warning('(%s) exists, removing dirs...', export_path)
19          shutil.rmtree(export_path)
20
21      builder = saved_model_builder.SavedModelBuilder(export_path)
22      tensor_info_x = utils.build_tensor_info(x)
23      tensor_info_y = utils.build_tensor_info(y_op)
24
25      prediction_signature = signature_def_utils.build_signature_def(
26          inputs={'x': tensor_info_x},
27          outputs={'y': tensor_info_y},
28          method_name=signature_constants.PREDICT_METHOD_NAME)
```

```python
29
30      builder.add_meta_graph_and_variables(
31          sess,
32          [tag_constants.SERVING],
33          signature_def_map={
34              'predict_text': prediction_signature,
35              signature_constants.DEFAULT_SERVING_SIGNATURE_DEF_KEY: \
36                  prediction_signature
37          })
38
39      builder.save()
```

以上函数准备完成，依次执行训练和导出，得到分类器服务模型（Servable）。

```python
1   if __name__ == '__main__':
2       fmt = "%(asctime)s %(levelname)s %(message)s"
3       logging.basicConfig(format=fmt, level=logging.INFO)
4
5       ckpt_file = "./rnn_checkpoint/rnn.ckpt"
6       x = tf.placeholder("float", [None, None, 200], name="inputs")
7       sess = tf.InteractiveSession()
8
9       flags = tf.flags
10      flags.DEFINE_string("mode", "train", "train or export")
11      FLAGS = flags.FLAGS
12
13      if FLAGS.mode == "train":
14          network = network(x)
15          train(sess, x, network)
16          logging.info("Optimization Finished!")
17      elif FLAGS.mode == "export":
18          model_version = 1
19          model_dir = "./output/rnn_model"
20          network = network(x, keep=1.0)
21          sess.run(tf.global_variables_initializer())
22          load_checkpoint(sess, ckpt_file)
23          export(model_version, model_dir, sess, x, network.outputs_op)
24          logging.info("Servable Export Finishied!")
```

我们将在./output/rnn_model 目录下看到导出模型的每个版本，实例中 model_version 被设置为 1，因此创建了相应的子目录./output/rnn_mode/1。

SavedModel 目录具有以下结构。

```
assets/
variables/
    variables.data-?????-of-?????
    variables.index
saved_model.pb
```

导出的模型在 TensorFlow Serving 中又被称为 Servable，其中 saved_model.pb 保存了接口的数据交换格式，variables 保存了模型的网络结构和参数，assets 用来保存如词库等模型初始化所需的外部资源。本例没有用到外部资源，因此没有 assets 文件夹。

14.6 TensorFlow Serving 部署

反垃圾服务分为线上与线下两层。线上实时服务要求毫秒级判断文本是否属于垃圾文本，线下离线计算需要根据新进的样本不断更新模型，并及时推送到线上。

图 14.6 所示的分类器就是用 TensorFlow Serving 提供的服务。TensorFlow Serving 是一个灵活、高性能的机器学习模型服务系统，专为生产环境而设计。它可以将训练好的机器学习模型轻松部署到线上，并且支持热更新。它使用 gRPC 作为接口框架接受外部调用，服务稳定，接口简单。这些优秀特性使我们能够专注于线下模型训练。

为什么使用 TensorFlow Serving 而不是直接启动多个加载了模型的 Python 进程来提供线上服务？因为重复引入 TensorFlow 并加载模型的 Python 进程浪费资源并且运行效率不高。而且 TensorFlow 本身有一些限制导致并不是所有时候都能启动多个进程。TensorFlow 默认会使用尽可能多的 GPU 并且占用所使用的 GPU。因此如果有一个 TensorFlow 进程正在运行，可能导致其他 TensorFlow 进程无法启动。虽然可以指定程序使用特定的 GPU，但是进程的数量也受到 GPU 数量的限制，总体来说不利于分布式部署。而 TensorFlow Serving 提供了一个高效的分布式解决方案。当新数据可用或改进模型时，加载并迭代模型是很常见的。TensorFlow Serving 能够实现模型生命周期管理，它能自动检测并加载最新模型或回退到上一个模型，非常适用于高频迭代场景。

TensorFlow Serving 的编译依赖 Google 的开源编译工具 Bazel。具体的安装可以参考官方文档：https://docs.bazel.build/versions/master/install-compile-source.html。

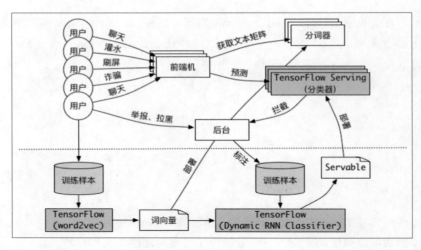

图 14.6　反垃圾服务架构

部署的方式非常简单，只需在启动 TensorFlow Serving 时加载 Servable 并定义 `model_name` 即可，这里的 `model_name` 将用于与客户端进行交互。

```
$ ./tensorflow_model_server --port=9000 --model_base_path=./model --model_name=antispam
```

可以看到 TensorFlow Serving 成功加载了我们刚刚导出的模型。

```
I tensorflow_serving/model_servers/server_core.cc:338] Adding/updating models.
I tensorflow_serving/model_servers/server_core.cc:384] (Re-)adding model:antispam
I .../basic_manager.cc:698] Successfully reserved resources to load servable {name: antispam version: 1}
...
I external/.../saved_model/loader.cc:274] Loading SavedModel: success.
Took 138439 microseconds.
I .../loader_harness.cc:86] Successfully loaded servable version {name: antispam version: 1}
I tensorflow_serving/model_servers/main.cc:298] Running ModelServer at 0.0.0.0:9000 ...
```

14.7 客户端调用

TensorFlow Serving 通过 gRPC 框架接收外部调用。gRPC 是一种高性能、通用的远程过程调用（Remote Procedure Call，RPC）框架。RPC 协议包含了编码协议和传输协议。gRPC 的编码协议是 Protocol Buffers（ProtoBuf），它是 Google 开发的一种二进制格式数据描述语言，支持众多开发语言和平台。与 JSON、XML 相比，ProtoBuf 的优点是体积小、速度快，其序列化与反序列化代码都是通过代码生成器根据定义好的数据结构生成的，使用起来也很简单。gRPC 的传输协议是 HTTP/2，相比于 HTTP/1.1，HTTP/2 引入了头部压缩算法（HPACK）等新特性，并采用了二进制而非明文来打包、传输客户端——服务器间的数据，性能更好，功能更强。总而言之，gRPC 提供了一种简单的方法来精确地定义服务，并自动为客户端生成可靠性很强的功能库，如图14.7所示。

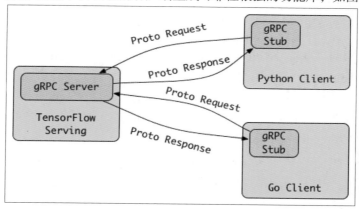

图 14.7 客户端与服务端使用 gRPC 进行通信

在使用 gRPC 进行通信之前，我们需要完成两步操作：1）定义服务；2）生成服务端和客户端代码。定义服务这块工作 TensorFlow Serving 已经帮我们完成了。在 TensorFlow Serving（https://github.com/tensorflow/serving）项目中，我们可以在以下目录找到三个 .proto 文件：`model.proto`、`predict.proto` 和 `prediction_service.proto`。这三个 .proto 文件定义了一次预测请求的输入和输出。例如一次预测请求应该包含哪些元数据（如模型的名称和版本），以及输入、输出与 Tensor 如何转换。

```
$ tree serving
serving
├── tensorflow
│   └── ...
├── tensorflow_serving
```

```
|   ├── apis
|   |   ├── model.proto
|   |   ├── predict.proto
|   |   ├── prediction_service.proto
|   |   ├── ...
|   ├── ...
├── ...
```

接下来需要生成 Python 可以直接调用的功能库。首先将这三个文件复制到 serving/tensorflow 目录下：

```
$ cd serving/tensorflow_serving/apis
$ cp model.proto predict.proto prediction_service.proto ../../tensorflow
```

因为我们移动了文件，所以 predict.proto 和 prediction_service.proto 的 import 需要略作修改：

predict.proto: import "tensorflow_serving/apis/model.proto"
-> import "model.proto"
prediction_service.proto: import "tensorflow_serving/apis/predict.proto"
-> import "predict.proto"

删去没有用到的 RPC 定义 service (Classify, Regress, GetModelMetadata) 和引入 import (classification.proto, get_model_metadata.proto, regression.proto)。最后使用 grpcio-tools 生成功能库。

```
$ pip install grpcio
$ pip install grpcio-tools
$ python -m grpc.tools.protoc -I./ --python_out=. --grpc_python_out=. ./*.proto
```

在当前目录能找到以下 6 个文件：

model_pb2.py
model_pb2_grpc.py
predict_pb2.py

```
predict_pb2_grpc.py
prediction_service_pb2.py
prediction_service_pb2_grpc.py
```

其中 `model_pb2.py`、`predict_pb2.py` 和 `prediction_service_pb2.py` 是 Python 与 TensorFlow Serving 交互所必需的功能库。

接下来写一个简单的客户端程序来调用部署好的模型。`engine.py` 负责构建一个 Request 用于与 TensorFlow Serving 交互。为了描述简洁，这里分词使用了结巴分词，词向量也是直接载入内存，实际生产环境中分词与词向量获取是一个单独的服务。特别需要注意的是，输入的签名和数据必须与之前导出的模型相匹配，如图14.8所示。

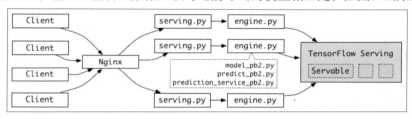

图 14.8 从客户端到服务端

```
1  import numpy as np
2  import jieba
3  import tensorlayer as tl
4  from grpc.beta import implementations
5  import predict_pb2
6  import prediction_service_pb2
7
8  def text_tensor(text, wv):
9      """获取文本向量
10     Args:
11         text: 待检测文本
12         wv: 词向量模型
13     Returns:
14         [[[ 3.80905056   1.94315064  -0.20703495  -1.31589055   1.9627794
15           ...
16           2.16935492   2.95426321  -4.71534014  -3.25034237 -11.28901672]]]
17     """
18     words = jieba.cut(text.strip())
19     text_sequence = []
```

```
20      for word in words:
21          try:
22              text_sequence.append(wv[word])
23          except KeyError:
24              text_sequence.append(wv['UNK'])
25      text_sequence = np.asarray(text_sequence)
26      sample = text_sequence.reshape(1, len(text_sequence), 200)
27      return sample
28
29  print(" ".join(jieba.cut('分词初始化')))
30  wv = tl.files.load_npy_to_any(
31      name='../word2vec/output/model_word2vec_200.npy')
32
33  host, port = ('localhost', '9000')
34  channel = implementations.insecure_channel(host, int(port))
35  stub = prediction_service_pb2.beta_create_PredictionService_stub(channel)
36  request = predict_pb2.PredictRequest()
37  request.model_spec.name = 'antispam'
```

serving.py 负责接收和处理请求。生产环境中一般使用反向代理软件如 Nginx 实现负载均衡。这里我们演示直接监听 80 端口来提供 HTTP 服务。

```
1   import json
2   import tornado.ioloop
3   import tornado.web
4   import tensorflow as tf
5   import engine
6
7   class MainHandler(tornado.web.RequestHandler):
8       """请求处理类
9       """
10
11      def get(self):
12          """处理GET请求
13          """
14          text = self.get_argument("text")
15          predict = self.classify(text)
16          data = {
```

```python
17                'text' : text,
18                'predict' : predict[0]
19            }
20            self.write(json.dumps({'data': data}))
21
22    def classify(self, text):
23        """调用引擎检测文本
24        Args:
25            text: 待检测文本
26        Returns:
27            垃圾返回[0]，通过返回[1]
28        """
29        sample = engine.text_tensor(text, engine.wv)
30        tensor_proto = tf.contrib.util.make_tensor_proto(
31            sample, shape=[1, len(sample[0]), 200])
32        engine.request.inputs['x'].CopyFrom(tensor_proto)
33        response = engine.stub.Predict(engine.request, 10.0) # 10s timeout
34        result = list(response.outputs['y'].int64_val)
35        return result
36
37 def make_app():
38     """定义并返回Tornado Web Application
39     """
40     return tornado.web.Application([
41         (r"/predict", MainHandler),
42     ])
43
44 if __name__ == "__main__":
45     app = make_app()
46     app.listen(80)
47     print("listen start")
48     tornado.ioloop.IOLoop.current().start()
```

如果是在本地启动服务，访问 http://127.0.0.1:8021/predict?text= 加我微信 xxxxx 有福利，可以看到如下结果。

```
{
    "data": {
```

```
        "text": "加我微信xxxxx有福利",
        "predict": 0
    }
}
```

成功识别出垃圾消息。

14.8 其他常用方法

前文提到过,分类器还可以用NBOW+MLP（如图14.9所示）[①]和CNN来实现。借助TensorLayer,我们可以很方便地重组网络。下面简单介绍这两种网络的结构及其实现。

由于词向量之间存在着线性平移的关系,如果相似词空间距离相近,那么在仅仅将文本中一个或几个词改成近义词的情况下,两个文本的词向量线性相加的结果也应该是非常接近的。

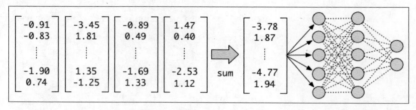

图 14.9　NBOW+MLP 分类器

第2.3节讲过,多层神经网络可以无限逼近任意函数,能够胜任复杂的非线性分类任务。下面的代码将Word2vec训练好的词向量线性相加,再通过三层全连接网络进行分类。

```
1  def network(x, keep=0.8):
2      """定义网络结构
3      Args:
4          x: Input Placeholder
5          keep: 各层神经元激活比例
6              keep=1.0: 关闭Dropout
7      Returns:
8          network: 定义好的网络结构
9      """
```

[①] Bofang Li, Tao Liu, Zhe Zhao, Puwei Wang, Xiaoyong Du. "Neural Bag-of-Ngrams." AAAI Conference on Artificial Intelligence (2017).

```
10      network = tl.layers.InputLayer(x, name='input_layer')
11      network = tl.layers.DropoutLayer(
12          network, keep=keep, name='drop1', is_fix=True)
13      network = tl.layers.DenseLayer(
14          network, n_units=200, act=tf.nn.relu, name='relu1')
15      network = tl.layers.DropoutLayer(
16          network, keep=keep, name='drop2', is_fix=True)
17      network = tl.layers.DenseLayer(
18          network, n_units=200, act=tf.nn.relu, name='relu')
19      network = tl.layers.DropoutLayer(
20          network, keep=keep, name='drop3', is_fix=True)
21      network = tl.layers.DenseLayer(
22          network, n_units=2, act=tf.identity, name='output')
23      network.outputs_op = tf.argmax(tf.nn.softmax(network.outputs), 1)
24      return network
```

CNN 卷积的过程捕捉了文本的局部相关性，在文本分类中也取得了不错的结果。图14.10演示了 CNN 分类过程。输入是一个由 6 维词向量组成的最大长度为 11 的文本，经过与 4 个 3×6 的卷积核进行卷积，得到 4 张 9 维的特征图。再对特征图每 3 块不重合区域进行最大池化，将结果合成一个 12 维的向量输入到全连接层[1]。

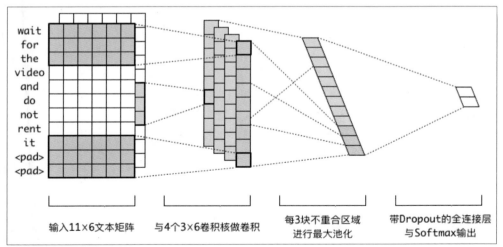

图 14.10　CNN 分类器

下面代码中输入是一个由 200 维词向量组成的最大长度为 20 的文本（确定好文本的最大长度后，我们需要对输入进行截取或者填充）。卷积层参数 [3, 200, 6] 代表

---

[1] Yoon Kim. "Convolutional Neural Networks for Sentence Classification." arXiv preprint arXiv:1408.5882 (2014).

6个 3×200 的卷积核。这里使用 1D CNN，是因为我们把文本序列看成一维数据，这意味着卷积的过程只会朝一个方向进行（同理，处理图片和小视频分别需要使用 2D CNN 和 3D CNN）。卷积核宽度被设置为和词向量大小一致，确保了词向量作为最基本的元素不会被破坏。我们选取连续的 3 维作为池化区域，滑动步长取 3，使得池化区域不重合，最后通过一个带 Dropout 的全连接层得到 Softmax 后的输出。

```
1  def network(x, keep=0.8):
2      """定义网络结构
3      Args:
4          x: Input Placeholder
5          keep: 全连接层输入神经元激活比例
6              keep=1.0: 关闭Dropout
7      Returns:
8          network: 定义好的网络结构
9      """
10     network = tl.layers.InputLayer(x, name='input_layer')
11     network = tl.layers.Conv1dLayer(
12         network, act=tf.nn.relu, shape=[3, 200, 6],
13         name='cnn_layer1', padding='VALID')
14     network = tl.layers.MaxPool1d(
15         network, filter_size=3, strides=3, name='pool_layer1')
16     network = tl.layers.FlattenLayer(
17         network, name='flatten_layer')
18     network = tl.layers.DropoutLayer(
19         network, keep=keep, name='drop1', is_fix=True)
20     network = tl.layers.DenseLayer(
21         network, n_units=2, act=tf.identity, name="output")
22     network.outputs_op = tf.argmax(tf.nn.softmax(network.outputs), 1)
23     return network
```

中英对照表及其缩写

动作 Action

动作价值函数 Action Value Function

激活函数 Activation Function

代理 Agent

单词歧义 Ambiguity Of Word

人工神经网络 Artificial Neural Networks

自编码器 Autoencoder

反向传播 Backpropagation

一批数据 Batch Data

批规范化 Batch Normalization

伯努利随机变量 Bernoulli Random Variable

偏值 Bias

二叉树 Binary Tree

黑盒 Black Box

自举法 Bootstraping

类别不平衡 Class Imbalance

分类 Classification

聚类 Clustering

计算机断层扫描 Computed Tomography，CT

条件随机场 Conditional Random Fields

卷积神经网络 Convolution Neural Network，CNN

损失函数 Cost/Loss Function

交叉熵 Cross Entropy

交叉验证 Cross Validation

维数灾难 Curse Of Dimensionality

数据迭代 Data Iteration

数据增强 Data Augmentation

数据驱动的 Data-Driven

衰减因数 Decay Factor

判定边界 Decision Boundary

解码器 Decoder

深度增强学习 Deep Reinforcement Learning

降噪自编码器 Denoising Autoencoder

可微分神经计算机 Differentiable Neural Computer

梯度弥散 Diffusion Of Gradients

弥散张量成像 Diffusion Tensor Imaging

折算累计回报 Discounted And Accumulated

判别器 Discriminator

动态规划 Dynamic Programming

动态系统 Dynamical Systems

水肿 Edema

边缘检测法和主动轮廓模型 Edge Detection And

表征向量 Embedded/Representation Vector

编码器 Encoder

端到端 End-To-End

显影剂增强肿瘤 Enhancing Tumor

集成学习 Ensemble Learning

环境 Environment

有限步数的任务 Episodic Tasks

评估 Evaluation

经验 Experience

梯度爆炸 Exploding Gradient

递推神经网络 Feedforward Neural Network，FNN

微调 Fine-Tuning

遗忘门 Forget Gate

全连接层 Fully Connected Layer

全卷积网络 Fully Convolutional Networks，FCN

微调 Fune-Tuning

高斯分布 Gaussian Distribution

生成对抗网络 Generative Adversarial Network，GAN

生成器 Generator

全局最优解 Global Optimazation

图形处理器 GPU

梯度下降 Gradient Descent

梯度弥散 Gradient Vanish

图论分割法 Graph Theory Based

逐层贪婪预训练 Greedy Layer-Wise Pretrain

参考标准 Ground Truth

高级别胶质瘤（恶性胶质瘤）HGG

隐层 Hidden Layer

高像素 High-Resolution，HR

超平面 Hyper-Plane

图片生成文字描述 Image Captioning

实例分割 Instance Segmentation

插值 Interpolation

相对熵 Kl Divergence

知识表达 Knowledge Representation

有标签 Labeled

自然语言处理 Natural Language Processing，NLP

潜变量 Latent Variable

集成学习 Ensemble Learning

低级别胶质瘤（也称慢性胶质瘤）LGG

局部最优解 Local Optimization，Local Optima

长短期记忆 Long Short Term Memory，LSTM

长期依赖 Long Term Dependencies

低像素 Low-Resolution，LR

机器创造 Machine Creativity

核磁共振成像技术 Magnetic Resonance Imaging，MRI

马尔可夫随机场 Markov Random Fields

最大池化 Max Pooling

最大似然估计 Maximum Likelihood Estimation

莫克罗-彼特氏神经模型 Mcculloch-Pitts Model

最小平方差，均方误差 Mean Squared Error，MSE

平均池化 Mean Pooling

医学图像分析 Medical Image Analysis

极小化极大问题 Minimax Problem

基于模型 Model-Based

无模型 Model-Free

蒙特卡洛法 Monte Carlo Method

多层感知器 Multilayer Perceptron，MLP

多模态 Multimodal

多模态问题 Multimodal Problem

自然语言处理 Natural Language Processing

坏死和非显影剂增强肿瘤 Necrotic And Non-Enhancing

词袋模型 Neural Bag-Of-Words，NBOW

神经元 Neuron

无限步数的任务 Non-Terminated Task

范数 Norm

标准化，归一化 Normalise

目标检测 Object Detection

奥卡姆剃刀原则 Occam's Razor

离策略 Off-Policy

一位有效编码 One-Hot Encoding

在策略 On-Policy

过拟合 Overfitting

参数共享 Parameter Sharing

惩罚因子 Penalty Term

感知器 Perceptron

感知损失 Perceptrons Loss

规划 Planning

策略 Policy

策略迭代 Policy Iteration

策略梯度法 Policy Gradient

正电子发射计算机断层扫描 Positron Emission Tomography，PET

主成分分析 Principal Component Analysis

随机选取 Random Selection

感受野 Receptive Field

循环神经网络 Recurrent Neural Network，RNN

区域生长法 Region Growing

回归 Regression

正则化 Regularization

增强学习 Reinforcement Learning

表征 Representation

残差网络 Residual Network

残差模块 Residual Block

缩放卷积 Resize-Convolution

局部响应归一化 Local Response Normalization，LRN

回报 Reward

基于规则的 Rule-Based

取样，采样 Sampling

语义分割 Semantic Segmentation

序列长度 Sequence Length

单光子辐射断层摄像 Single-Photon Emission Computed

跨层连接 Skip Connections

稀疏自编码器 Sparse Autoencoder

稀疏性 Sparsity

栈式自编码神经网络 Stacked Autoencoder

标准正态分布 Standard Normal Distribution

状态价值函数 State Value Function

随机梯度下降 Stochastic Gradient Descent，SGD

子像素卷积 Sub-Pixel Convolution，SPC

超高分辨率复原 Super-Resolution，SR

监督学习 Supervised Learning

支持向量机 Support Vector Machine，SVM

时序差分目标 TD Target

时序差分误差 TD Error

时序差分法 Temporary Difference

测试集 Testing Set

文本到图像的映射 Text To Image

阈值法 Threshold

训练集 Training Set

迁移学习 Transfer Learning

转置卷积 Transposed Convolution

反卷积 De-Convolution

截断反向传播 Truncated Backpropagation

超声 Ultrasound

均匀分布 Uniform Distribution

没标签 Unlabeled

无监督学习 Unsupervised Learning

验证集 Validation Set

价值函数 Value Function

价值迭代 Value Iteration

变分自编码器 Variational Autoencoder，VAE

分水岭算法 Watershed Algorithm

权值 Weight

词汇表征 Word Representation，Word Embedding

补零 Zero-Padding

参考文献

[1] 李航. 统计学习方法. 北京清华大学出版社，2012.

[2] Kohonen, T., 1988. An introduction to neural computing. Neural Networks, 1(1), pp. 3-16.

[3] http://www.i-programmer.info/babbages-bag/325-mcculloch-pitts-neural-networks.html

[4] 周志华著. 机器学习，北京：清华大学出版社，2016 年 1 月. (ISBN 978-7-302-206853-6)

[5] Marvin Minsky and Papert Seymour. Perceptrons，1969.

[6] 邱锡鹏. 神经网络与深度学习

[7] Sergios Theodoridis and Konstantinos Koutroumbas. Pattern Recognition, Fourth Edition，2008. Academic Press. (ISBN-13: 978-1597492720)

[8] http://colah.github.io/posts/2014-03-NN-Manifolds-Topology/

[9] http://xudongyang.coding.me/regularization-in-deep-learning/

[10] http://blog.csdn.net/jiandanjinxin/article/details/73320937

[11] Michael Elad and Konstantinos Koutroumbas. Sparse and Redundant Representations: From Theory to Applications in Signal and Image Processing. 2010，Springer. (ISBN-13: 978-1441970107)

[12] Bengio, Yoshua. "Learning deep architectures for AI." Foundations and trends® in Machine Learning 2.1 (2009): 1-127.

[13] Vincent, Pascal, et al. "Extracting and composing robust features with denoising autoencoders." Proceedings of the 25th international conference on Machine learning. ACM, 2008.

[14] Vincent, Pascal, et al. "Stacked denoising autoencoders: Learning useful representations in a deep network with a local denoising criterion." Journal of Machine Learning Research 11.Dec (2010): 3371-3408.

[15] Kingma, Diederik P., and Max Welling. "Auto-encoding variational bayes." arXiv preprint arXiv:1312.6114 (2013).

[16] Li, Fei-Fei, Andrej Karpathy, and Justin Johnson. "CS231n: Convolutional neural networks for visual recognition." University Lecture (2015).

[17]Zeiler, Matthew D., and Rob Fergus. "Visualizing and understanding convolutional networks." European conference on computer vision. Springer, Cham, 2014.

[18]LeCun, Yann, et al. "Gradient-based learning applied to document recognition." Proceedings of the IEEE 86.11 (1998): 2278-2324.

[19]Shelhamer, Evan, Jonathan Long, and Trevor Darrell. "Fully convolutional networks for semantic segmentation." IEEE transactions on pattern analysis and machine intelligence 39.4 (2017): 640-651.

[20]Dumoulin, Vincent, and Francesco Visin. "A guide to convolution arithmetic for deep learning." arXiv preprint arXiv:1603.07285 (2016).

[21]Ioffe, Sergey, and Christian Szegedy. "Batch normalization: Accelerating deep network training by reducing internal covariate shift." International Conference on Machine Learning. 2015.

[22]Simonyan, Karen, and Andrew Zisserman. "Very deep convolutional networks for large-scale image recognition." arXiv preprint arXiv:1409.1556 (2014).

[23]Redmon, Joseph, and Ali Farhadi. "YOLO9000: better, faster, stronger." arXiv preprint arXiv:1612.08242 (2016).

[24]Liu, Wei, et al. "Ssd: Single shot multibox detector." European conference on computer vision. Springer, Cham, 2016.

[25]Girshick, Ross, et al. "Rich feature hierarchies for accurate object detection and semantic segmentation." Proceedings of the IEEE conference on computer vision and pattern recognition, 2014.

[26]Girshick, Ross. "Fast r-cnn." Proceedings of the IEEE international conference on computer vision, 2015.

[27]Ren, Shaoqing, et al. "Faster r-cnn: Towards real-time object detection with region proposal networks." IEEE transactions on pattern analysis and machine intelligence 39.6 (2017): 1137-1149.

[28]He, Kaiming, et al. "Mask r-cnn." arXiv preprint arXiv:1703.06870 (2017).

[29]Krizhevsky, Alex, Ilya Sutskever, and Geoffrey E. Hinton. "Imagenet classification with deep convolutional neural networks." Advances in neural information processing systems, 2012.

[30]Szegedy, Christian, et al. "Going deeper with convolutions." Proceedings of the IEEE conference on computer vision and pattern recognition, 2015.

[31]Krizhevsky, Alex, and Geoffrey Hinton. "Learning multiple layers of features from tiny images." (2009).

[32]Huang, Jonathan. "Supercharge your Computer Vision models with the TensorFlow Object Detection API". (2017)

[33]He, Kaiming, et al. "Deep residual learning for image recognition." Proceedings of the IEEE conference on computer vision and pattern recognition, 2016.

[34]Chollet, Francois. "Building powerful image classification models using very little data". (2016)

[35]He, Kaiming, et al. "Spatial pyramid pooling in deep convolutional networks for visual recognition." European Conference on Computer Vision. Springer, Cham, 2014.

[36]Uijlings, Jasper RR, et al. "Selective search for object recognition." International journal of computer vision 104.2 (2013): 154-171.

[37] Rong, Xin. "Word2vec Parameter Learning Explained." ArXiv.org., Web., 5 June 2016. https://arxiv.org/abs/1411.2738 [2] Colah. "Deep Learning, NLP, and Representations.", Web., 7 July 2014. http://colah.github.io/posts/2014-07-NLP-RNNs-Representations/

[38] Siegelmann Hava T. "Computation beyond the Turing limit." Neural Networks and Analog Computation (1997): 153-164.

[39] Ba Jimmy, Volodymyr Mnih, and Koray Kavukcuoglu. "Multiple object recognition with visual attention." arXiv preprint arXiv:1412.7755 (2014).

[40] Gregor Karol, et al. "DRAW: A recurrent neural network for image generation." arXiv preprint arXiv:1502.04623 (2015).

[41] Elman Jeffrey L. "Finding structure in time." Cognitive science 14.2 (1990): 179-211.

[42] Jaeger Herbert. "The "echo state" approach to analysing and training recurrent neural networks-with an erratum note." Bonn, Germany: German National Research Center for Information Technology GMD Technical Report 148.34 (2001): 13.

[43] Hochreiter Sepp, and Jürgen Schmidhuber. "Long short-term memory." Neural computation 9.8 (1997): 1735-1780.

[44] Bengio Yoshua, Patrice Simard, and Paolo Frasconi. "Learning long-term dependencies with gradient descent is difficult." IEEE transactions on neural networks 5.2 (1994): 157-166.

[45] Olah, Christopher. "Deep Learning, NLP, and Representations." Deep Learning, NLP, and Representations - colah's blog. N.p., n.d. Web. 30 June 2017. (http://colah.github.io/posts/2014-07-NLP-RNNs-Representations/).

[46] Greff, Klaus, et al. "LSTM: A search space odyssey." IEEE transactions on neural networks and learning systems，2016.

[47] Jozefowicz, Rafal, Wojciech Zaremba, and Ilya Sutskever. "An empirical exploration of recurrent network architectures." Proceedings of the 32nd International Conference on Machine Learning (ICML-15)，2015.

[48] Silver, D. et al. Mastering the game of Go with deep neural networks and tree search. Nature 529, 484-489 (2016)

[49] Mnih, V. et al. Human-level control through deep reinforcement learning. Nature 518, 529-533 (2015)

[50] Graves, A. et al. Hybrid computing using a neural network with dynamic external memory. Nature 538, 471-476 (2016)

[51] Deep Reinforcement Learning: Pong from Pixels (http://karpathy.github.io/2016/05/31/rl/)

[52] OpenAI Gym (https://gym.openai.com/)

[53] 乒乓游戏 AI 完整代码 (https://github.com/zsdonghao/tensorlayer/blob/master/example/tutorial_atari_pong.py)

[54] Richard S. Sutton and Andrew G. Barto. Reinforcement Learning: An Introduction. MIT Press，1998.

[55] Szepesvári, C. Algorithms for Reinforcement Learning. Morgan and Claypool Publishers，2010.

[56] Wiering, M. and Otterlo, M. Reinforcement Learning: State of the Art. Springer，2012.

[57] UCL Reinforcement Learning (http://www0.cs.ucl.ac.uk/staff/d.silver/web/Teaching.html)

[58] UC Berkeley Deep Reinforcement Learning (http://rll.berkeley.edu/deeprlcourse/)

[59] Goodfellow, Ian, et al. "Generative adversarial nets." Advances in neural information processing systems，2014.

[60] Radford, Alec, Luke Metz, and Soumith Chintala. "Unsupervised representation learning with deep convolutional generative adversarial networks." arXiv preprint arXiv:1511.

06434 (2015).

[61] Odena, Augustus, Christopher Olah, and Jonathon Shlens. "Conditional image synthesis with auxiliary classifier gans." arXiv preprint arXiv:1610.09585 (2016).

[62] Reed, Scott, et al. "Generative adversarial text to image synthesis." arXiv preprint arXiv:1605.05396 (2016).

[63] Goodfellow, Ian, Yoshua Bengio, and Aaron Courville. Deep learning. MIT press, 2016.

[64] Kingma, Diederik, and Jimmy Ba. "Adam: A method for stochastic optimization." arXiv preprint arXiv:1412.6980 (2014).

[65] Ioffe, Sergey, and Christian Szegedy. "Batch normalization: Accelerating deep network training by reducing internal covariate shift." International Conference on Machine Learning, 2015.

[66] Chintala, Soumith. "Soumith/ganhacks." GitHub. GitHub, 16 Dec. 2016. Web, 25 June 2017.

[67] Dong, Hao. "Zsdonghao/dcgan." GitHub. GitHub, 27 May 2017. Web, 25 June 2017.

[68] Vondrick, Carl, Hamed Pirsiavash, and Antonio Torralba. "Generating videos with scene dynamics." Advances In Neural Information Processing Systems. 2016.

[69] Abu-El-Haija, Sami, et al. "YouTube-8M: A large-scale video classification benchmark." arXiv preprint arXiv:1609.08675 (2016).

[70] Yu, Lantao, et al. "SeqGAN: Sequence Generative Adversarial Nets with Policy Gradient." AAAI, 2017.

[71] Rajeswar, Sai, et al. "Adversarial Generation of Natural Language." arXiv preprint arXiv:1705.10929 (2017).

[72] Liu, Ziwei, et al. "Deep learning face attributes in the wild." Proceedings of the IEEE International Conference on Computer Vision, 2015.

[73] Isola, Phillip, et al. "Image-to-image translation with conditional adversarial networks." arXiv preprint arXiv:1611.07004 (2016).

[74] Zhu, Jun-Yan, et al. "Unpaired image-to-image translation using cycle-consistent adversarial networks." arXiv preprint arXiv:1703.10593 (2017).

[75] Dong, Hao, et al. "Semantic Image Synthesis via Adversarial Learning." arXiv preprint arXiv:1707.06873 (2017).

[76] Dong, Hao, et al. "Unsupervised image-to-image translation with generative adversarial networks." arXiv preprint arXiv:1701.02676 (2017).

[77] http://host.robots.ox.ac.uk/pascal/VOC/

[78] https://zhuanlan.zhihu.com/p/21824299

[79] 魏来. 图像语义分割综述. ojmhfvae7.bkt.clouddn.com/图像语义分割综述.pdf

[80] Jonathan Long, Evan Shelhamer, and Trevor Darrell. "Fully convolutional networks for semantic segmentation." Proceedings of the IEEE Conference on Computer Vision and Pattern Recognition，2015.

[81] Evan Shelhamer, Jonathan Long, and Trevor Darrell. "Fully convolutional networks for semantic segmentation." IEEE transactions on pattern analysis and machine intelligence 39.4 (2017): 640-651.

[82] Menze, Bjoern H., et al. "The multimodal brain tumor image segmentation benchmark (BRATS)." IEEE transactions on medical imaging 34.10 (2015): 1993-2024.

[83] Kamnitsas, Konstantinos, et al. "Efficient multi-scale 3D CNN with fully connected CRF for accurate brain lesion segmentation." Medical image analysis 36 (2017): 61-78.

[84] Simard, Patrice Y., David Steinkraus, and John C. Platt. "Best practices for convolutional neural networks applied to visual document analysis." ICDAR. Vol. 3. 2003.

[85] Goodfellow, Ian, et al. "Generative adversarial nets." Advances in neural information processing systems，2014.

[86] Reed, Scott, et al. "Generative adversarial text to image synthesis." arXiv preprint arXiv:1605.05396 (2016).

[87] Odena, Augustus, Christopher Olah, and Jonathon Shlens. "Conditional image synthesis with auxiliary classifier gans." arXiv preprint arXiv:1610.09585 (2016).

[88] Vinyals, Oriol, et al. "Show and tell: A neural image caption generator." Proceedings of the IEEE conference on computer vision and pattern recognition，2015.

[89] Nilsback, M-E., and Andrew Zisserman. "A visual vocabulary for flower classification." Computer Vision and Pattern Recognition, 2006 IEEE Computer Society Conference on. Vol. 2. IEEE, 2006.

[90] Radford, Alec, Luke Metz, and Soumith Chintala. "Unsupervised representation learning with deep convolutional generative adversarial networks." arXiv preprint arXiv:1511.06434 (2015).

[91]Tomas Mikolov, Kai Chen, Greg Corrado, Jeffrey Dean. "Efficient Estimation of Word Representations in Vector Space." arXiv preprint arXiv:1301.3781 (2013).

[92]Xin Rong. "Word2vec Parameter Learning Explained." arXiv preprint arXiv:1411.2738 (2016).

[93]Chris McCormick. "Word2Vec Tutorial - The Skip-Gram Model."mccormickml.com/2016/04/19/word2vec-tutorial-the-skip-gram-model (2016).

[94]Pengfei Liu, Xipeng Qiu, Xuanjing Huang. "Recurrent Neural Network for Text Classification with Multi-Task Learning." arXiv preprint arXiv:1605.05101 (2016).

[95]Chunting Zhou, Chonglin Sun, Zhiyuan Liu, Francis C.M. Lau. "A C-LSTM Neural Network for Text Classification." arXiv preprint arXiv:1511.08630 (2015).

[96]Bofang Li, Tao Liu, Zhe Zhao, Puwei Wang, Xiaoyong Du. "Neural Bag-of-Ngrams." AAAI Conference on Artificial Intelligence,2017.

[97]Yoon Kim. "Convolutional Neural Networks for Sentence Classification." arXiv preprint arXiv:1408.5882 (2014).